コモンプールの
公共政策
環境保全と地域開発

薮田雅弘
yabuta masahiro

新評論

はじめに

　本書は、経済的、社会的営みの中で人間がどのように自然あるいは自然資源と関わっているのか——その関係性の中で、自然資源の過剰な利用や負荷を与え、その結果多くの環境問題を惹起している現状をどのように考え如何にアプローチするかを研究する一つの糸口として、「コモンプール財（common pool resources＝CPRs）」に着目する。コモンプール財は、一般に、所有が特定の個人によらないいわば共有の資産であると定義される。多くの経済システムは、一方で個別主体の経済活動の合理性とその合理性を保証する経済的制度の不可分の関係であって、経済活動は、自律的商品交換と市場過程を制御し規制する取り決めや権利付与の総体である。コモンプール財の分析のためには、必然的に財を規定する諸要因の他にコモンプール財の利用に関する制度的検討が必要である。およそルールのない商品交換は存在しないし、それをまったく制御しない社会ルールも存在しない。私的財や公共財、あるいはコモンプール財などの諸財の概念規定も、そうしたルール総体の枠組みの中で初めて可能になる。

　財・サービスの生産や分配の処分に関わる権利付与（財産権）は歴史的制度的に規定された一定の社会ルールに基づいて行われるが、付与された権利とあわせて同時に義務が発生する。ある時点ですべての財・サービスが、安全に、特定個人あるいは集団によってその移転する権利を含めて排他的処分に任されること、この事実が市場の完全性を保証する必要条件になる。自然資源の多くは元来「オープンアクセス（open access）財」であり、どの所有者にも帰属しない非排除的な財であったと考えられる。共有財（common property goods）

は特定メンバーによって構成される所有者が利用・アクセス権を有する財産権の配分であって、配分制度に規定された資源である。財の所有権の帰属とは無関係に、成員間にあって財の持続的利用を可能にする管理・運営ルールに制度欠陥があることは、いわゆる「効率的な財産構造」を保証しないのである。

そもそも、コモンプール財の分析が要求される背景には、所有形態に関わらず実際的に共有となる資源（共有や非所有、あるいはある個人の経済行為がもたらす技術的外部効果も含めて）が適切に管理・運営されていないことにあった（事実としての open-access が、不適切な管理・運営から生じうる）。自己の合理的利益最大化行動に依拠して過剰投資が行われ、資源枯渇や災害などの悲劇的結末をもたらした例には枚挙にいとまがないし、さらに、地域の限られた水資源や森林資源の不適切な利用が様々な環境問題をもたらしていることも、そうした資源の適正な管理・運営される仕組みがないことに基づいていると考えられる。

伝統的な財の分類は、競合性と排除可能性に依拠するものである。排除可能性は、潜在的便益享受者による使用を排除することである。いわば一定範囲の地域におけるすべての成員の財であるコモンプール財や公共財は、成員間での他者の利用を排除できない排除可能財である。したがって、この性質が、財の物理的特性ならびに地域の管理制度に依存することは明らかである。

一方、競合性は、ある個人の利用が他社の利用可能性を減少させるという性質であり、非競合性は追加的な利用者の限界費用がゼロであることを意味している。非排除的な性質をもつ財のうち競合的な財が「コモンプール財」であり、非競合的な財が「公共財」である。大気や水質など多くの環境財が、非排除的であることは言うまでもない。

他方、このような環境財は競合的性質をもつものであろうか。大気や水資源あるいは森林資源や水産資源、動物資源などの自然環境の多くは、ある程度の自己再生能力をもつという意味では再生可能（非枯渇性）資源であるといってよい。問題は、そうした自然再生能力を超える相対的に過剰な資源の利用は、事実上、化石燃料などと同様の再生不能（枯渇性）資源としての性格を与えることで環境財の利用が競合的になる状況をつくり出すという点である。

地域や地球規模での環境財について適切な管理・運営システムが求められる

現状を考えれば、多くの環境財については、すでに枯渇可能外部性——したがって競合性——に範疇付けされうるといってよい。つまり、非排除的であるが競合的な財であるコモンプール財としての環境財を、どのように適切に管理・運営していくのかという問題が問われているのである。まさに、コモンプール財に関する問題は、それが社会的に適正なシステムによって管理・運営へと向かわない理由はいったい何かという点である。

効率的な財・サービスの生産と公平な分配の実現に向けて、どのような社会経済システムが設計されるべきかという問題は、結局のところ、どのように財の管理・運営システム設計を行うかという問題と基本的に同義的である。こうした視点から見る限り、経済学の「財・サービス」への関わり方には二つの分析軸が必要である。一つは、効率的な財産権の構造をめぐる分析であり、もう一つは、財・サービス自身が保有する特性をめぐる分析である。こうした点を踏まえて本書では、コモンプール財の特性を明らかにした上で、短期的および長期的視点からコモンプール財のもたらす問題と対応する公共政策上の課題を検討する。

本書は、以下のように10章の内容から構成されている。まず、第1章「コモンプール財と公共政策の課題」では、コモンプール財の基本的な属性である「非排除性」と「競合性」を規定し、コモンプール財が利用される場合に、管理・運営の制度とルールが不十分な場合には、その過剰利用と不適切な管理の結果、多くの自然環境問題が生じうることを示し、そのようなコモンプールの外部性といわれる現象が生じる理論的根拠を、囚人のジレンマ論、Hardin の共有地の悲劇、Olson の集団的行動の理論から検討している。第2章「私的財、公共財およびコモンプール財」では、特に消費財に限定して、「非排除性」ならびに「競合性」に関する財の特性をより厳密に規定し、私的財や公共財との区分ならびに供給に関する分析を行った。第3章「コモンプール財と地域環境の保全」では、コモンプール財を地域環境財（とりわけ「山野河海」）に限定してコモンプールの外部性を論じ、それがもたらす様々な弊害を排除し地域の自然環境を保全するための手段として地域間ネットワークの可能性を論じている。

ところで、地球規模とはいえ、地域と国を結び自然環境、コモンプール財と

対峙する集団的行動に関して、適切な協働、あるいは適切な管理・運営システムが希求されることはいうまでもない。第4章「コモンプール財と地球環境の保全」では、環境保全に関する国際活動とあわせて各国の状況に応じた自発的な環境保全へ向けた各国別の施策と国際機関による包括的施策の有効性と意義、ならびに国際機関の各国の自発的環境保全努力の関係を検討し、持続可能な環境保全政策の検討を行っている。また第5章「開発途上国における最適環境政策」では、開発途上国での最適環境政策をモデル化し、政策変化の均衡の環境水準ならびに自然環境を保全するための自発的貢献策に及ぼす影響を検討している。

現在、地域の抱える基本問題の一つは、言うまでもなく地域の開発と地域環境財の保全の両立をどのように図るかということである。第6章「コモンプール財とエコツーリズム」と第7章「エコツーリズムと地域開発」は、地域環境財としてのコモンプール財の適正な管理・運営を行う産業政策の一つとして注目を浴びている「エコツーリズム」に焦点をあてている。第6章では、エコツーリズムの理論モデルを構成し、地域経済を、都市部と農村部の二地域に分割し、両者の経済的役割、交流関係とエコツーリズムの定式化を行い、そのような地域経済圏全体が一つの圏域として機能する場合に図るべき最適地域環境政策のあり方を検討し、第7章では、観光サービスに対する需要がどのように自然環境資源と関わっているかを明示するためにエコツーリズムの静学的市場構造を分析し、地域の最適管理モデルを構築した。また第8章「地域の環境保全と開発政策」では、前の二つの章を受けて、より具体的な地域（多摩川流域圏）における環境の保全とエコツーリズムによる地域発展の両立可能性を論じている。

最後の二つの章は、コモンプール財の管理・運営問題に関わる二つの重要なトピックスを取り扱っている。第9章「自然環境と希少性動物保護問題」では、コモンプールの外部性の顕著な事例であると考えられる希少性動物資源について、その持続可能な利用に向けた生物資源の適正な管理・運営のあり方とその問題点を整理し、政策的な提言を行っている。また第10章「森林コモンプール財の保全と経営」では、わが国の森林の置かれた現状と問題点を包括的に検討し指摘した上で、あるべき森林政策を検討している。

童謡『ふるさと』の描く牧歌的な風景を想起することは可能である。人々が日常生活を営む地域にあって、その自然環境を含む地域環境財は、だれもが自由にアクセス可能であるが競合的なコモンプール財であると考えられる。その地域環境財が疲弊し過剰に利用され、将来世代への移行を妨げるまでに劣化した事由は何か。一つには、地域に生活しながらも地域には実在しない人々の、コモンプール財の管理・運営システムからの疎外、また成員個々人の合理的行動と地域全体における最適性との乖離、あるいは個々人の自発的供給意欲の減退、財産権の国有化による政府の失敗など、多くの論拠を挙げることができよう。本論文の分析の垂直軸は、まさにこのように地域に営む人々が地域環境財について如何にコミットし、その最適な管理・運営システムをどのように構築していくかという視点であり、水平軸は、地域の経済的厚生と環境的厚生をどのように総体として高めていくかという個別的な地域開発、あるいは地域環境財の持続的利用の視点である。

　コモンプール財の適切な管理・運営システムの構築のためには、Ostormら(1994)の3条件である、「境界ルール」、「配分ルール」、「モニタリングと制裁」が制度として構成されることは必須であるが、問題は、そのような制度の設計と管理・運営へ向けてどれほどの人々が集団的意思決定に関与するかである。

　本書では、個別具体的に幾つか課題についての方途を検証したが、今後、さらにより実証的に多くの事例研究を含めた検証が必要であると考える。本書がさらなる幾つかの展開が必要と思われる段階で世に上梓される理由があるとすれば、何よりもまずコモンプールという概念規定の必要性と重要性を広く流布させ、環境問題と地域発展の解決のための有用な方法論として確立させたいとする著者のいささか勝手な信念にあるのかも知れない。

　しかし、本書のテーマが「コモンプール」である前に、この研究の過程で育まれた動機づけや議論の共通理解、成果物それら自体が「コモンプール」であることを認めなければならない。1995年より「コモンプール研究会」を結成し、共に研究活動を続けている今泉博国（福岡大学）、井田貴志（熊本県立大学）、また現在のコモンプールの研究者集団である市川芳郎（日本文理大学）、仁部新一（九州共立大学）、大石和博（那須大学）の諸先生方には、日本計画行政

学会や日本地域学会ならびに日本経済政策学会の活動を通じても大変お世話になっている。特に、この研究の萌芽期（1997年）に、計画行政学会学会誌に採用された論文「コモンプールと環境政策の課題」（計画行政、第18巻第4号、今泉、井田先生との共著）に対して学会の論文賞を拝受できたことはその後の研究に大きな励みになった。

　本書が完成するまでの過程では、多くの方々の助言や励ましをいただいた、心から感謝を申し上げたい。武野秀樹先生（九州大学名誉教授）には、大学院時代から公私にわたって指導教授以上のご恩を受けている。また、三輪俊和先生（北九州大学）には、学生時代より変わらぬ人間的なご指導を受けている。そして、時政勗先生（広島修道大学）、細江守紀先生（九州大学）、大住圭介先生（九州大学）ならびに有吉範敏先生（熊本大学）、氷鉋揚四郎先生（筑波大学）には学会活動を通じてご高配をいただいている。

　中央大学経済学部の事務方および諸先生方からは日常的に素晴らしい研究教育環境を提供していただいているが、中でも田中廣滋、浅田統一郎、松本昭夫の先生方からは、本書作成の過程のみならず常に学問的刺激を受けている。特に田中廣滋先生は、生き方を含めて尊敬し目標とする先輩であり、公私にわたって大変お世話になっている。さらに、多摩川の流域管理に関する研究会では、小口好昭先生（中央大学）および泉桂子先生（日本獣医畜産大学）から多くのことを学んだ。また、本学の栗林世教授からは原稿段階で適切なアドバイスをいただいた。記して感謝申し上げます。

　中村光毅、山西靖人、伊佐良次（中央大学大学院経済学研究科博士課程）および小澤卓、望月暁、千葉公一郎（同公共経済専攻修士課程）の学生諸氏とは、後楽園と多摩の地で毎週開催される研究会で刺激的な情報交換を常に行っており、また本書の刊行にあたり校正の労をとっていただいた。

　最後に、私事ではあるが、本書を今は亡き父（政則）に捧げたいと思う。また、何よりも大学院生以来ずっと良き伴侶として心の支柱であった妻幸子と愛娘の紗香、遠隔の地にあって常に我儘を許してくれた今年喜寿を迎える母美智子と、学生結婚以来、常に温かい応援をいただいてきた義父大谷晴臣と義母の大谷ハルエ（故人）に感謝の意を表したい。

目　　次

はじめに　i

第1章　コモンプール財と公共政策の課題 ……………3

1.1　はじめに　4
1.2　コモンプール財とは何か　5
1.3　コモンプール財の管理・運営システム　16
1.4　コモンプール財と公共政策　22

第2章　私的財、公共財およびコモンプール財 ……………27

2.1　はじめに　28
2.2　財の基本的カテゴリー　29
2.3　モデル分析と各財の特質　35
2.4　財の共同性と管理・運営　44

第3章　コモンプール財と地域環境の保全 ……………47

3.1　はじめに　48
3.2　コモンプールの外部性　51
3.3　地域ネットワークの外部性　57
3.4　地域ネットワークに関する政策的インプリケーション　64
3.5　「流域圏」をめぐって　68

第4章　コモンプール財と地球環境の保全 ……………75

4.1　はじめに　76
4.2　2国の相互関連性　78

4.3　2国間モデルの分析　84
4.4　国際的環境保全機関と自発的環境保全努力　87
4.5　持続可能な国際環境保全と公共政策　91
4.6　おわりに　94

第5章　開発途上国における最適環境政策　97

5.1　はじめに　98
5.2　開発途上国の基本モデル　104
5.3　開発途上国の最適環境政策　108
5.4　均衡とその性質　109
5.5　体系の動学的性質　113
5.6　おわりに　119
5.7　補論　120

第6章　コモンプール財とエコツーリズム　123

6.1　はじめに　124
6.2　コモンプールの外部性とエコツーリズム　126
6.3　エコツーリズムのモデル分析　129
6.4　エコツーリズムとコモンプールの最適管理政策　135
6.5　地域環境政策としてのエコツーリズム　141

第7章　エコツーリズムと地域開発　143

7.1　はじめに　144
7.2　エコツーリズムと地域開発の関連性　145
7.3　エコツーリズム市場　148
7.4　エコツーリズムと地域厚生　153
7.5　地域開発とエコツーリズムの有効性　160
7.6　おわりに　164

第8章　地域の環境保全と開発政策 ……………………167

　　8.1　はじめに　168
　　8.2　奥多摩の自然環境　169
　　8.3　奥多摩の経済構造　173
　　8.4　環境保全と地域開発——奥多摩の現状と課題　179
　　8.5　エコツーリズムの展開可能性　182
　　8.6　おわりに　193

第9章　自然環境と希少性動物保護問題 ……………………197

　　9.1　はじめに　198
　　9.2　問題の所在——象牙問題について　200
　　9.3　野生動物の競争的市場モデル　204
　　9.4　野生動物の持続的利用可能性　208
　　9.5　希少性動物の動学モデル　214
　　9.6　おわりに　220

第10章　森林コモンプール財の保全と経営 ……………………223

　　10.1　はじめに　224
　　10.2　わが国の森林をめぐる現状と課題　225
　　10.3　森林コモンプール財のモデル分析　238
　　10.4　環境問題と森林政策の課題　242
　　10.5　おわりに　249

おわりに ……………………251
参考文献一覧 ……………………255
事項索引 ……………………266
人名索引 ……………………271

コモンプールの公共政策

―― 環境保全と地域開発 ――

第1章

コモンプール財と公共政策の課題

Public Policy and Common Pool Resources

富士山（日本国）

10万年の太古より、成長し変化する雄姿。
植物が垂直分布する自然の宝庫でありながら、
一方で環境破壊が大いに危惧されている。

（写真提供：杉村俊彦氏）

1.1 はじめに

　本書が分析の対象とするのは、「コモンプール財」である。コモンプール財を機軸とする財（とりわけ消費財）の形式的な分類に関しては次章に譲るとして、ここでは、コモンプール財を、所有が特定の個人によらないいわば共有の資産であると定義しておこう。

　経済システムは、一方で個別主体の経済活動の合理性とその合理性を保証する経済的制度の不可分の関係であって、経済活動は、自律的商品交換と市場過程を制御して規制する取り決めや権利付与の総体である[1]。こうした制度的アプローチからすれば、コモンプール財の分析のためには、必然的に財を規定する諸要因の他にコモンプール財の利用に関する制度的検討が必要である。およそルールのない商品交換は存在しないし、それをまったく制御しない社会ルールも存在しない。私的財や公共財、あるいはコモンプール財などの諸財の概念規定も、そうしたルール総体の枠組みの中で初めて可能になる。

　言うまでもなく、経済学は希少な財あるいはサービスの効率的な生産と分配（消費）のための理論モデルを含む。財に関する人々の関わり方が社会経済関係を規定しており、その意味で、効率的な財・サービスの生産と分配の実現に向けてどのような社会経済システムが設計されるべきかは、結局のところ、どのように財の管理・運営システム設計を行うかということと同義的である。こうした視点から見る限り、経済学の「財・サービス」への関わり方には二つの分析軸が必要である。一つは効率的な財産権の構造をめぐる分析であり、もう一つは財・サービス自身が保有する特性をめぐる分析である[2]。

　このような点を踏まえて本章では、コモンプール財の特性を明らかにした上で、分析上必須となる静学的視点（フローの分析）と動学的視点（ストックの変動と持続可能性の分析）から公共政策上の課題を検討しよう。第2節では、コモンプール財の特質を明らかにし、第3節では、コモンプール財の管理・運営システムをめぐるこれまでの議論を整理し、それを持続可能にするための条件を検討する。さらに第4節では、静学モデルの枠内でコモンプール財の（とりわけ地域における）管理・運営に関する公共政策のあり方を検討する。

1.2 コモンプール財とは何か

1.2.1 コモンプール財の定義

　財・サービスの生産や分配の処分に関わる権利付与（財産権）は、歴史的制度的に規定された一定の社会ルールに基づいて行われるが、付与された権利とあわせて同時に義務が発生する。効率的な財産権の構造は、通常、❶排他性（Exclusivity）、❷移転可能性（Transferability）、ならびに❸遂行可能性（Enforceability）あるいは安全性（Security）をもつとされる。つまり、市場の完全性は、ある時点ですべての財・サービスが、安全に、特定個人あるいは集団によって、その移転する権利を含めて排他的処分に任される場合に保証されうると考えられる。

　個人から集団に至る相対的な空間的大きさに着目して Bromley（1991）やTurner, Pearce and Bateman（1994）は、以下のような分類を提示した。

❶個人が社会的に認められる利用・アクセス権と社会的に認められない利用・アクセスを抑制する権利をもつ「私的所有（private property）」。
❷一つの主体が利用アクセスルールを決める「国家所有（state property）」。
❸ある集団が他者を排除する権利、他の集団から排除される状態を続ける義務をもつ「共有（common property）」。
❹「非所有（res nullius）」。

　このうち、❹は「オープンアクセス（open access）財」とも呼ばれ、いわばどの所有者にも帰属しない非排除的な財・サービスの全体である。ただし、「オープンアクセス」によって特徴づけられる財は、ある範囲（最大は地球であろう）のすべての人々が所有者であるということもできるので、結局、財産

---

(1) 例えば、M.Deblonde（2001）の第7章を参照。特に彼女は、Bromley の論拠を整理する中で、これらの取り決めや権利付与の制度的交換が、市場過程の構造、秩序、安定性や期待性を規定するゲームのルール変更であることを主張している。
(2) 互いの分析軸が独立でないことは明らかである。後述するように、家の窓辺に飾られた美しい花は家人にとっては私的な財ではあるが、他者である通行人にとってもサービスを享受できるという意味で処分可能な財になり得る。

権はすべての人々に配分されているが、その利用・アクセスをめぐる配分ルールを欠いた財であると見なし得る。注意しなければならないのは、共有財は特定メンバーによって構成される所有者が利用・アクセス権を有する財産権の配分であって、配分制度に規定された資源であるという点である。

　Ostrom（1990）の有名な二つの事例——すなわち、スイスにおける牧草地の共同利用ルールによる持続的利用例とスリランカにおける人口増によるルール遂行崩壊の漁村の事例——のうち過剰利用に至った理由は、ルールが公式か伝統や慣習に基づくかに関係なく、事実としての集団的意思決定が十分機能していなかったためである。Bromleyにおける財の所有権の帰属とは無関係に、財の持続的利用を可能にする管理・運営ルールの制度欠陥は、先述の効率的な財産構造を保証しないことは明らかである[3]。

　そもそも、コモンプール財の分析が要求される背景には、所有形態に関わらず実際的に共有となる資源（共有や非所有、あるいはある個人の経済行為がもたらす技術的外部効果も含めて）が適切に管理・運営されていないことにあった（事実としてのオープンアクセスが不適切な管理・運営から生じうる）。Ostrom, Gardner and Walker（1994）の挙げたように、英国における漁場争いやカリフォルニアでの地熱発電の事例は、自己の合理的利益最大化行動に依拠して過剰投資が行われ、資源枯渇や災害などの悲劇的結末をもたらした好例であろうし、さらに、地域の限られた水資源や森林資源の不適切な利用が様々な環境問題をもたらしていることも、そうした資源を適正に管理・運営する仕組みがないことに基づいていると考えられる[4]。

　ところで、Ostrom（1990）が提示した伝統的な財の分類は、競合性と非排除可能性に依拠するものである[5]。Garrod and Wills（1999）では、処分権と利用権に基づく財産権の設定による排除性・非排除性と競合性に関わる消費の機会費用の有無を軸とした分類が行われているが、これも基本的にOstrom（1990）に従う分類である。排除可能性は、潜在的便益享受者による使用を排除することである。いわば一定範囲の地域におけるすべての成員の財であるコモンプール財や公共財は、成員間での他者の利用を排除できない非排除可能財である。したがって、この性質が、財の物理的特性ならびに地域の管理制度に依存することは明らかである。

不法に占拠された河川敷は、たとえ国有であったとしても特定地域の住民の利用可能性を排除できていないであろう。また、公共の広場にある大時計を利用するのは可視範囲の近隣に限られている。一方、競合性は、ある個人の利用が他者の利用可能性を減少させるという性質であり、非競合性は追加的な利用者の限界費用がゼロであることを意味している。Ostrom（1990）によれば、非排除的な性質をもつ財のうち競合的な財がコモンプール財であり、非競合的な財が公共財である[6]。

大気や水質など多くの環境財が非排除的であることは言うまでもない。他方、このような環境財は競合的性質をもつものであろうか。大気や水資源あるいは森林資源や水産資源、動物資源などの自然環境の多くは、ある程度の自己再生能力をもつという意味では再生可能（非枯渇性）資源であると言ってよい。問題は、そうした自然再生能力を超える相対的に過剰な資源の利用は、事実上、化石燃料などと同様の再生不能（枯渇性）資源としての性格を与えることで環境財の利用が競合的になる状況をつくり出すという点である。

Garrod and Wills（1999）が指摘するように、前者のケースでは非競合的性質のために追加的利用者の限界費用はゼロとなるので、伝統的な価格システムが機能せず市場の失敗が生じる。しかし、後者の場合には、一人の資源利用が他者の利用可能性と費用に影響し、利用者の制度構築を含む排除費用が便益を上回る限り過剰利用（over-exploitation）の問題が排除できない[7]。したがって、

---

(3) Wantrup and Bishop（1975）では、財産をめぐる利用と移転の権利総体として common property が把握され、制度と制度に基づく資源は「commons」と呼ばれており、制度が資源管理において効率的であった事例が紹介されている。

(4) CPRs の外部性の例としては、家畜の過剰放牧、公海上の過剰乱獲、地下資源の枯渇、燃料のための過剰森林伐採、地下水の過剰汲み上げ、大気や水の汚染などの事例が考えられる（Dasgupta and Heal（1979）参照）。このようなCPRsは本質的に分割可能でないために、協力に向けて確信を与える制度上のルールが重要な役割を演じる。

(5) このような財の分類に依拠する議論は通常のテキストでも標準的に採用されており、また議論の出発点ともなっている。例えば、Tietenberg（2003）や Kolstad（2000）参照。古くは、Head（1962）あるいは Peston（1972）でも見受けられる。

(6) ラジオの電波のように消費を無視することが可能な財、すなわち便益の享受を選択できる財は「準公共財（semi public goods）」と呼ばれる。

(7) Garrod and Wills（1999）はこれらを、それぞれ非枯渇可能外部性（un-depletable externality）、枯渇可能外部性（depletable externality）と名づけている。

とりわけ環境財に関連する議論では、ある時点での利用（フロー）ということと、それが資源ストックへ及ぼす影響の相互関連性が重要であることは言うまでもない。このような観点に立てば、ある時点では非競合的であった財も競合的な財に転じるケースがありうることが分かる。

地域や地球規模での環境財について適切な管理・運営システムが求められる現状を考えれば、多くの環境財については、枯渇可能外部性――したがって競合性――に範疇づけされるといえる。つまり、非排除的であるが競合的な財であるコモンプール財としての環境財を、どのように適切に管理・運営していくのかという問題が問われているのである。このように考えれば、当然ながらコモンプール財についてはフローとストックの管理・運営問題が派生する。フローの側面からは利用に関する相互影響、配分の問題、技術の問題などがあり、ストックの側面からは、とりわけ持続可能な利用という点が課題となるであろう[8]。まさに、コモンプール財に関する問題は、それが社会的に適正なシステムによって管理・運営へと向かわない理由はいったい何かという点である[9]。

1.2.2　コモンプールの外部性と適正な管理・運営システム

ある特定地域における成員がコモンプール財に対する自由なアクセスを原則として保証されていることと、成員間で管理・運営制度をもつこととは矛盾しない。むしろ、自由なアクセスが可能であるがゆえに管理・運営が必要なのである。すでに論じたように、財の非排除的性質から自由なアクセスは可能であるが、その結果は、社会的に望ましい利用水準を必ずしも保証しない。社会的に適切な管理・運営システムは、そうした社会的最適水準とオープンアクセス均衡との乖離を調整し埋め合わせる制度や仕組みを意味している。このような、適切な管理・運営制度を欠くコモンプール財利用の悲観的な見解は、通常（Wade［1987］や Ostrom et al.［1990］参照）、❶ Hardin の「共有地の悲劇」の理論、❷囚人のジレンマゲーム、ならびに❸ Olson の集団行動の理論、に依拠している。

まず、Hardin の「共有地の悲劇」のケースであるが、Hardin（1968）が示した事例は、open-to-all な牧草地における牧夫の個人的利益追求が過剰利用を帰結するというものであり、一方でコモンプール財利用の自由を保証しながら、

他方で牧草地は確実に荒廃に向かうというものである。Hardinは、牧草地の荒廃を回避するためには、相互強制や相互合意が図られるための財産権の国有化しか方法がないと考えている[10]。

一定地域の人々が過剰に利用することで、現在はともかく将来の財の利用が困難になる場合、どうして現在の過剰な利用を続けようとするインセンティブが働くのかが明らかでなく、また他者の意思決定に関する内部情報が存在しないことが仮定され、その成員にとってコモンプール財がどの程度重要な財であるのかについての区分もなされていない。

Clark（1990）に沿ってHardinの「共有地の悲劇」を明示しよう。牧草xの利用からの収益（π）は、牧牛の数Eによって決まるので

(1−1)　　$\pi = qEx$,

と想定しよう。ここで$q(>0)$は、牧牛の市場価格など収益を左右するパラメータを示す。(1−1) は、牧草が豊かなほどまた牧牛が多いほど収益がより大きいことを示している。また、単純化のために、牧草の生育率が

---

[8] Ostrom et al.（1994）は、コモンプール財の管理・運営問題を、コモンプール財のストックが生み出す生産物についての効率的利用問題＝利用問題（appropriation problem）と、ストックの時間関連的供給問題＝供給問題（provision problem）とに区分している。本書ではこうした視点に立って、短期的分析を行っている本章と第4章を除いて動学的モデルに基づいた分析を行っている。

[9] わが国では、コモンプール財は地域の環境財として「山・野・河・海」として言及されることが多い。この点については、例えば秋道（1995）や中村・鶴見（1995）を参照。なお、共有財の明確な定義はGravelle and Rees（1992）でも与えられている。宇沢（1972）は、共有財を自然資本（natural capital）と呼び、制度資本などとあわせて社会的共通資本と定義づけている。

[10] 牧草地が、そもそも（common property resourcesの意味での）コモンプール財であれば、何らかの制限を伴う遵守ルールが存在したはずである。したがってHardinは、（common pool resourcesの意味での）コモンプール財を問題としたのである。この点に関しては、Hardinの共有地概念が、共有財産制度とオープアクセスとの明確な混同に基づいており、その比喩は社会的文化的に割り切りすぎており、歴史上も誤りであるとする指摘がある（Bromley [1991] 参照）。他方、Schlager et al.（1994）が示したように、コモンプール財について移動性があって貯蓄できない財と移動性がなく貯蓄できる財とに分類した場合、特にフロー単位（例えば、魚、野生動物、地上水）で移動性があり貯蓄できない財については、コモンプール財問題に資源の利用者が自ら対処しようとするインセンティブをもたないことが考えられる。このような場合にも、国家による政策介入の必要性の議論が生じる余地がある。

（１－２） $\dfrac{\dot{x}}{x} = a - bx - qE,$

に従うと仮定しよう。ここで a, b は正のパラメータであり、牧草地で牧草を食する牧牛が不在のケースでは、生育率は最大で a、また $x=a/b$ でゼロとなる。牧夫が新規に牧牛を飼うインセンティブは、牧牛を購入し育てる限界費用である $c+r$（c は牧牛の直接的経費であり、r は機会費用を示す）を限界利潤（qx）が上回る場合であるから、牧牛の新規参入関数を

（１－３） $\dot{E} = e[qx - (c+r)],$

と表すことができるだろう[11]。ただし、e は調整係数を示しており、より大きな e の値は、わずかな正の限界純便益がある場合により大きな参入が生じる状況を意味している。パラメータ e の大きさは、成員間の個々の牧夫の参入意欲のみならず、当該牧草地域における成員間の相互作用にも依存しているであろう。

いずれにしても、牧草 x と牧牛 E の関係は（１－２）および（１－３）の二つの微分方程式で記述される。均衡点は、$(x^*, E^*) = ((c+r)/q, (a-bx^*)/q)$ で与えられ、体系の位相図は**図１－１**で描かれている。均衡で評価したヤコービ行列 J は、

（１－４） $J = \begin{bmatrix} -bx & -qx \\ eq & 0 \end{bmatrix},$

となることから、J の対角要素の和（trace）は $-bx < 0$、また行列式（determinant）は $exq^2 > 0$ となることから、均衡点は安定な結節点（node）か過状点（spiral point）になることが分かる。

図１－１が示すように、初期時点（点Ｉ）で牧草が均衡水準を上回るほどに豊かであれば、限界純収益は正となりより多くの牧牛が飼われることになる。その結果、牧草地の後退が進むことになるが、これがやがて限界純便益をマイナスにするものの、過剰に放牧された牧牛は牧草を侵食し続けるために牧草地の一層の減少をもたらす。こうして点 E^0 では完全に牧草地は崩壊し、牧牛の生育は困難となる（点 E^0 から原点 Ｏ へ）。これはコモンプール財の管理・運営が完全に崩壊するケースである[12]。

このようなことが生じるのは、個々の牧夫がより大きな利益を目指して、牧草の飼育能力とは無関係に牧牛の飼育を決定するためである。問題は、なぜこ

図1−1 共有地の悲劇

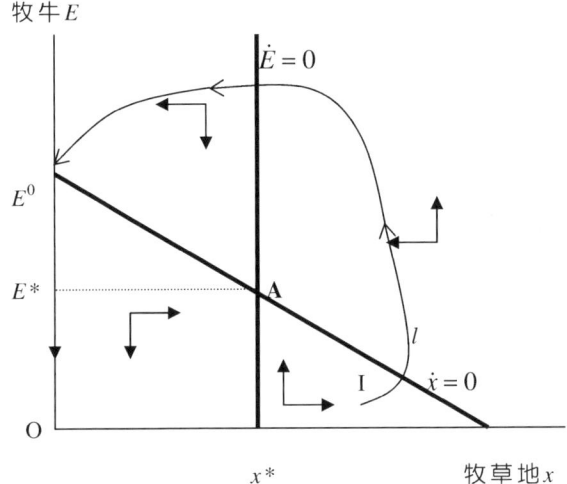

の地域で牧夫達による牧草地の自発的な管理・運営システムが形成されないかということである。

次に、「囚人のジレンマゲーム」による集団的行為の分析を検討しよう。**表1−1**は、典型的なケースを示している。牧夫A、Bの飼う牧牛の頭数に依存して、各々の得る純収益が与えられている（例えば、牧夫Aが200頭、牧夫Bが100頭飼育する場合には、各々1億3,000万円、8,000万円を獲得できる）。通常、コモンプール財の利用に関して、社会的な効率性が実現できないのは次のように牧夫が行動するからであると考えられている。牧夫Aは、牧夫Bが牧牛を100頭飼おうが200頭飼おうが、自分としては200頭の牧牛を飼うことが望ましいと考える。まったく同様のことを牧夫Bも考えているので、結局、当

---

(11) ここでは、問題の単純化のために、牧牛自身の再生産過程は考慮されていない。そうした生物学的な自己再生過程を考慮した分析は第9章で行われる。

(12) Hanley et al.（1997）では、漁業資源についての言及がある。つまり、動物の個体数は循環的に変化したりあるいは急に減少したりするが、過剰な漁獲による魚の個体数の枯渇は、再生産のために個体数を減少させるから個体数が回復しないケースがある。この現象は回復不能（depensation）と呼ばれている。回復不能を含むモデルによれば、多くの心配されている魚の生存量は、もし過剰漁獲を止めることができれば回復することを示している。

該牧草地での牧牛の全頭数は400頭となり、地域の純収入は1億8,000万円ということになる。1頭当たりの純収入は45万円にすぎない。仮に、両者共に100頭ずつ飼育すれば地域全体で2億円の純収入となり、1頭当たりの純収入は100万円にもなる。さらに、他の戦略の組み合わせの場合には、300頭の飼育に対して2億1,000万円の純収入となり、1頭当たりの純収入は70万円である。

当該地域の牧夫が、各々200頭の牧牛を飼育することが問題となるのは、まず、1頭当たりの純収入のみならず総収入も他の飼育ケースに比して減少している点である。さらに、1頭当たりの収益が減退する要因となっていると考えられる牧牛の質の低下——この場合、一定の牧草地に対する400頭という過剰な飼育が反映していると考えられる——が、コモンプール財である牧草地の劣化を意味している点である。もし、両者が共に200頭の飼育に関する決意を変えられないなら、コモンプール財利用は悲劇的な結末をもたらすことになるであろう[13]。しかしながら、こうして互いに相手の選択行為に関して無知で、しかも一度の決定を変えないという「囚人のジレンマゲーム」をそのまま現実社会に適用するには問題がある。過剰なコモンプール財の利用が、将来のある時点で牧草地の完全な崩壊を迎えることが予想されるような場合には、持続可能性を含めて個人の合理的選択行動へ影響することが考えられるからである。

通常のゲームの場合では、地域で純収入が最大になるという意味で最適なケースは300頭を飼育するケースである。仮に、300頭の飼育がコモンプール財の持続的利用可能性を保証する最大量であるとしよう。表1-1ではなく表1-

表1-1　囚人のジレンマゲーム

牧夫A \ 牧夫B	100頭	200頭
100頭	(1, 1)	(0.8, 1.3)
200頭	(1.3, 0.8)	(0.9, 0.9)

表1-2　コモンプール財のジレンマゲーム

牧夫A \ 牧夫B	100頭	200頭
100頭	(1, 1)	(0.8, 1.3)
200頭	(1.3, 0.8)	(1.2, 1.2)

2のような利得行列の場合、コモンプール財の過剰利用への傾向は一層強まるであろう。このとき、ある t 時点での牧草地の崩壊後収益はゼロとなるので、各々の牧夫の期待収益の現在価値 V_{200} は主観的な割引率を ρ として、

$$(1-5) \quad V_{200} = \left(1-\left(\frac{1}{1+\rho}\right)^t\right)\frac{1}{\rho} \times 1.2,$$

である。一方、100頭ずつ飼育した場合の期待収益 V_{100} は、

$$(1-6) \quad V_{100} = \frac{1}{\rho},$$

である。したがって、コモンプール財の過剰利用を防御させる十分条件は下記のように表せる。

$$(1-7) \quad V_{200} - V_{100} < 0 \Leftrightarrow t < \frac{\log 6}{\log(1+\rho)}.$$

例えば、$\rho = 0.1$ のケースでは、およそ18年後にコモンプール財の利用が崩壊すると予想される場合には、各々の牧夫の合理的行動として200頭飼育するという選択肢は除外されるはずである。地域におけるコモンプール財の「持続可能な利用」の意識は、世代を超えたコモンプール財利用の配分の問題であり、そうした制約条件を課す社会制度や規律のもとで規律破り（free-riding）の回避や自律的遵守の機会を増やしたと考えられる。

さらに、この持続可能性を保証しながら、地域全体の純便益を最大化（このケースでは、**表1-1**、**表1-2**共に300頭で2億1,000万円獲得）させるような、飼育量に関する再割り当て制度の形成が可能か否かということである[14]。社会が均等な割り当てを望むならば、各々150頭の飼育でコモンプール財利用の持続可能性を維持するであろう。

---

[13] このように、誰もが適切な規制を受け入れた状況の方が改善されるにもかかわらず、だれにとってもそのように行動するインセンティブが作用しないケースを、Ostrom (1998) は「社会的ジレンマ（social dilemma）」と呼んでいる。

[14] 「囚人のジレンマゲーム」においては、個別の牧夫の利得については、200頭の飼育が100頭に比してより大きな純便益をもたらすという意味で「支配戦略（dominant strategy）」になっている。後述する Ostrom (1990) の提示するモニタリングとペナルティのルールを導入し、**表1-2**のケースで200頭の飼育に対する期待収益がそれぞれ7,000万円に減少すれば、支配戦略はもはや存在せず、二つのナッシュ均衡（1.3, 0.8）、(0.8, 1.3) が生じる。こうした状況は「弱虫ゲーム（chicken game）」と呼ばれている。

いずれにしても、地域にあって、繰り返しゲームが行われること、規律破りの可能性が小さいこと、さらに成員自身の価値観（将来世代への継承性や先祖や伝統社会との関わりなど）に基づいて現在の意思決定を行うという自律的行動規範などが作用すること、などによって、コモンプール財の利用については囚人のジレンマのもたらすと考えられる方向ではなく、むしろ協力へ向かわせる誘因が機能しているように思われる[15]。

　これに関連して Runge（1981）は、コモンプール財の外部性について、本来囚人のジレンマゲームではなくむしろ確信ゲーム（assurance game）がより正確に特徴を表しているという。**表1－3**の利得行列は、これまでの**表1－1**や**表1－2**と幾分異なるものが仮定されていることに注意しよう。

　この場合には、均衡点は二つあることが分かる。牧夫Aが100頭を飼育するとした場合、牧夫Bも100頭飼育する。他方、牧夫Aが200頭飼育するとした場合には牧夫Bも200頭飼育するであろう。社会的には（100頭、100頭）の戦略が望ましいように思えるが、これが起こりうるのは、牧夫Aが100頭の飼育に削減すれば牧夫Bも100頭の飼育を行うであろうことを確信している場合に限られる。確信がなければ、牧夫Aの飼育が100頭にとどまる理由はない。したがって、コモンプール財の利用に関してその外部性問題が回避できるか否かは、人々の他者の行為に関する「確信」のあり方にかかっていると考えられる[16]。

　ところで、競合性があり、潜在的な混雑や減価、退化というコモンプール財の外部性の問題を解決する手段として、私的所有化や国有による財産権の設定が主張されることは多い。他方、局所的な特定地域での小集団による適切な管理・運営が望ましいとする議論もあり、コモンプール財の管理・運営システムをめぐっては多くの主張が混在している。しかし、最も貧しい国々での国家管理が資源管理に関してひどい状況を生み出している反面、より小さな地域社会の潜在的管理能力が無視されている。Olson（1971）は、共同の利益にたって

表1－3　コモンプール財の確信ゲーム

牧夫A＼牧夫B	100頭	200頭
100頭	(1.2, 1.2)	(0.8, 1)
200頭	(1, 0.8)	(1, 1)

行動させる強制や仕組みがない限り、合理的、利己的個人が地域の共同の利益を実現するように行動しないとし、選択的罰則や誘因なしには個人が抜け駆けすると主張している。このとき、集団の規模が重要であるとし、集団の規模とインセンティブの関連性が議論される。議論を要約すれば以下のようになる。

まず、個人の行為が他者に対して明示的か否か（あるいは個人の行為が、外部効果である準公共財を生じることを他者がどの程度認識しているか）について、その明示度（notice-ability）はより大きな集団規模になればなるほど小さいであろう。反対に小集団では、明示度が大きいために個人は他者の行為に関係なく準公共財を供給するであろう。

こうして、小集団ほど自発的な集団的行為が生じやすく、逆に大集団ほど生じにくい。Olson自身の例示（例えば、労働組合は大集団、農村村落は中集団）でも、集団の規模と自発的集団的行為の関連は概念的には理解しえても、現実の分析への適用可能性は薄いように思える[17]。Ostorm（1990）の言うように、問題の本質は地域の適切な管理・運営ルールを成功へと導く条件は何かということである。

言うまでもなく、集団的行為を規定するルールの遵守のために何らかの制度的な制裁規定が必要であろう。道徳や習慣などが無条件に地域の集団的行為に向かわせるという楽観論も問題であるが、外部の圧力による制裁規定のみがコモンプール財の外部性を解決すると考えることも問題である。後述するように、

---

[15] Wade（1987）は、南インドの事例研究を挙げながら、コモンプール財の成員間の地域共同的利用が協力に向かわせる状況の存在を強調する。ゲームが示すように、個々の成員には、自己の純便益が増大するという意味で、コモンプール財をより多く利用しようとするインセンティブを拭い切れない。例えば、ひどい渇水の場合には、地域の灌漑ルールを破ろうとする人が必ず生じ、他方、こうした抜け駆けの発見や懲罰は困難な状況になる。こうした場合に、南インドにおいては、国というよりは「村落委員会（village council）」が重要な役割を担ったことが示されている。

[16] また Runge（1981）は、協力解が相対的に小さな意思決定集団で成功する理由として、集団の規模が小さいというのではなく、むしろ他者の行為に関する確信の状況が取引やコミュニケーションによる情報の伝達に依存していることによると主張している。

[17] これに関連して Wade（1989）は、free-riding を除くためのルールを遵守させるという意味での罰則は、集団的行為を持続可能にするための組織設計にとって不可欠であるとし、その制裁規定が外部とりわけ国家によって設定されなければならないとする Olson の主張を批判的に受け止めている。

地域の適切なコモンプール財の管理・運営をめぐっては、個々の成員のコモンプール財へのアクセスについての制度的ルールと各成員の行動規範についての行動ルールが必要である。

1．3　コモンプール財の管理・運営システム

　地域のコモンプール財については、その適切な管理・運営制度の必要性が明らかになった。例えば、極めて重要な環境財としての水や森林について考えてみよう（第10章参照）。

　水源林とそれが生み出す不可分の財としての水の重要性は、古来より人々の生活に根ざしており、長い間、地域の部族や集落による共同管理・運営の対象であったことからも推察できる（田中［1995］参照）。わが国に特徴的な入会制度などを含む適切な管理・運営システム（習慣的諸制度）のもとで、公共性の高い財の持続的利用が可能となったのである。しかし、このような適切な管理・運営システムは、森林資源の国有化あるいは私有化、国策の中への統合という形で崩壊し、それに呼応するようにその持続可能性が危ぶまれる事態に陥っている[18]。

　この点、熊本（1995）の論点は重要である。熊本（1995）によれば、地域の持続的開発のためには、❶自然と地域住民の関わりが必要であること、❷地域資源に対する地域住民の主権確立が必要なこと、さらに、❸地域住民の地域資源に対する権利が個別的でなく集団的でなければならないこと、の三つの条件が必要であるとしている。しかるに、経済発展の過程と共にこのような条件をもつ諸制度は崩壊し、人々は地域の自然資源に対するアクセス権との関わりそれ自体を失ったのである。

　制度は可変的であるにしても、最適な地域の管理・運営システムの選択は地域住民に委ねられるべきであろう。制度自体は可変的でもあり、一定期間そのもとでの管理・運営が行われるという意味で固定的でもある。Ostrom（1990）による制度の定義は次のようなものである。

「制度とは、如何なる行為が許され禁じられるのか、如何なる集計ルールが用いられるのか、如何なる手続きに基づくべきであるか、如何なる情報が提供されるべきか、さらに、成員の行為毎に如何なる利得が割り振りされるべきであるのか、といったことを誰が意思決定するのか、を決めるために利用される実行可能なルールの集合」[19]

また、Young（1989、2002）によれば、制度領域を構成する要素として、権利とルールを含む実体要素（substantive component）、個人が集団的行為を行う上で必要な資源配分や紛争解決などの手続き要素（procedural component）、ならびにモニタリングや遵守などを含む遂行要素（implementation）があるという。また、Anderson（1995）の分類によれば、コモンプール財に関する政策は、フリーアクセスを維持した上での政策とフリーアクセスを制限する政策

[18] この点に関しては本書の第10章参照。また、宇沢（1995）による社会的共通資本を構成する「制度資本」は、自然資源の適切な管理・運営システムとして把握できる。田中（1995）で取り上げられている「入会」は、厳密に言えば「総有」である。「総有」とは、森林や水資源などの自然資源を構成員が共同体内部の規範によって利用し、共同体自身が構成員の変化に関わらず同一性を保持しつつ、自然資源への支配権を持続させるための共同所有形態である。こうした総有に対する権利主体は「実在的総合人」であり、地域に居住する住民を構成員とする団体である。こうして、入会（総有）の制度的仕組みは、地域の秩序の総体として地域の自然資源を保全・拡充する機能を果たしてきたのである（総有のもとで、熊本［1995］の言う持続可能な地域開発の三条件が満たされる。そこで示されている鹿児島県志布志湾のクロマツ林の保全をめぐる例示は極めて興味深い）。わが国の入会制度について杉原（1994）は、近世まで、農・林・漁村については集団的規制があり、各村の慣習に加えて全体的に統一的な「入会」規則が形成されていたこと、江戸時代までは広域調整を除いて基本的に各地の「入会慣行」が持続していたことを明らかにしている。さらに、明治期のいわゆる近代的所有権の設定と共に「入会」は「入会権」、「漁業権」、「水利権」などに分断されて法認されていき、このうち土地に関する崩壊傾向と海面に関する入会存続の傾向が詳述されている。

[19] こうした制度は、Ostrom によれば三つの段階で機能する。つまり、運用上の選択（operational choice）、集合的な選択（collective choice）、さらに、組織上の選択（constitutional choice）である。運用上の選択には、割り当て、供給、モニタリングや遂行などの決定が含まれ、集合的な選択には、政策決定、管理ならびに裁判行為が含まれる。また、最後の組織上の選択には統治形態や裁判形態、修正様式などが含まれる。例えば、地下の水資源の利用を例にとれば、井戸からの各個人の水のくみ上げは運用上のレベルであり、井戸掘りの規制の採用と修正といった様々な地下水管理制度は集団的選択のレベルであり、井戸掘り規制の徹底した管理制度＝支配構造の決定は組織上の選択レベルである。

の二つに分けられる。前者は、資源利用者の行動規制、例えば時・場所・方法の規制であり、後者にはインプット制限（参加者等の数量制限）とアウトプット制限（資源の一定量を収穫する権利を選ばれた参加者に配分する仕組み＝individual transferable quotas）が含まれる。より具体的には、例えば漁業の場合、①入漁制限期間の設定、②捕獲技術の制限、③入漁ライセンスの制限、④総捕獲量の割り当て、⑤租税および課徴金、⑥入漁期間内の個別漁獲量割り当て、⑦個人行動へ規範を与える所有権（ownership）の設定、などを通じての管理・運営のための規制が含まれるであろう。

　繰り返すが、コモンプール財あるいはコモンプール資源は非排除的で競合的な性質をもつ財であって、それをめぐって地域の人間と自然の関係を示すある資源システムが形成される。その意味で、コモンプール財を囲い込み過剰利用しようとする傾向は常に生じうる。人々の自由なアクセスを制限し、持続可能な利用を行うために先に論じた制度とその運用ルールが形成されている。理論的には、このような制度と運用ルールの受け入れについては、例えば前に言及したように、個々の成員の非協力行動の結果において得られると期待される利得が、協力し制度とルールを受け入れたときの長期の期待利得を下回るような状況が確認される必要がある。また、Seabright（1993）が指摘したように、常にルールからの逸脱意欲がある場合でも、ある成員の他者の戦略的行為に対する信頼性（trustworthiness）が高いほど制度とその運用は長期的に持続可能になると考えられる。

　このようなゲーム理論的な議論とは別に、コモンプール財の管理・運営をめぐっては、その持続可能性と崩壊をめぐる諸要因の実証研究が行われてきた。Ostrom（1990）が示すように、利用目的が共通で境界が明確な小集団ではモニタリングも容易で、顔が見える情報交換や情報認識を通じての住民間の拘束力が大きいために協力の成功事例が多いと考えられる。他方、コモンプール財自身が移動性があり流動性が高い場合には均衡そのものがより短期志向的となり、管理・運営のための制度やルールが遵守されなくなる傾向がある。この点は、Schlager et al.（1994）でも詳細に論じられている。彼らによれば、コモンプール財利用をめぐるルールの多様性は、もっぱら、フロー単位の移動性の度合い（degree of mobility of the flow units）と貯蔵可能性の存在（existence

表1－4　コモンプール財の分類

	移動性あり	移動性なし
貯蔵なし	①漁業、川からの灌漑システム	②牧草地、森林資源、貝・甲殻類などの水産資源
貯蔵あり	③貯水場をもつ灌漑	④地下水域、湖

of storage capability）と関連していると考えられる（表1－4参照）。

　コモンプール財についてフロー単位で移動性があれば、コモンプール財の資源量の把握や動態、捕獲数や利用者間の相互関与の程度に関する情報収集が困難となり、外部性問題や資源の開発、維持や保護の問題に対処しようとするインセンティブが希薄となる傾向がある。その原因として特に重要なものは、他の場所から移動してくるコモンプール財を制御することができないため集団的行為の便益を確定できず、自己の行動を規制しようとはしないという点である。それゆえ、「最初の捕獲（first capture）」戦略がとられるために、それぞれに対応する管理・運営ルールによる解決策が必要になる。例えば、表1－4の①については、利用者が直接的にフローを制御できないのでアクセス制限や空間的、時間的制限がより有効であろうし、④では、数量制限、割り当てがより有効に機能すると考えられる。

　簡単に、コモンプール財の表1－4で掲げられた事例を検証しておこう。灌漑システムについては、貯水が可能であるか否かによって天候やその他の自然的条件に依存する度合いが異なる。一般的には、それらの共通の管理・運営ルールとして、利用者の規定に関するルール、利用可能な水資源の配分ルールおよび灌漑施設維持のために資金や技術を拠出するルールなどが含まれる。また、利用者間の公平性の観点から、上流から下流への流域管理の視点が必要になる。漁場の場合には、捕獲対象となる漁業資源が自由に移動するために、漁場の割り当てルールのみならず捕獲に関する再配分ルールや技術条件についてのルールが求められるであろう。

　コモンプール財については、このように当事者たちが自発的な管理・運営のための組織を形成し、運用上のルールを定める方策がとられてきた経緯がある。Ostrom（1990）は、コモンプール財の利用者が工夫して創り上げ、適用しモニターしてきた規制ルールや資源管理制度が、100年から長いもので1000年を

超えて継続している事例を検証した後に、地域の成員が既存の制度に対してどのように責務を果たしてきたか、あるいは相互にモニタリングしてきたかについての問いに答えている。

　成功した地域のコモンプール財の管理・運営システムは、どのような条件を満たしていたのであろうか。Ostrom の言う成功事例の類似性とは、いずれのケースも不確実でそれゆえ複雑な自然環境に直面している反面、現在から将来への地域での成員間の信頼性の維持を図ろうとする結果、人口はすこぶる安定的であったこと（このことは、割引率が小さいことを意味している）、さらに、資源の管理・運営システムには明白な持続可能性基準があり、制度的には Shepsle（1989）の「制度の頑強性基準」を満たしているという点である[20]。このような、いわば頑強なコモンプール財の管理・運営制度を特徴づける設計原則は表1－5で集約されている。

表1－5　Ostrom の持続可能なコモンプール財（CPRs）の設計原則

	原　則	内　容
1	境界の明確化	CPRs 自身と利用する権利をもつ成員の明確な定義があること。
2	利用・調達ルールと地域条件の調和	労働、原料や貨幣の調達ルールや時期、場所、技術、資源量を制限するルールが地域的諸条件と調和していること。
3	集団的選択の調整	運用上のルールに影響を受ける人々が、そのルールを修正することが可能であること。
4	モニタリング	CPRs の条件と利用者の行動を監査する監査者が利用者に対して報告可能か、あるいは監査者自身が利用者であること。
5	累進的制裁規定	運用上のルールの違反者は、他の利用者あるいは彼らに報告可能な当局者によって累進的な制裁を受けること。
6	紛争解決手段	利用者とその当局者は、利用者間のあるいは利用者と当局間の紛争を解決するための場を低いコストで容易に利用できること。
7	組織化のための最少権利保障	利用者が彼ら自身の制度を案出する権利は、外部の政府当局などによって侵されないこと。
8	複層的な管理・運営組織	（流域圏など、より大きなシステムの一部をなす CPRs の場合には）利用、保存、モニタリング、遂行、紛争解決および統治行為などを多段階的に組織すること。

＊Ostrom（1990）第3章表3－1参照。

表1－6 Wade の持続可能なコモンプール財（CPRs）の条件

	項　目	内　　　容
1	資源	CPRs の境界は小さいほど明確に定義されること。
2	技術	排除費用が高いこと。
3	資源と利用者間の関係性	**(配置)** CPRs と利用者の居住地がより密接なこと。 **(利用者の需要)** 財が必需的で需要がより大きいこと。 **(利用者の知識)** 持続可能な利用水準に対するより良い知識があること。
4	利用者集団	**(規模)** 利用者の規模が小さいこと。 **(境界)** 集団の境界がより明確に規定されていること。 **(部分集団の相対的力)** コモンズ維持から利益を受ける人々がより強力で、部分集団が私的所有化することに賛成する人々がより弱い立場にあること。 **(共通問題の協議)** 利用者間で協議がよりよく行われること。 **(利用者の相互義務)** 契約事項が明示化されていること。 **(違反者への罰則)** CPRs 利用以外のことについてのルールがすでにあり、これらのルールが機能していること。
5	認知性	**(違反者の発見の容易さ)** 協定破りが容易に確認可能なこと。
6	利用者と国家の関係	**(国の地域への影響度および国の地域組織に対する許容度)** 国ができるだけ地域組織に干渉しないこと、また国が私的所有権を効果的に強制できないこと。

＊Wade（1987）により作成。

　他方、Wade（1987）は、幾分異なる視点から、コモンプール財の管理・運営ルールが成功するための条件を表1－6のように集約している。

　Wade によれば、これらの諸条件が満たされるほどコモンプール財の管理・運営に関する集団的行為は有効に機能する。しかし、これらは必要条件ではあるが、必ずしも十分条件であるわけではない。これまでの議論が支持するように、コモンプール財の管理・運営ルールについては、小さな地域社会（ローカルレベル）でとりわけ不可欠であり、かつ利用者らによる自発的な制度やルー

[20] 長期的にコモンプール財の管理・運営制度が持続しているからといって、運用ルールが不変であったということを意味しない。Shepsle の「制度の頑強性」とは、事前的な計画に基づいて制度上の変化が生じたとしても制度は基本的に均衡状態にあることを指す。利用者がコモンプール財の運用上のルールを決定し、それに基づいて管理・運営を行う組織を形成している場合には、集団的選択と組織上の選択により、過去の経験を元に行われる制度変更は基本的に頑強（robust）であると考えられる。

ルの形成が必須であった。したがって、外部からのルール設定は地域の利用者たちに浸透せず、とりわけ人口の劇的増加や市場の開放、自然災害などの外生的要因が生じた場合には制度の崩壊が生じる危険性が高い。実際には、国には、こうした急激な外的変化に対抗しようとする地域に対して、法的制度の提供によって地域の管理・運営システムを支援することが要請されるであろう。他方、Ostrom や Wade がすでに指摘したように、常態としての国家の地域への関与はできるだけ少ない方がよいようにも思われる[21]。

1.4　コモンプール財と公共政策

　本章の最後に、コモンプール財のもたらす非効率性（コモンプールの外部性）を回避するためには、どのような政策上の関与が必要かを簡単なモデル分析によって検討しよう[22]。ここでは、2人のコモンプール財利用者からなるモデルを考える。なお、ここでの分析手法は、本書の幾つかの章でも援用される。

　地域全体でのコモンプール財のフローの投入量を N として生産物を Y としよう。2人の生産量 Y_i は、それぞれの投入量 N_i によって、

（1-8）　$Y_i = (N_i/N)Y, Y = Y_1 + Y_2,$

の関係がある。他方、社会全体では、

（1-9）　$Y = f(N), f'>0, f''<0, f(0)=0,$

が成り立つ。つまり、コモンプール財に関わる生産では、その総利用水準のみで全体の生産が決まり、成員には個別のコモンプール財の利用水準に応じた配分が行われる。生産物需要については、簡単化のために次のような線形の需要関数を想定しよう。

（1-10）　$p = p(Y) = a - bY,$

ただし、$a>0, b>0$ はパラメータである。企業の利潤は、コモンプール財の潜在価格を p_N とすれば、（1-9）、（1-10）を考慮して、

（1-11）　$\pi = pY - p_N N = (a - bf(N))f(N) - p_N N,$

となることが分かる。これより、利潤最大化の条件は、

(1−12)　　$a - 2bf(N) = p_N/f'(N),$

となる。(1−12)は、限界収入と限界費用の均等条件を表している。(1−12)を満たす解は、社会全体の厚生を最大化しているという意味でパレート効率解である。

一方、個別主体の最適問題は、(1−8)の制約のもとで各々の利潤 π_i、

(1−13)　　$\pi_i = pY_i - p_N N_i,$

を最大化することにほかならない。2人の主体のコモンプール財の利用水準のシェアを $\theta_i = N_i/N, (i=1,2)$ とすれば、(1−13)の最大化によって、

(1−14)　　$\theta_i[a - 2bf(N)] = p_N/f'(N) - p\theta_j(f(N)/N)/f'(N), \ i,j=1,2, \ i \neq j,$

を得る。

仮に、(1−14)を満たす解がパレート効率解であれば(1−12)が満たされているはずであるから、

(1−15)　　$\theta_i = 1 - \theta_j(1/\mu_N), \ i=1,2, \ i \neq j,$

ただし、$\mu_N = p_N N/pf(N) < 1,$ である。μ_N は、総収入に占めるコモンプール財投入費用の割合を示している。他方、ナッシュ解の場合には、(1−14)より

(1−16)　　$\theta_i = 1/2, \ i=1,2,$

が成り立つことが分かる。このことは、両主体が非協力的に行動する場合、費用構造が共通している限り、同一の投入、生産シェアをもたらすことを意味している。結局、

(1−17)　　$\theta_i = -[(a-2bf)f'/\{p(f(N)/N)\}]\theta_j + \mu_N, \ i=1,2, \ i \neq j,$

となるので、(1−16)を考慮すれば

(1−18)　　$\mu_N - [(a-2bf)f'/\{p(f(N)/N)\}] = 1 - \mu_N > 0,$

を得る。他方、パレート効率的な場合には(1−15)から

(1−19)　　$\theta_i = -\mu_N \theta_j + \mu_N, \ i=1,2, \ i \neq j,$

を得る。

ところで、ナッシュ解では(1−16)が成り立っているので、これを(1−

---

(21) 杉原(1994)ではこうした視点が強調されており、国がローカル・レベルでの対応を保証し、なおかつ恣意的な行動を抑制するような制度面の構築が今後の課題であるとしている。
(22) ここでのモデルは、基本的に今泉・藪田・井田(1996)に依拠している。

14) に代入すれば、下記の式を得ることになる。
(1-20) $a - 2bf(N) = p_N/f'(N) - \{pf(N)/(f'(N)N)\}[1-\mu_N] < p_N/f'(N)$.

これと、パレート均衡の条件式である (1-12) とを比較しよう。(1-20) と (1-12) の左辺は同一であるから、右辺の限界費用について、ナッシュ均衡解の場合の方が明らかにパレート均衡解の場合に比してより小さいことが分かる。このことは、所与の線形の需要関数のもとで、ナッシュの場合の均衡生産量がより大きくなることを意味している。こうした過大な生産に見合うコモンプール財の投入もまたより大きくなるために、その利用水準はナッシュの場合に過剰に行われていると考えられる。

このように過剰にコモンプール財の利用が進むことは、コモンプール財の外部性としてすでに言及した点である。問題は、このようなコモンプール財の適正な利用を実現させるための方策にはどのようなものが考えられるかという点である。その施策の一つは、明らかに課税を通じた経済的インセンティブに作用する政策である。水揚げ税や入漁税などの賦課変更を通じてコモンプール財の利用料金 (p_N) を引き上げるか、あるいは生産物価格 (p) への課税強化を行うことが考えられる。他方、前節で示したように、**Ostrom** や **Wade** の列挙した運用上のルールを自発的に設定、導入した上で、特に各主体への生産割当て（削減）を決めたり、コモンプール財の利用水準の制限を図ったりする方途が考えられる。

自発的な集団的行為によるコモンプール財の適切な管理・運営が重要としながらも、**Murty (1994)** はそれがうまくいかない実例を示している。主として、土地などのコモンプール財自身の所有や家畜などを利用する場合の生産手段の所有状況に依存して、集団的行為が脅かされると言う。例えば、開発途上国では土地の保全によって牧草や森林生産物の供給が拡大することは可能であるが、家畜を保有していなければ牧草を活かして所得を増やす術がない。こうして、多くの住民が保全による恩恵を得ることができない。このような場合には、外部のエージェントである政府などが重要な役割を演じるとし、住民と政府の共同的森林管理（JFM=Joint Forest Management）の例を挙げている。JFM は、共同体にも国家にもない利点をもっていると考えられる。政府が共同体では不可能な初期投資を行うことができること、また公平かつ効率的な資源管理を共

同体が行うことが可能であることなどがその理由であり、結局、政府と人々のコモンプール財の協働（国家による自発的な集団的行為の推進も含めて）による管理・運営もまた有力な選択肢の一つであることが分かる。Murty の紹介したインドの事例では、JFM の成功事例の理由として、①私的財産の所有者が多く、②不平等に分布していないこと、さらに、③コモンプール財の適切な管理・運営のための（灌漑施設や公有林などの）基幹投資を推進する国家の存在、④林産物の共同体と国との配分に関する合意の存在、などが示されている。

　いずれにしても、コモンプール財の適正な管理・運営のためには、このような協調的政策の受け入れのみならず、自発的な制度の形成やルール遵守に向けて便益を享受する地域住民の工夫意欲が何よりも重要であろう。政府や自治体は、その強制や一元的管理が徒労に帰した失敗例と総有の成功例に学びながら、地域住民の自発的、集団的意思決定のための制度形成と運用について支援し、総じて自然システムを保護・育成する公的役割を演じなければならないと考えられる。

第2章

私的財、公共財およびコモンプール財

Private Goods, Public Goods and CPRs

最初の一滴(山梨県笠取山水干)
恰も生命誕生の瞬間を見ているようである。
多摩川誕生は、最初の一滴に育まれ成長する。
静寂から動態への発展をみせる。

(写真提供:多摩川源流研究所 中村文明氏)

2.1 はじめに

われわれの生存を支えるものが、いわゆる「衣・食・住」を中心とする消費財の費消(ひしょう)であることは疑い得ない。標準的なミクロ経済学のテキストでは経済主体としての消費者、生産者がまず挙げられ、それらの合理的行動が論じられる。消費者を例にとれば、消費行動自体は、生産者が生産し所有する生産物の消費者への所有権の移転として表れ、消費者の消費過程すべてを包括する。個々の消費者は、その与件のもとで自己の厚生水準を最大化するように当該財の消費量(したがって、自己の所得の支出配分)を決定する。基本的には、消費行動の過程で、消費者同士がお互いに影響を及ぼしあうことはない。ある個人によって獲得され所有される消費財は、当該個人の自由意志によって費消されていく。

しかし、現実の経済過程にあっては、たとえ財の処分に関して大きな自由度が与えられたとしても消費行動が大きく制限され、あるいは他者との関係の中で消費行動が制御されなければならない現状がある。例えば、一般的に他者の利用を排除することが不可能で、同時に他者の利用が自分の利用を妨げないような財(つまり公共財)の場合、当該個人の公共財への一定の支出が公共財の供給水準を保証することになるが、このことが他者の公共財への支出行動へ影響する場合がある。

サミュエルソンの「灯台」の例を考えてみよう。2人の船主は灯台を欲している。1人が必要に駆られて灯台建設への支出に踏み切ったとしよう。1人が灯台を建設すれば、もう1人の個人は1円の支出を行うことなく灯台の恩恵を受ける。なぜなら、灯台の「明かり」を負担した個人のみに利用を限定させることができないからである。仮に2人が、相手の負担のもとで自己の利益を最大化しようとすれば、2人とも支出しないということになり、結局のところ社会にとって必要と思われる灯台の建設は行われないことになる。これは一例にすぎないが、いずれにしても、財の生産や消費過程においては所有権の所在に関わらず経済主体間の関係を規定する様々な特性をもつ財が存在すると考えられる。

前章では、コモンプール財（CPRs）に関する概念規定を行い、その論点を整理した。とりわけ、環境財としてのコモンプール財の特性を示す「非排除性」と「競合性」については、前者が財の物理的属性や特定地域の管理・運営制度に依存すること、後者の性質についても、本来の自然的再生可能性と資源の利用によって規定されていることが明らかになった。したがって、本来ならばフロー、ストックの両面からコモンプール財の分析がなされる必要があるが、本章では、特に消費財に限定して静学的な財の特徴づけを行い、経済主体間での財の影響関係を分析する。そのために、財の分類に関する従来の議論を整理し、それぞれの特性が明示できるようなモデルを提示し検討を加える。

本章の基本的な問題意識は、これまでの「非排除性」と「競合性」に関する単純な二律背反的分類を離れて、幾分詳細な定義を与える試みを行うことである。第2節では、本章での財の分類に関する基本的な考え方を規定し、第3節では、非排除性と非競合性に基づく消費財のモデルを分析する。さらに第4節では、財の共同性とその管理についての考察を加える。

2.2　財の基本的カテゴリー

2.2.1　公共財と私的財

財の分類に関しては、何よりもまず Samuelson（1954、1969）による「公共財」の定義を挙げる必要があるだろう。その消費過程の便益が、関係するすべての経済主体に均等に及び、同時に消費過程への参加を阻害し得ない場合に当該財を「公共財」という。前者の特性を「非競合性（non-rivalness）」と呼び、後者を「非排除性（non-excludability）」と呼んでいる[1]。

当初、こうした Samuelson の分類に対する批評は、もっぱら現実には非競合的性質をもった財は実在しないという点にあった。その後、純粋公共財あるいは純粋私的財といった概念規定も行われるようになるが、いずれにしても、

---

[1]　公共財はしばしば、「集合財（collective goods）」ないし「社会財（social goods）」とも呼ばれる。財の分類に関しては、Cullis and Jones（1998）を参照。

現存する財の分類に関しては、**図2－1**で描かれているように、公共財のもつ非競合性と非排除性という性質を基準に分類する方法が工夫されてきた。純粋公共財と純粋私的財は、図の第二、第四象限の極にある財であると考えられる。

Meade（1952）の有名な養蜂と果樹園の関係を見てみよう。林檎園の近くで養蜂業者が営業するのは、林檎の蜜を蜂が持ち帰るからである。蜜蜂、したがって養蜂業者にとっては、林檎の花にアクセスする権利は排除されていないが、あまりに多くの蜜蜂が林檎の花に群がることはできないので競合的な財である。このような財は、「共通財」あるいは「コモンプール財」と呼ばれる。他方、道路が混雑しない限り有料道路は、料金を払った人以外を締め出す一方で料金を支払った人同士ではお互いの道路の利用を妨げないので、排除可能であるが非競合的な財と見なしうる。このような財は、「クラブ財」と呼ばれ、後にBuchanan（1965）によって展開、議論されたものである。

他方、基本的に個人が消費する財を（純粋）私的財と考えて、私的財の消費過程がもたらす特性、すなわち通常教科書で取り上げられる「教育」のように、私的な教育サービスの享受が「社会の安定性」や「基礎研究や情報」といった非競合的で非排除的な社会的便益＝公共財をもたらす場合を考えるアプローチがある。つまり、私的財のもたらす「外部性」に着目する考え方である[2]。

ある特定の私的財の消費は、あくまでも個人的利益に基づいて決定されるが、その消費過程それ自体は、時として個人の認識を超えて社会的便益を生み出していると考えられる[3]。したがって、個人が自己の限界支払い意思額

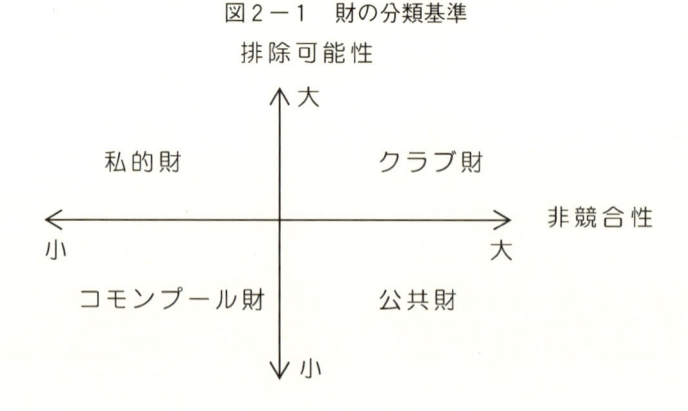

図2－1　財の分類基準

```
              排除可能性
                ↑ 大
      私的財    |    クラブ財
                |
    ←―――――――――+―――――――――→ 非競合性
     小          |          大
   コモンプール財 |    公共財
                ↓ 小
```

(MWTP＝Marginal-Willingness-To-Pay）に従って財の需要を行う場合には社会的な価値を含む総価値を低く見積もることになるので、結果として、当該財の「ナッシュ均衡」と呼ばれる供給水準は社会的最適水準よりも過少となる傾向をもつことになる。

2.2.2　公共財の最適供給

　考えてみれば、公共財のように、最初から私的な便益とは無関係に社会的便益のみに関係して消費される財と見なされるような場合でも、完全に私的便益を切り離して考えることはできない。なぜならば、社会全体の便益の享受は飽くまでも個人的な便益なしには存在し得ないからである。

　先の「灯台」の例を考えてみよう[4]。灯台のもたらす便益は、その灯りを頼りにする個々の船舶にとっては非排除的で非競合的な性質をもつ。しかし、沿岸域を航行する船舶Aより遠くを航行する船舶Bとでは灯台へのMWTPは異なる。後者の場合にはより大きなMWTPが対応し、遠くまで照らすことのできるという意味でより能力の高い灯台が求められるであろう。前者の場合には、より小規模の灯台で事足りるに違いない。社会的には、後者が求めるレベルでの灯台が建設されれば十分のように思える。

　この点を簡単なモデルで考えてみよう。図2－2において、船舶A、Bの所有者（それぞれ船主A、B）のMWTPがそれぞれ$a-a'$、$b-b'$で表されているとしよう。図中の太い破線は、両者のMWTPを縦軸方向に加えたものである。また、灯台建設に必要な限界費用は一定で、点cの高さで表されているとしよう。船主Aが求める灯台の質はnであり、船主Bの求める水準はqである。

---

(2) このような分類手法については、Cullis and Jones（1998）を参照。
(3) Baumol and Bowen（1993）やHeilbrun and Gray（2001）では、個人の芸術鑑賞（＝芸術サービスの消費）がもたらす社会全体への便益の効果については、芸術活動維持に関する社会あるいは国家の威信拡大、芸術活動の間接的経済効果の他に将来世代に対する芸術の伝承価値、さらに芸術活動の教育的貢献などを列挙している。
(4) Coase（1974）では、灯台は一部私的な企業によって運営されていた事例が挙げられている。英国において、船主は1800年代の初めまで、国王に対して灯台建設許可と入港時における料金徴収権を請願できたという。こうした企業に対しては、政府は料金設定と灯台の財産権設定と遂行の役割を担ったとされている。その後、英国水先案内協会（Trinity House）はすべての灯台を帰属させ、公的運営が行われることになった。

まず、純粋私的財という観点から灯台を眺めてみよう。船主 A にとっては、n の質をもつ灯台で十分である。一方、船主 B にとっては n ではまったく不十分で q の水準が要求されるであろう。

社会に船主 A もしくは B のみしか存在しない場合には、灯台は純粋私的財でありえる。しかし、両者が同時に存在する場合にはそう考えることはできない。例えば、船主 A の負担で n の灯台が建設されるとしよう。このとき、灯台の非排除性によって船主 B にとっては十分な質ではないものの、負担することなし $bdn0$ に等しい便益を得ることができる。つまり、船主 A が私的に供給した灯台によって船主 B は恩恵を得ており、結果的に正の外部性を及ぼしているのである。他方、船主 B の負担で q の灯台が建設される場合はどうだろうか。この場合も、船主 B は $0cfq$ の負担で bfc の余剰を生み出し、同時に船主 A にとっては十分すぎる質の灯台が供せられ、負担することなしに $akq0$ の便益が得られる。いずれの場合も、灯台のサービスがもつ非競合性と非排除性の性質によって正の外部性が生み出されているのである。

この場合に問題となるのは、船主 A、B の負担割合である。それぞれは、自己の MWTP 以外に正の外部性を評価しなければならないので、それをどの程度勘案すべきかという問題が残る。図2－2において社会的な便益が最大化されるのは、r の質の灯台が供給される場合である。なぜならば、両者の MWTP を縦方向に合計した直線は限界費用 c に一致し、r の質を上回る供給による費用の増加分が便益の増加分を上回るためである。このとき、負担割合は $lmr0$ 対 $hir0$ であり、便益は aml 対 bih である[5]。

仮に、aa' と bb' が平行であれば、両者の受け取る便益は等しい反面、より高い MWTP を表明した船主 B がより大きな負担を強いられることになる。他方、船主 A の MWTP が点 a'' を通るようなさらに低いものであるとしよう。このとき船主 A は、q の質をもつ灯台から得られる限界便益が（船主 A にとっては不必要に高い質であるために）ゼロであるのでまったく負担の必要はなく、負担は船主 B のみが行う。

サミュエルソン条件は、このように複数の異質な個人からなる社会にとっての最適な公共財の供給水準を示すものとされるが、必ずしも各個人が負担すべき割合を示唆しているわけではない。事実、先の例のように便益が相等しい場

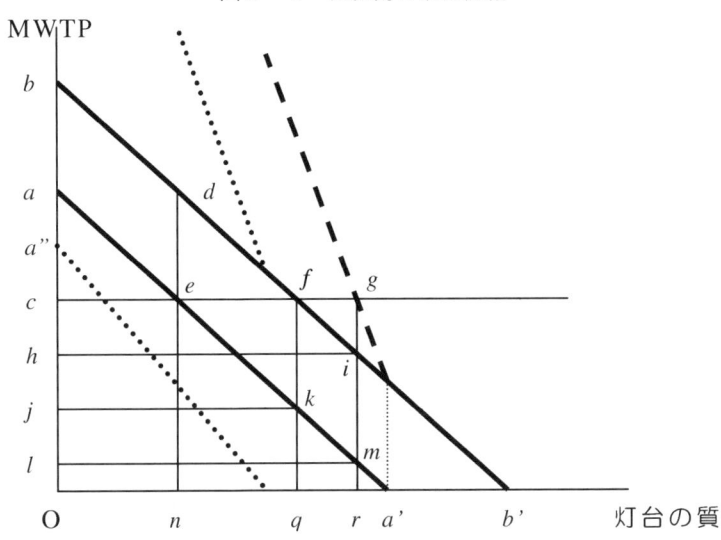

図2−2　公共財の最適供給

合には、等しい負担が望ましいと考えられる。

　次に問題となるのは、船主Aも船主Bも、単独では決して所望しない高い水準の質をもった灯台がなぜ供給されるべきであるのかという点である。再び**図2−2**を用いて説明しよう。パレート効率的な水準である r がナッシュ均衡である q を上回る条件は、q を超えた質での供給が船主Aにとって正の限界便益をもたらすことによる。事実、a'' を通る破線のケースではパレートとナッシュ均衡は一致する。

　船主B単独で実現できる（船主Aにとっては過大な）性能をもった灯台が、船主Aに対して正の限界便益を与える限り船主Aはいくばくかの負担をすべきであって、その負担のために追加的な性能が付与された灯台が建造されることになるのである[6]。

---

(5) このように、「財のもたらす各個人の限界便益の総和＝財供給の限界費用」という関係式は「サミュエルソン条件」と呼ばれ、公共財の最適な供給条件を示している。
(6) この事実は、公共財の最適供給水準が過大になっている可能性を示唆していると考えられるが、通常、過大であると感じている船主Aが正の限界便益をもたないと考えた方が合理的なのかもしれない。

2.2.3 コモンプール財の最適供給

すでに見たように、財を分類する方法として、非排除性と非競合性とを分類の基準に据える方法が広く流布している。図2-1を公共財の位置から横に辿っていくと（つまり、競合性を高めていくと）コモンプール財の範疇になる。これらの財に関する厳密な定義は次節で検討するが、ここでは、コモンプール財の消費に関する特徴点を明らかにしておこう。

公共財と異なり競合性が生じる例としては、「道路」や「川の浄水」などが挙げられる。図2-3は、道路の規格（あるいは川の浄水）に対する消費者Aと消費者BのMWTP（aa'とbb'）を表している。図2-2で示された灯台のケースと異なる点は、船主Aの「灯台の灯り」の消費が船主Bの消費に一切影響することはないのに対して、「道路」などの場合には、消費者Aの消費が消費者Bの消費に影響を及ぼす（おそらくは、道路や浄水の利用が困難になる）。このため、各消費者が実際に受け取ることができる限界便益は低下するか、あるいは各消費者がお互いの影響を排除し、各自がもつMWTPを維持するために十分な財の供給を行うための限界費用は大きくなる（図2-3はこのケースを表している）(7)。

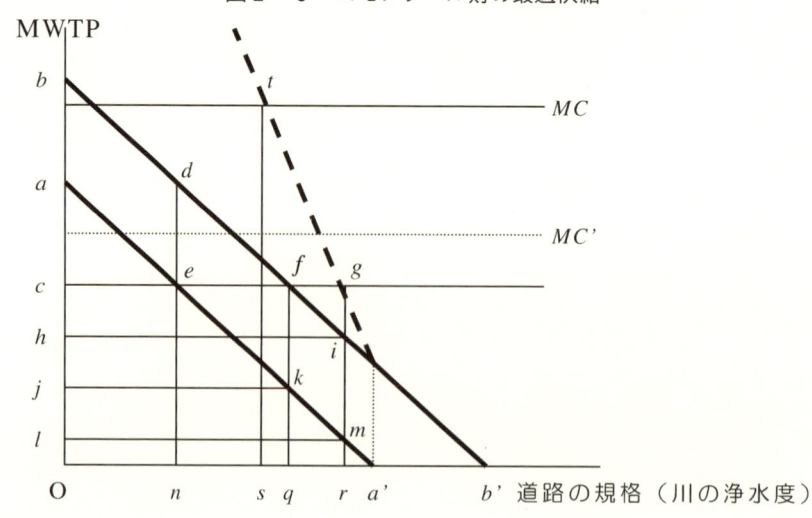

図2-3 コモンプール財の最適供給

この場合、公共財とは違った問題が生じうる。新たに必要となる限界費用の水準（MC）に対する最適な道路の規格（川の浄水度）は s となるが、この規格（浄水）水準は、競合性がない場合に各消費者が所望する水準と比べれば消費者 A にとっては過大となるが消費者 B にとっては過少となる。しかし、常にこのような状態が帰結されるわけではない。事実、両者の消費がもたらす競合性が軽微な場合には対応する限界費用の増加は小さい（図の MC'）ので、$s>q$ となる場合もあり得る。

2.3　モデル分析と各財の特質

2.3.1　非排除可能性と非競合性

　前節は、従来の財の分類に関する標準的な解釈を見てきた。私的財と公共財を分類の軸に据えた場合、非排除性や非競合性という概念による財の分類が有効であることを概観した。しかし、すでに見たようにこのような分類は、**図2－1**にあるように直感的には理解しやすいものではあるが、非排除性や非競合性の程度や定義上のあいまいさが残っている。本節では、幾分技術的ではあるが、形式的な財の正確な分類を行っておきたい。

　われわれが市場において取引され交換される財について考える場合の基本は、あくまでも私的財であり、その財産権はある特定の個別主体に属し、そのためその費消や処分の過程が当該主体に所属（効用が帰着）するという事実である。純粋に、個別費消過程が個人のみに帰着すると考えられる場合には、その財を「純粋私的財（pure private goods）」と呼ぶことができる。しかし、こうした個人的な財の費消過程であっても、現代の社会にあっては他者への影響を排除できない場合がある。その場合、他者への影響のあり方がどのようであるかに依存して財の特質が決まると考えることができる。団地に住む個人がピアノを

---

(7) 限界費用は不変にして、競合性があるために各消費者の MWPT が下方シフトすると考えることは容易にできる。この場合、競合性のために減じられた限界便益に対応する均衡の規格水準についても同様の議論が成り立つことは言うまでもない。

購入するとき、ピアノの費消（演奏）はすでに他人との関わりの中で決定されると考えられる。隣人の迷惑を考慮しない費消行動は許されないのである。つまり、個人的に所有されたはずの財が必ず何らかの形で他人の効用水準に影響を及ぼすのである。このような私的財を、「社会化された私的財（socially prevailed private goods）」と呼ぼう。

　まず、すべての財の需要（供給）が、個人の生存可能性のために行われるという仮定をおいて考えてみよう。この場合、財の需要によって個人の効用最大化がもたらされるであろう。しかし同時に、他者が需要した財の費消過程が自己の効用に影響を及ぼすことがある。このことは、逆に自己の消費が他者へ影響していることにほかならない。このような財のもたらす相互影響性を完全に排除できる場合が純粋私的財である[8]。

　以下では、簡単化のために、2財、2人からなる消費モデルを考えよう。この場合、ある財 g が排除可能性（excludability）をもつとは、消費者1にとっては消費者2の消費する財 g_2 はまったく無関係であること、すなわち、

(E)　　$\partial U_1(y_1, g_1, g_2)/\partial g_2 = 0$,

を意味している。ここで、y_1 はある純粋私的財、g_1, g_2 はそれ以外の財を意味し、下付の添え字は各消費者を表す。他方、非排除可能性（non-excludability）は、

(NE)　　$\partial U_1(y_1, g_1, g_2)/\partial g_2 > 0$,

で表すことができる。(NE)は、消費者1が、他人の消費する財 g_2 を自分のために利用することができることを意味している。

　ここでの財のもう一つの分類基準は、共同性（cooperativity）という概念である。ここでは非共同性を、「他人の消費財の方が自分の消費財に比して重要でない」と定義する。それを

(R)　　$\partial U_1(y_1, g_1, g_2)/\partial g_1 > \partial U_1(y_1, g_1, g_2)/\partial g_2$,

で表そう。これより、

$$(2-1)\quad 1 > \frac{\partial U_1/\partial g_2}{\partial U_1/\partial g_1} = -\frac{dg_1}{dg_2},$$

を得る。

　(2-1)は g_1 と g_2 の限界代替率が1よりも小さいこと、すなわち相手が1

単位の財の消費量を増やした場合、消費者1が同一の効用を得るためには自己の消費財を1単位よりは少なく消費することで代替できることを意味している。しかしこのことは、同時に社会全体で見れば財 g へ配分されるべき資源量が拡大することを意味している。この財に関しては、相手方の消費拡大行動が当該個人の効用を維持するために必要な社会全体の消費財を拡大させることから競合的であると考えられる。それゆえ「非共同性」は、「競合性（rivalness）」と同概念であるといってよい[9]。

一方、共同性（あるいは非競合性）は、

(NR)　　$\partial U_1(y_1, g_1, g_2)/\partial g_1 = \partial U_1(y_1, g_1, g_2)/\partial g_2,$

で表される[10]。(NR) が意味することは、相手の消費財も自己の消費財も、自分にとってはまったく等しい効能をもつということであって、消費財の供給（所有関係）とは無関係に、両者にとって共同の消費財として理解される状態であることを意味している。(2-1) と同様に、この場合には

(2-2)　　$1 = \dfrac{\partial U_1/\partial g_2}{\partial U_1/\partial g_1} = -\dfrac{dg_1}{dg_2},$

となる。つまり、相手の1単位の消費拡大は自己の1単位の消費減少によってちょうど相殺され、自己の効用は不変に保たれる。このとき、社会における資源の追加的必要はなく、その意味で競合は生じていない（非競合性）と考えられる。

以上、ここでの財の分類基準である二つのカテゴリー、すなわち「非排除性」と「共同性」（あるいは「非競合性」）を定義した。次節では、簡単なモデル経

---

(8) 以下では、財の特質を分類可能なモデルを提示するという目的から、一般性を失うことなく、相互の依存関係が互いに正の影響をもつ（したがって、相互の効用を増大させあう）消費財に限定して考える。なお、生産財に関する議論については、例えば、今泉・薮田・井田 (1995)、あるいは上田 (1999) を参照。

(9) 標準的な競合性（rivalness）の定義は、例えば、ある個人の消費の拡大が他者の消費の妨げとなる、といったものである。競合性の例としては道路などが挙げられ、いわゆる「混雑」現象に帰着させる説明が多い（例えば、Kolstad (2000) 参照）。本章の定義は、混雑によるある個人の効用の減少が、道路への財の配分増加によって補填されるべきである状態（「他者の妨げ」となる状態）を示している。

(10) ここでは、他者の消費のもたらす限界効用が、自己の消費のもたらす限界効用よりも大きくはないことを考慮している。

済を想定し、これらのカテゴリーをより分かりやすく説明しよう。

2.3.2　財の分類——非排除性指標と非競合性指標

　ここで対象とするモデル経済は、2財、2人モデルである。

　まず、生産可能フロンティアを、

（2－3）　　$Y = y_1 + y_2 + c(g_1 + g_2),\ c > 0$

で表そう。ここで、c は、純粋私的財 y の価格で測った財 g の実質価格である。Y は、消費に割り当てられうる社会の総資源量（所与）を示している。各消費者の予算制約式は、所与の予算 M_i に関して、

（2－4）　　$M_i = y_i + c\,g_i,\ i = 1, 2$

で与えられる。ここで、両消費者の予算格差について $\mu = M_2 / M_1$ と置こう。一方、消費者1の効用 U_1 は、

（2－5）　　$U_1 = U_1\bigl(y_1, (1-t_1)g_1 + (1-t_2)g_2\bigr) \equiv y_1^{\alpha}\bigl[(1-t_1)g_1 + (1-t_2)g_2\bigr]^{1-\alpha},$
　　　　　　$1 > t_1 \geqq 0,\quad 1 \geqq t_2 \geqq 0,\quad 1 \geqq \alpha \geqq 0$

で表されるとしよう。このとき、

（2－6）　　$\dfrac{\partial U_1}{\partial g_1} = (1-t_1)(1-\alpha) y_1^{\alpha}\bigl[(1-t_1)g_1 + (1-t_2)g_2\bigr]^{-\alpha},$

（2－7）　　$\dfrac{\partial U_1}{\partial g_2} = (1-t_2)(1-\alpha) y_1^{\alpha}\bigl[(1-t_1)g_1 + (1-t_2)g_2\bigr]^{-\alpha},$

が成り立つことに注意しよう。（2－6）と（2－7）において、明らかに $t_2 \geqq t_1$ である（41ページの注11を参照）。ここで、後の議論に資するために、排除性と競合性の程度を示す指標を次のように定義しよう。まず、非排除性指標（Index of Non-Excludability ＝ INE）を、

（2－8）　　$\mathrm{INE} \equiv \dfrac{\partial U_1/\partial g_2}{\partial U_1/\partial g_2|_{t_2=0}} \cong (1-t_2)\left(\dfrac{(1-t_1)g_1 + g_2}{(1-t_1)g_1 + (1-t_2)g_2}\right),$

で定義しよう。ある任意の t_1 に対して、$t_2 = 1$ のときは INE＝0 であり、$t_2 \to 0$ のとき INE→1 となる。つまり、t_2 が0に近いほど非排除性は高く（排除性は低く）なる。

　他方、非競合性指標（Index of Non-Rivalness ＝ INR）については、

$$(2-9)\quad \mathrm{INR} \equiv \frac{\partial U_1/\partial g_2}{\partial U_1/\partial g_1} \cong \frac{1-t_2}{1-t_1} \quad \text{for} \quad t_2 \geqq t_1 \geqq 0,\ 1 > t_1,$$

で定義する。ある t_1 に対して、$t_1 = t_2$ のとき INR = 1 であり、$t_2 = 1$ のとき INR = 0 となる。つまり、t_2 が t_1 に比して相対的に大きいほど非競合性は低く（競合性は高く）、逆に、t_1 と t_2 が近いほど非競合的に（競合性は低く）なる。

（2-6）、（2-7）と前節の財の定義に依拠すれば、財 g は以下のように分類可能である。

（ⅰ）$t_1 = t_2 = 0$ のケース。この場合、条件（NE）と（NR）が満たされ、純粋公共財（pure public goods）のケースを表す。

（ⅱ）$1 > t_1 = t_2 > 0$ のケース。この場合も（ⅰ）と同様に（NR）と（NE）をともに満たす。指標でいえば INR は 1 ではあるが、INE は純粋公共財のケースに比して小さく、幾分排除可能な財（地方公共財などが相当）を意味する。このケースを、単に「公共財（public goods）」と呼んでおこう。

（ⅲ）$t_1 = 0,\ t_2 = 1$ のケース。この場合、条件（E）と（R）が満たされるので純粋私的財（pure private goods）のケースを表している。

（ⅳ）$t_1 = 0,\ 1 > t_2 > 0$ のケース。明らかに、条件（NE）と条件（R）が成り立つ。t_2 が 1 に十分近い場合には純粋私的財の性質を、また 0 に近い場合には純粋公共財の性質をもつ。両者の中間的な財としてコモンプール財を表していることになるが、このケースを特に「純粋コモンプール財」と名づけよう。

（ⅴ）$0 < t_1 < t_2 < 1$ のケース。この場合も、（ⅳ）と同様、条件（NE）と（R）が成り立つのでコモンプール財であることを意味している。（ⅳ）のケースに比して、排除性、競合性共に小さい場合を示しており、このような財を通常の意味でのコモンプール財と定義する。

以上の（ⅰ）から（ⅴ）までの財の分類を、（2-8）および（2-9）で定義される非排除性指標（INE）および非競合性指標（INR）によって集約すれば**表 2-1**のようになる。

表 2-1 において、（ⅳ）と（ⅴ）については、

$$0 < \mathrm{INR}^* < \mathrm{INR}^{**} < 1$$

表2－1　財の分類と INE および INR

	財	非排除性指標（INE）	非競合性指標（INR）
(ⅰ)	純粋公共財	1	1
(ⅱ)	公共財	1より小 $INE = \dfrac{(1-t_1)g_1 + g_2}{g_1 + g_2}$	1
(ⅲ)	私的財	0	0
(ⅳ)	純粋コモンプール財	1より小 $INE^* = (1-t_2)\dfrac{g_1 + g_2}{g_1 + (1-t_2)g_2}$	1より小 $INR^* = 1 - t_2$
(ⅴ)	コモンプール財	1より小 $INE^{**} =$ $(1-t_2)\dfrac{(1-t_1)g_1 + g_2}{(1-t_1)g_1 + (1-t_2)g_2}$	1より小 $INR^{**} = \dfrac{1-t_2}{1-t_1}, (t_1 < t_2)$

ならびに

$$0 < INE^* < INE^{**} < 1$$

が成り立つことが分かる。

2.3.3　ナッシュ均衡解

　前節では、消費財の場合について、非排除性と非競合性についてより厳密な定義を与えることによって財を分類した。ここでは、このような財の特性と消費者行動との関係を検討する。

　各消費者は同質的であると仮定し、消費者1は消費者2の行動を所与として最適行動を行うと考えよう。この場合、ラグランジェ乗数を λ_1、λ_2 として

$$(2-10) \quad \begin{aligned} L = & y_1^{\alpha}\left[(1-t_1)g_1 + (1-t_2)g_2\right]^{1-\alpha} + \lambda_1\left[Y - y_1 - y_2 - c(g_1 + g_2)\right] \\ & + \lambda_2[M_1 - y_1 - cg_1], \end{aligned}$$

とすれば、最適化の必要条件は、

$$(2-11) \quad \frac{\partial L}{\partial y_1} = \alpha y_1^{\alpha-1}\left[(1-t_1)g_1 + (1-t_2)g_2\right]^{1-\alpha} - (\lambda_1 + \lambda_2) = 0,$$

$$(2-12) \quad \frac{\partial L}{\partial g_1} = y_1^{\alpha}(1-\alpha)\left[(1-t_1)g_1 + (1-t_2)g_2\right]^{-\alpha} \times (1-t_1) - c(\lambda_1 + \lambda_2) = 0,$$

となる。それゆえ、消費者1の最適反応関数は、

$(2-13)$ $\quad \dfrac{(1-t_1)}{\alpha}g_1 + (1-t_2)g_2 = \dfrac{(1-t_1)(1-\alpha)M_1}{\alpha c}$, for given g_2,

となる。消費者2の行動も同様に考えれば、その最適反応関数は、

$(2-14)$ $\quad (1-t'_1)g_1 + \dfrac{(1-t'_2)}{\alpha}g_2 = \dfrac{(1-t'_2)(1-\alpha)M_2}{\alpha c}$, for given g_1,

となる。ここで、$t'_i (i=1,2)$ は、消費者2の効用に及ぼすに財 g の特性を表すパラメータであり、消費者2の y と g の効用ウエイトを示すパラメータは消費者1と同様に α であると仮定しよう。ここで、消費者1に関する先の財の（ⅰ）から（ⅴ）の分類は、消費者2にとって添え字の1、2をそっくりと入れ替えたものであることは言うまでもない。

したがって、一般性を失うことなく、

$(2-15)$ $\quad t_1 = t'_2, t_2 = t'_1$

と考えることができる。この点を考慮すれば、各消費者の均衡消費水準は、それぞれ

$(2-16)$ $\quad g_1^* = \dfrac{(1-t_1)(1-\alpha)\bigl[(1-t_1)-(1-t_2)\alpha\mu\bigr]M_1}{c\{1-t_1+(1-t_2)\alpha\}\{1-t_1-(1-t_2)\alpha\}}$,

$(2-17)$ $\quad g_2^* = \dfrac{(1-t_1)(1-\alpha)\bigl[(1-t_1)\mu-(1-t_2)\alpha\bigr]M_1}{c\{1-t_1+(1-t_2)\alpha\}\{1-t_1-(1-t_2)\alpha\}}$,

となることが分かる[11]。

均衡消費水準の非負条件は、

$(2-18)$ $\quad \mu \geq \dfrac{1-t_2}{1-t_1}\alpha$,

である。（2-18）の右辺は必ず1よりも小さくなるが、これが等号で成立するとき（すなわち、$\mu<1$ であって消費者2の所得水準が消費者1のそれに比して低い場合）には $g_2^*=0$ となり、消費者2の財 g への支出は行われないことになる。

以下では、消費者1の均衡消費量に注意を集中しよう。財 g の（ⅰ）から

---

[11] ナッシュ均衡の安定性は、（2-13）の勾配が（2-14）の勾配よりもより小さいことであるが、この条件は（2-16）および（2-17）の分母の正値条件、$(1-t_1)^2-\alpha^2(1-t_2)^2>0$, にほかならない。これは、条件 $t_2 \geqq t_1$ のもとで必ず保証される。

表2−2 消費者1の均衡消費量

	(i) 純粋公共財	(ii) 公　共　財
g_1^*	$\dfrac{(1-\alpha\mu)M_1}{c(1+\alpha)}$	$\dfrac{(1-\alpha\mu)M_1}{c(1+\alpha)}$
	(iii) 純粋私的財	(iv) 純粋CPRs
g_1^*	$\dfrac{(1-\alpha)M_1}{c}$	$\dfrac{(1-\alpha)\{1-(1-t_2)\alpha\mu\}M_1}{c(1-(1-t_2)^2\alpha^2)}$

（iv）のカテゴリー別に均衡消費量を集約すれば**表2−2**のようになる。ただし、(v) の場合の均衡消費量は、$0<t_1<t_2<0$ のもとで（2−16）の値そのものになることに注意しよう。

以上のことから、次のような重要な命題を指摘できる。消費者は、g が純粋私的財である場合に最大の支出を行う。また一般に、g が（純粋）コモンプール財の場合の方が公共財である場合よりもより大きな支出が行われる。これらの関係から、財 g の消費量に関しては、

　　　　（i）=（ii）≦（v）≦（iv）≦（iii）

なる関係を得る。つまり、財 g が公共財のケースでは、他者の支出によって消費される財も利用できるので、結果的に自己の g への支出（消費）額は減少し、その削減分を自己の私的消費 y のために利用することができる。コモンプール財のケースではその影響が小さく、私的財の場合にはもっとも小さい。このように、財 g が私的財から離れて公共財としての（非競合的で非排除的という）特性をもつほどより少ない支出が行われる傾向がある。

ここで、公共財のもつ特質に関連して生じる問題について言及しておこう。ここで展開されたモデルの前提は個人主義的な判断に基づく最適行動であって、他者との関係は非協力ゲームの枠内であるということである。したがって、財 g が公共財であるときにある個人が自発的に財 g を消費（支出）する理由は、あくまでも個人的理由に基づくものである。公共財特有の問題として一般に知られているものは、いわゆる「ただ乗り（free rider）」である。これは、自己の財 g への支出を減じても、他者の十分な支出のもとで自己の効用を減じることがないような場合には自己の支出を実際に減じるというものである。しかし、

気をつけなければならないのは、このような事態が生じ得るのは、自己の支出減少が社会全体の支出額にとって、まったくあるいはほとんど影響を及ぼさない場合である。つまり、消費者1にとっては他者の g_2 が極めて大きいために、

(2－19)　$\dfrac{\partial U_1}{\partial g_1} \cong 0,$

となっているケースにほかならない。

（2－6）を考慮すれば（2－19）は $t_1 \to 1$ を意味する。他方、g_2 の影響は依然として大きいので $\partial U_1/\partial g_2 > 0$ であろう。これは、（2－7）において $t_2 < 1$ を意味している。したがって、$t_1 > t_2$ なる関係が成り立つ。これは、他者による財 g の限界効用が自生的な限界効用よりも大きいことを意味している。このことは、少なくとも他者の効果が自己の効果を上回ることはない（$t_2 \geqq t_1$）という本章の仮定に反する。この仮定のもとでは、上記の通説的な意味での「ただ乗り」は生じない。

しかし、次のように定義される「見せかけのただ乗り（Free rider of Shadow）」は生じ得る。つまり、所与の α、c のもとで、消費者の所得格差の状況によってある個人の公共財供給がゼロとなるケースがあり得る。実際、**表2－2**において

(2－20)　$\dfrac{(1-\alpha\mu)M_1}{c(1+\alpha)} = 0,$

であれば、消費者1の公共財への支出は行われない。そのための条件は、（2－20）より

(2－21)　$\mu = M_2/M_1 = \dfrac{1}{\alpha} > 1,$

である。つまり、消費者1は、自己の所得が他者の所得に比して十分に小さい場合には公共財への支出を行わない。ここでは、公共財のもつ「共同性」や「非排除性」の関係が所得分配を通じて具現化するのである。私的財では、まったく所得分配の状況が無関係であることはそのことの反映である。一方、「共同性」や「非排除性」をあわせもつコモンプール財のケースも同様の問題が生じる。例えば、純粋 CPRs の場合には、**表2－2** より

$(2-22) \quad \mu = \dfrac{1}{(1-t_2)\alpha} > \dfrac{1}{\alpha} > 1,$

である。この場合には、公共財の場合に比して、両者の所得格差がより大きい場合にコモンプール財への支出がゼロとなるケースが生じる。消費における「見せかけのただ乗り」は、このように所得分配の状況如何によっては公共財のみならずコモンプール財でも生起し得るのである。

2.4 財の共同性と管理・運営

前節では、財によっては、個別的かつ独立的な消費行為において相互の関連性を排除できない場合があることを明らかにした。このように、財によって社会の共同性が認められる場合に各消費者の行動に任せるのではなく、共同で管理する方が資源をより有効に活用できるのではないかということが考えられる。そこで本節では、消費の社会的管理について検討しよう。そのために、消費者1と消費者2からなる社会的厚生を最大化する問題を考えよう。この場合、問題は、

$$(2-23) \quad \begin{aligned} L = & y_1^\alpha [(1-t_1)g_1 + (1-t_2)g_2]^{1-\alpha} + y_2^\alpha [(1-t_2)g_1 + (1-t_1)g_2]^{1-\alpha} \\ & + \lambda_1 [Y - y_1 - y_2 - c(g_1+g_2)] + \lambda_2 [M_1 - y_1 - cg_1] + \lambda_3 [M_2 - y_2 - cg_2], \end{aligned}$$

と定式化できる。(2-23)の右辺の第1項、第2項については、

$$(2-24) \quad \begin{aligned} \Gamma_1 & \equiv [(1-t_1)g_1 + (1-t_2)g_2], \\ \Gamma_2 & \equiv [(1-t_2)g_1 + (1-t_1)g_2], \end{aligned}$$

で定義しておこう。(2-24)において財 g が公共財の場合には $1 > t_1 = t_2 = t \geqq 0$ であるから $\Gamma_1 = \Gamma_2 = (1-t)[g_1 + g_2]$ となる。また、純粋私的財の場合には $\Gamma_1 = g_1$、$\Gamma_2 = g_2$ となる。

理論的には、この純粋私的財の場合についても社会的厚生の最大化を考えることはできる。しかし、そもそも社会的な厚生水準を考慮したりあるいは社会的な意思決定が必要となる理由は、財の消費行動が主体間の厚生に影響を及ぼし合うという、いわば「消費の社会化」それ自身に起因しているのであるから、

先の財の分類基準において消費の相互の影響性が認識される公共財かあるいはコモンプール財のケースのみを考慮すればよい。

ここでは、社会プランナーは、等しくウエイトづけされた両者の厚生水準の総和を最大化するような y と g を求めると考えよう。また、分析目的のために、以下では2人の消費者はまったく同質的で $M_1 = M_2 = M$ と想定する[12]。

（2−23）より、一階の条件は、

（2−25） $\dfrac{\partial L}{\partial y_1} = \alpha y_1^{\alpha-1} \Gamma_1^{1-\alpha} - (\lambda_1 + \lambda_2) = 0,$

（2−26） $\dfrac{\partial L}{\partial y_2} = \alpha y_2^{\alpha-1} \Gamma_2^{1-\alpha} - (\lambda_1 + \lambda_3) = 0,$

（2−27） $\dfrac{\partial L}{\partial g_1} = (1-\alpha)\left\{ y_1^{\alpha} \Gamma_1^{-\alpha}(1-t_1) + y_2^{\alpha} \Gamma_2^{-\alpha}(1-t_2) \right\} - c(\lambda_1 + \lambda_2) = 0,$

（2−28） $\dfrac{\partial L}{\partial g_2} = (1-\alpha)\left\{ y_1^{\alpha} \Gamma_1^{-\alpha}(1-t_2) + y_2^{\alpha} \Gamma_2^{-\alpha}(1-t_1) \right\} - c(\lambda_1 + \lambda_3) = 0,$

である。（2−25）から（2−28）を用いて、λ_i を消去すれば、

（2−29） $c\alpha y_1^{\alpha-1} \Gamma_1^{1-\alpha} = (1-\alpha)\left\{ y_1^{\alpha} \Gamma_1^{-\alpha}(1-t_1) + y_2^{\alpha} \Gamma_2^{-\alpha}(1-t_2) \right\},$

（2−30） $c\alpha y_2^{\alpha-1} \Gamma_2^{1-\alpha} = (1-\alpha)\left\{ y_1^{\alpha} \Gamma_1^{-\alpha}(1-t_2) + y_2^{\alpha} \Gamma_2^{-\alpha}(1-t_1) \right\},$

を得る。（2−29）、（2−30）と（2−3）ならびに（2−4）から均衡の消費量 g_1^p、g_2^p が求まる（添字 p はパレート効率性を示す）。

まず、純粋公共財のケースを検討しよう。前出の純粋公共財の性質（ i ）と同質的消費者の仮定を考慮すれば、均衡消費量は、

（2−31） $g_1^p = \dfrac{(1-\alpha)M}{c},$

となる。したがって、表2−2との比較により明らかに、

（2−32） $g_1^p > g_1^*,$

を得る。

---

[12] ここでは、消費の社会的管理がもたらす財 g の均衡消費量をナッシュ均衡消費量と比較することが目的である。したがって、この仮定のもとで比較対照となるのは、表2−2において $\mu=1$、$M_1 = M$ と置いた値である。もちろん、公配の公正あるいは個人の異なるウエイトづけについて考慮することは重要な課題であろうが、ここでは考慮していない。

(2-32) は、純粋公共財については、個々の主体が非協力的に行動するナッシュ均衡に比して社会的な消費計画が行われるパレート均衡の方がより大きな消費が行われること、しかもその値は、私的財のケースのナッシュ均衡に一致することを示している（表2-2の(iii)のケースを見よ）。

次に、純粋コモンプール財の場合を見てみよう。実は、この場合にも、均衡消費量は（2-31）とまったく同水準になることが分かる。純粋コモンプール財の場合には、個人1に関しては $t_1=0$, $t_2\in(0,1)$ であるから、共通に t の値をとれば $\Gamma_1=g_1+(1-t)g_2$, $\Gamma_2=(1-t)g_1+g_2$ であり、同質的個人の場合については、結局、$\Gamma_1=\Gamma_2=(2-t)g_1$ となることから、純粋コモンプール財の場合の均衡消費量 g_1^C についても $g_1^C=g_1^P$ となることが分かる。

以上の分析は、次のような重要なインプリケーションをもっていると考えられる。すなわち、人々が所与の所得制約のもとで、価格1の私的財と価格 c の類型化されない財 g の購入によって両者から分離不可能な便益を得ているとしよう。このとき、財 g が純粋に私的財である場合にはナッシュの意味で財 g の購入量は最大となる。しかし、財 g が私的財という性質から離れて、コモンプール財あるいは公共財としての性質を帯びるにつれてナッシュの意味でその消費量はより小さくなる。ところが、消費者の等しくウエイトづけされ結合された厚生水準（社会的厚生）を最大化するように制度設計された場合には、財 g が純粋公共財かあるいは純粋コモンプール財の性質をいずれかの性質をもつかを問わず、均衡消費量は先のナッシュの意味で最大となった（私的財としての性質を帯びていた財と同じ水準の）購入量を実現することができる。このことは、おそらく社会厚生を最大化する社会プランナーによる財の管理・運営が正当化される一つの論拠となり得るであろう。

第3章

コモンプール財と地域環境の保全

Common Pool Resources and Regional Environmental Conservation

大丸用水（稲城市）

多摩川の大丸頭首工から取水。70kmの流れは、300年以上にわたり、
地域の用水管理・運営システムによって保全され、
灌漑とせせらぎを通じて、人々のこころを潤している。

（写真提供：稲城市環境保全課 羽賀直樹氏）

3.1 はじめに

　本章では、二地域間の比較的単純なイントラリージョナルな直線的関係に焦点を当てた分析を発展させ、コモンプール財（CPRs）＝「山野河海」を軸とする流域圏をとりまく地域連携の高まりがもつ意義をできるだけ簡単なモデルで解釈し、その環境政策論的な意味を明確にする。

　古来、人類が河川の流域において文明を開化させてきた事実はよく知られている。生活手段として、あるいは生産手段としての用水の必要から人口が流域に集合して「むら」などの集落が形成されていったのである。河川は、流域圏の大きさは異なるものの、高地（山）に端を発し野原を流れて海へと続く一連の自然環境を構成する。数千年を経た現在にあっても、人口集積した都市がこのような自然環境の圏域をもつ事実は変わりない[1]。このような「山野河海」によって空間的に規定される圏域における環境は「地域環境財」と呼ばれる。地域環境財は、前章までで論じてきたようにコモンプール財の性格を有する。

　実際、コモンプール財は本来的に地域の自然環境であるから、地域住民の誰かの利用を制限することはできない（非排除性）。一方、誰かが水や森を多く利用すれば、その分だけ他の人の利用がもたらす便益は小さくなる（競合性）。利用制限されることがないので、利用することが各個人にとって有利である限り当該のコモンプール財は利用され続けられる。競合性があるために、ある住民の利用は他の住民の利用と相互に影響し合う（相互依存性）。その結果、社会的な観点から見てコモンプール財の利用が過剰となる傾向をもつことが理解できる。

　こうして、都市部などの過剰な人口流入と地域環境財の過大利用による環境破壊の傾向は、基本的にはコモンプール財の特性に基づいていると考えられる。それゆえにこそ、コモンプール財の保全に関しては地域住民の管理・運営のあり様（これを「ローカルコモンズ」と言う）が問われているのである。例えば、入会などの総有に代表されるようなコモンプール財の管理・運営の仕組みは全国に見受けられるし、コモンプール財の所有形態に関係なくそれに類似した事実上の管理・運営を地域住民が自ら行おうとする NPO のケースは多く存在す

る。それにも関わらず、コモンプール財の大部分のケースでは、地域住民の管理・運営へのコミットが阻害されるか、あるいは疎遠化される構造がある。身近な自然環境でありながら他者が管理・運営することで主体としての機能が成立しないのである（都道府県対住民を考えた場合、これは身近な地域行政にあっても決して例外的なことではない）。この場合、むしろ管理・運営の仕組みを制度的に地域住民の側に取り込む必要がある。

これまでの各章ではコモンプール財の特性を明示し、その地域環境財としての役割の重要性と管理・運営をめぐる理論的可能性を検討した。コモンプール財に関する従来の研究が明らかにしてきたことを集約すれば以下のようになる[2]。

❶コモンプール財の利用に関しては負の外部性がある。
❷コモンプール財の共同利用にあたり、地域主体は協力して利用した方が各地域での厚生水準がともに高まるというパレートの意味でよい結果が得られる。
❸コモンプール財の利用に関して、都市や非都市といった異質な地域がコミットする場合には地域間の共生ルールを形成することが必要で、内発型の発展がコモンプール財の持続的利用を可能にする。

このような分析枠組みは、第6章や第7章あるいは第8章での地域環境財の管理・運営問題を考える場合の基礎的な理論づけに資するものである。特に、コモンプール財の外部性を回避するための諸手段の中で、課税や補助金といった経済的インセンティブをもっぱら利用するもの以外に地域の管理主体が地域の利用者と一体となって、管理・運営ルールを作成し利用する方法が考えられる。言うまでもなく、これらの手段は個別背反的なものではなく相互補完的である。特に本章のように、地域を「流域圏」で把握しようとする考え方から見れば、流域圏を構成する自治体やそこでの住民の相互関連（とりわけ、上流・下流問題といわれる生活パターンや考え方の違い）を考慮して、その間のイン

---

(1) このように地域の自然環境を圏域によって把握しているものには、例えば、第3次全国総合開発計画のいう定住圏構想や環境基本計画における「山地、里地、平地、沿岸海域」、あるいは国土のグランドデザインにおける「流域圏」などがある。
(2) この点に関しては、今泉・藪田・井田（1995）、**Imaizumi, Yabuta and Ida**（1996）、および今泉・藪田・井田（1997）を参照。

トラリージョナルな関係を分析しなければならないであろう。細分化された圏域内地域間の相互関連性については、そうした地域間の連携、あるいは地域間ネットワークという視点が必要である。本章では、地域間連携、ネットワークのあり方を論じ、それがもたらす正の外部性を取り込むことでコモンプール財利用のもつ負の外部性を相殺する可能性を論じる。

環境問題を論じる場合、「Think global, act local」と言われることが多い。地球全体の環境問題については次の第4章で検討を行うが、その状況を把握し、それに対する対策を文字通り「大域的」に検討しても、結局のところ、環境問題に対する取り組みが「地域的」なレベルで着実に実行されなければ実効性は低いといわざるを得ない。

わが国の環境対策の歴史を見るまでもなく、経済発展の段階で、そもそも公害問題として範疇づけられた地域的な問題に対応して公害対策基本法が制定され環境庁が設立された経緯がある。地域的であるがゆえに加害被害関係が明確で、解決の方途も容易に切り開けるのではないかという期待も大きい。「地域的」という言葉には、単に加害被害の空間的範囲のみならず、環境問題に対峙し解決へ向かわせる地域住民の主体形成と地域行政のあり方が含まれている。

環境経済学は、これまでも環境問題に直面する当事者間の交渉を通じて解決方向へ向かう可能性を論じてきたが、残念ながら、現実には全国各地で生じている様々な環境問題に関していまだ十分な制度上、行政上の仕組みができているとは言いがたい。その原因の一つには、河川や森林ならびに都市環境といった特定地域における自然環境や関連インフラストラクチュアについて、管理・運営のあり方が不適切であった点が挙げられるだろう。

環境問題が地域の問題として発現し、地域的課題として対応する必要性が高いことからも、地域行政のあり方が重要であることは言うまでもない。その意味で、わが国の高度成長過程にあって、環境対策がもっぱら地域の先駆的な取り組みから国の施策へと伝播していったのは自然な形であった。そうであるならば、現在の（あるいは将来起こりうる）未解決な環境問題の多くは、地域住民や行政のもつ主体的関与の大きさが拡大することで解決の方向に向かうのではないかという期待が生じる。実際、各地域で展開されている地域住民や環境NPOの活動は、そうした可能性を示唆していると言える。

本章の構成は以下のようである。第2節では、第1章で展開したコモンプール財の外部性を再確認し、その上でコモンプール財利用に関する地域（流域）内での経済主体の相互関係を検討する。第3節において、地域間ネットワークの定義を明らかにした上で、コモンプール財の利用に当たって地域間ネットワークが形成された場合の誘因とその根拠を明確にする。さらに、第4節において地域ネットワークの特性を整理した後に、第5節では流域圏概念の変遷と意義、ならびに流域圏の管理・運営問題について論じる。

3.2　コモンプールの外部性

まず、流域圏における地域内部での経済主体間の相互影響を検討しよう。ここでは、自然的境界によって地理的範囲を規定される地域を先の議論を敷衍して「流域圏」と考えよう。流域圏では、個人や企業あるいは自治体（あるいは事実上の地域主体であるNPO）などの様々な経済主体が存在し活動しているが、形式的に地方自治体という行政主体によって分割管理されている。これを「地域」と呼ぼう。

流域圏内では、流域の水資源に代表されるように、全体としてコモンプール財が共同利用されているが、各地域では、個別の一定の厚生水準を実現するようにコモンプール財が利用されている。ある地域が、より大きな厚生水準の実現を目指してコモンプール財を過度に利用することで、他の地域に影響を及ぼし総じて流域圏全体が影響を受けることが考えられる。このとき、コモンプール財が過度の利用によって環境への負荷を強めたり環境汚染を招来したりする場合に負の外部性があると考えられる。このような負の外部性は、すでに見たように「コモンプールの（負の）外部性」と呼ばれている。

一つの流域圏において地域の数を n としよう。各地域は、同質的な生産関数 F をもち、コモンプール財の生み出す等量の「幸」k を利用することによって

(3-1)　$K = nk,$

(3-2)　$Y = F(K),\ F' > 0,\ F'' < 0,$

で表される生産を行っていると考えよう[3]。各地域の生産水準は $y = Y/n$ であるから、「幸」k の利用にかかるレントを r とすれば、地域あるいは流域圏全体の所得に関わる厚生水準は、

(3-3) $W_i = [A(K) - r]k,\ A(K) = F(K)/K,$
(3-4) $W = \sum W_i = F(K) - rK,$

となる。$A(K)$ は CPRs の「幸」がもたらす平均生産物であり $A'(K) < 0$ であるから、K の増大につれて逓減することが分かる。各地域では、(3-3) から明らかなように、$A(K) > r$ である限り追加的な k の利用によって所得にかかわる厚生水準を高められる。A の逓減性より、結局、$A(K) = r$ となるまで k の投入は増加し続ける。このときの k を $k_c(K_c = nk_c)$ としよう。

他方、流域圏における所得にかかわる厚生水準は、(3-4) から $F'(K) = r$ のときに最大化される。この場合の K を $K_p(k_p = k_p/n)$ としよう。$F(K)$ が収穫逓減的である限り $A(K) > F'(K)$ であるから $K_p < K_c(k_p < k_c)$ となる。つまり、地域ごとに利用される「幸」の量の総和は、流域圏全体にとって望ましいと考えられる量よりも過大となっている。これが、通常、コモンプールの外部性といわれる状況である。要するに、各地域が自地域の利益のみを追求してコモンプール財を利用した場合、全体としては過大なコモンプール財の利用に導き、例えば自然環境などへ過大な負荷を与えてしまうと考えられる。

ところで、当該流域圏におけるコモンプール財の「幸」の利用は、ストック調整をもたらすと考えられる。コモンプール財のストック水準を Z と記し、その増殖関数を H で表す。また、各変量の変化分をドット（˙）で示そう。すると

(3-5) $\dot{Z} = H(Z) - K,$

と書ける。ここでは、増殖関数が通常のベル状関数であると想定しよう。当該流域圏におけるコモンプール財のフローとストックの関係は、以上のことを集約すれば図3-1で描くことができる。

図3-1では、流域圏内で各地域がコモンプール財を $K = K_c$ のレベルで利用している場合には、ストックとしてのコモンプール財が点 C に対応する $Z = Z_c$ に維持されている状況を示している。他方、流域圏全体での所得に関わる厚生水準を最適化する $K = K_p$ に対しては $Z = Z_p > Z_c$（点 P）が維持される。

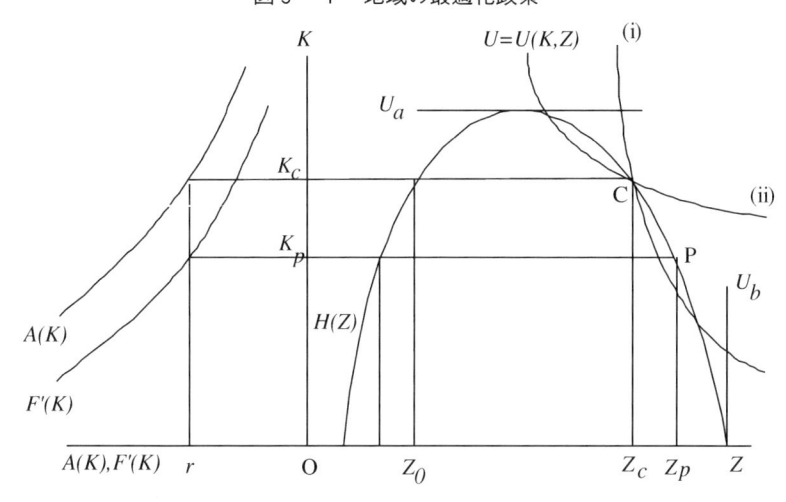

図3−1　地域の最適化政策

　ところで、ここで対象となっているような流域圏における厚生水準は、（3−3）や（3−4）で考えられているように、投入や所得などのフロー量の大小で計られるようなものばかりではない。最近の「開発か環境か」とか「生産よりも環境を」といった論調は、地域の厚生にとってコモンプール財のストックが重要な役割を演じることを示唆している。それゆえ、流域圏における厚生水準は、オーバーオールには、

（3−6）　$U = U(K, Z) = F(K) + U(Z), U_1 > 0, U_2 > 0$

で表されると考えた方が自然であろう。**図3−1**において、U_aは、コモンプール財のストックに対してまったく注意を払わないケースで、いわば「完全開発主義型」とでも呼ぶべき効用関数であり、U_bは逆に、自然資源にのみ注意を払う「完全自然派型」のケースを示している。

　まず、地域の経済活動の結果、点Cが実現された状況を出発点としよう。このとき、当該の流域圏の構成メンバーたる地域がどのような効用関数をもつかによって、点Cが最適な状態であるかそうでないかが決まってくる。実際、

---

(3) ここでは、（3−2）を便宜上「生産関数」と名づけてはいるが、コモンプール財の「幸」の利用から得られる、地域の所得面から見た厚生水準を反映した効用関数であると解釈することもできる。

図3-1の(i)のようにZに対するKの限界代替率が大きな場合には「所得よりも自然環境の改善が必要である」との要求が行われる可能性があるし、逆に限界代替率が小さい(ii)のケースでは、「自然よりも所得や雇用を」といった主張が行われるであろう。

現在のように長びく景気低迷下にあって、特に地域における雇用の場の拡大や所得の増大のみが強調される傾向があるのは、当該流域圏において(ii)のような状態になっているからにほかならないと考えられるだろう。このような状況で点Pを達成しようとして、例えば代表的な経済的手段であるレントrの引き上げを模索しても、流域圏全体の厚生水準を下げるために必ずしも有効な手段とはなり得ない。他方、地域における環境改善の気運が高まっている(i)の場合には、レントの引き上げなどの経済的手段を含む様々なコモンプール財のフロー量抑制策は功を奏するであろう。このようにより問題解決を困難とさせているのは、各地域が(ii)のような効用関数をもつ場合である。

ところで、流域圏全体のコモンプール財の地域住民による管理・運営のモデルは、これまでの議論に加えて長期的視点からの最適化が求められる。したがって、流域圏の最適管理・運営問題は、

(3-7) $\text{Max} \int_0^\infty U(K,Z)e^{-\rho t}dt$
　　　　subject to $\dot{Z} = H(Z) - aK,\ Z(0) = Z_0,\ \lim_{t \to \infty} Z(t) \geq 0$

で与えられる。ここで、ρは社会的割引率、aは利用したCPRsのもたらす地域環境資源ストックへの影響の大きさを示す社会的限界費用である。Zは状態変数であり、Kは制御変数である。地域住民は地域社会の厚生水準(の割引現在価値)が最大化されるように、コモンプール財の利用水準Kの動学的経路を見いだす必要がある。

経常値ハミルトニアン**H**は

(3-8)　$\mathbf{H} = [F(K) + U(Z)] + \lambda[H(Z) - aK]$,

である。ただし、λは投入財であるコモンプール財のシャドウプライスを意味している。内点解を仮定すれば、ポントリャーギンの最大値原理から

(3-9)　$\dfrac{\partial \mathbf{H}}{\partial K} = F'(K) - a\lambda = 0$,

$$(3-10) \quad \dot{\lambda} = -\frac{\partial \mathbf{H}}{\partial Z} + \rho\lambda = -U'(Z) + (\rho - H'(Z))\lambda,$$

を得る。(3-9) は、コモンプール財の投入1単位の限界価値がその限界費用（シャドウプライス）に等しいことを意味している。(3-10) は、コモンプール財のシャドウプライスの変化率は、1単位のコモンプール財を保蔵する場合の機会費用とその社会的限界価値 $U'(Z)$ の差に等しいことを意味している[4]。$\mathbf{H}$ は (K, Z) の凹関数であることから、最適化の十分条件は満たされている。(3-10) を時間で微分し (3-9) に代入することで、

$$(3-11) \quad \dot{K} = \frac{(\rho - H'(Z))F'(K) - aU'(Z)}{F''(K)},$$

を得る。均衡では、コモンプール財の投入量やストックは一定になる。したがって、(3-5) と (3-11) においてそれぞれ $\dot{Z} = \dot{K} = 0$ と置いた

$$(3-12) \quad H(Z) - aK = 0,$$
$$(3-13) \quad \{\rho - H'(Z)\}F'(K) - aU'(Z) = 0,$$

を満たす (Z^*, K^*) が均衡となる。ここで、$0 < \rho = H'(Z)$ を満たす $Z = Z^{**}$ は**図3-2**で与えられている。この場合、$\dot{K} = 0$ 曲線が正の勾配をもち、$\dot{Z} = 0$ 曲線を下から横切ることが均衡の一意性の必要条件になる。この条件は、(3-5) と (3-11) の体系を均衡で評価したヤコービ行列の行列式が負となることを意味する。

実際、(3-12) と (3-13) 両式に関して

$$(3-14) \quad \frac{dK}{dZ}\bigg|_{\dot{Z}=0} = H'(Z)/a,$$

$$(3-15) \quad \frac{dK}{dZ}\bigg|_{\dot{K}=0} = \frac{aU''(Z) + H''(Z)F'(K)}{(\rho - H'(Z))F''(K)} > 0,$$

を得る。一方、連立微分方程式系 (3-5) と (3-11) を均衡で評価したヤコービ行列の行列式 $\det J$ は、

$$(3-16) \quad \det J = H'(Z)(\rho - H'(Z)) - \frac{H''(Z)F'(K) + aU''(Z)}{F''(K)}a,$$

---

[4] このように、自然資源の社会的効用を考慮したモデルは数多くある。例えば、Barbier and Rauscher (1994) 参照。

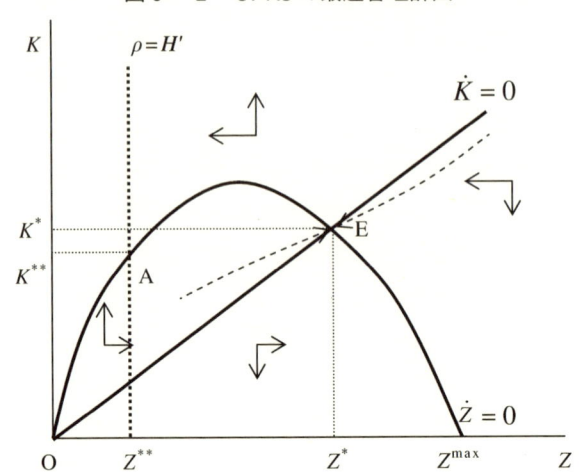

図3-2 CPRsの最適管理計画

となる。ここで、(3-14)と(3-15)の差をとれば、

$$(3-17) \quad \frac{dK}{dN}|_{\dot{Z}=0} - \frac{dK}{dN}|_{\dot{K}=0} = \frac{\det J}{a(\rho - H'(Z))},$$

となる。$\rho - H'(Z) > 0$ であることから、$\det J < 0$ であれば、(3-17)の右辺は負値をとるので、均衡での $\dot{Z}=0$ 曲線の勾配は、その符号に関らず $\dot{K}=0$ 曲線の勾配よりも小さくなる（図の点 E では、前者の勾配が負の場合を描いている）。ヤコービ行列の二つの固有値の積が $\det J$ であるから、$\det J < 0$ であることは各固有値がそれぞれ異符号の実部をもつことを意味している。このとき、均衡は鞍点(saddle point)となり、均衡点 E へ収束する最適経路は**図3-2**の破線で描かれるような経路になる。

地域社会においてコモンプール財の最適管理計画が行われる場合、均衡は**図3-2の点 E** で与えられることになる。均衡では、社会的割引率 ρ がコモンプール財保蔵のもたらす収益率 $(H'(Z) + aU'(Z)/F'(K))$ に等しくなる。以上の議論から、コモンプール財の最適管理計画に関連して重要と思われる以下の事項を主張できる。

❶社会的割引率 ρ がより大きいほど、すなわち地域住民が現在に比して将来の厚生をより軽んじるほどコモンプール財のストックは低位となる。

❷地域おいて、コモンプール財の価値づけが単に生産のための投入財としてフローのレベルで評価され、その環境資源としての価値評価がまったく軽んじられる場合（$U'(Z)=0$ のケース）には、均衡は図3－2の点Aのようになり（$Z^{**}<Z^*$ であることから）、長期的には地域環境財としてのコモンプール財のストック水準は低められる。

以上、観察したコモンプール財の最適管理計画の立案と（K を制御するという意味での）政策遂行のためには、何よりもまず、地域における合意形成ルールの存在が前提となる。地域住民が地域における自然環境ストックの重要性を認識し、地域共同での環境保全を可能ならしめる管理・運営システムの構築が必要不可欠である。

3.3 地域ネットワークの外部性

地域連携やネットワークの形成がもたらす効能について説明する理論モデルについては幾つかの方向性が指摘できる。一つは、Hoel（1992）で展開されたモデルのように、2地域間での非協力ゲームを拡張して協力ゲームの枠組みを構成する方法である。この場合、2地域の非協力なコモンプール財の利用に比して両地域が協力した場合の方がパレートの意味で効率的な帰結を生み、より環境保全的であることが主張できる[5]。

二つには、内生的モデルを援用して、各地域における環境保全や自然資源管理の知識が地域連携によってスピルオーバーし、その結果として、全体としての生産がより効率的になりうることを示す方向である[6]。地域数を n とし、各地域のコモンプール財の投入水準 K は等規模であるとしよう。また、k の利用に関する知識が相互に関連しあうために、

---

[5] 今泉・薮田・井田（1996）では、2経済主体（企業）モデルの枠組みでクールノー・ナッシュ解を分析し、これとパレート効率的なケースとを数値計算によって比較検討している。

[6] 例えば、Romer（1986）やBarro and X. Sala-i-Martin（1995）の第4章を参照。

(3−18)　　$Y_i = F(k, nk)$　　$i = 1, 2, ..., n,$

の形で与えられるとしよう。(3−18) の右辺は、社会全体でのコモンプール財投入 (nk) の利用のあり方が各地域の生産（厚生）水準に影響することを意味している。全地域の生産 Y は nY_i に等しいので、

(3−19)　　$\dfrac{dY}{dk} = \left[\dfrac{\partial F}{\partial k} + n\dfrac{\partial F}{\partial (nk)}\right] n,$

を得る。正のスピルオーバー効果は、(3−19) の右辺第2項が正値をもつことを意味している。他方、(3−19) から、

(3−20)　　$\dfrac{d^2 Y}{dk^2} = \left[\dfrac{\partial^2 F}{\partial k^2} + 2n\dfrac{\partial^2 F}{\partial k \partial (nk)} + n^2 \dfrac{\partial^2 F}{\partial (nk)^2}\right] n,$

となる。ここで、(3−20) の右辺 [ ] 内の第1、3項が負値であっても、第2項が正であれば（つまり、社会全体の各地域への限界生産力への影響がプラスであれば）(3−20) の左辺は正、つまり社会全体の生産関数は収穫逓増（あるいは収穫一定）となり得る。

　以上の内容は、圏域内のコモンプール財の利用に関するある地域のもつ知識は時間経過と共に社会全体にスピルオーバーし、他地域の生産に影響すると同時に他地域の知識も当該地域へと影響を及ぼす。後者の効果が相対的に大きい場合には、当該地域の利用効率性のもつ収穫逓減的な性質を失わせることが可能となる。このような外部効果は「正」の外部性と呼ばれるものである。

　Baland and Platteau (1997) は、まさにこのようなコモンプール財の外部性排除に関わる個々の行為がその貢献以上の便益を生み出す状況を「規模に関する収穫逓増」と見なし、その事例として、灌漑のための排水用地の提供、風食作用や水侵食の共同での防止投資、漁業管理、森林管理、農業における除草および防虫投資などを挙げている。これらの事例は、例えば風食作用を止めるためにある個人が防風林を造ったとしても効果がなく、むしろ多くの近隣者によって共同で防風林を策することがより機能するというように、いずれも集団的行為による効果が全体および個々人にとっての便益を拡大させる機能を含んでいる[7]。

　ところで、一つの地域がコモンプール財の「幸」k を利用して活動を行う場合、$y = F(k)$ が実現できる。しかし、別のある地域がやはり k を利用して活動す

る結果、コモンプール財のもつ競合性のためにそれぞれの獲得できる生産水準は $y=F(2k)/2$ となり、この水準は F の収穫逓減性により $F(k)$ よりも小さいことが分かる。このことは、各地域で k のレベルが拡大した場合も同様で、それが本来もつ限界生産性よりも小さな限界収益しか実現できない。つまり、そのような事態が生じる原因は、意識や施策の枠を越えて、流域圏内での k の利用に関して各地域間の自然的相互依存性が非常に強いという、まさにコモンプール財自身のもつ自然的属性によって規定されていると言える。

ところで、このような自然的制約を超えてコモンプール財の生産性や収益性を高める施策はどのようなものが考えられるであろうか。現実的な施策を視野に入れて鳥瞰すれば、以下の項目を挙げることができる。

❶共同利用に関する境界ルール（boundary rule）

当該流域圏外からのフリーアクセスを排除し、地域の同感・共同意識を向上させる。

❷共同利用の推進に関する配分ルール（allocation rule）

利用に関する時間、場所、周期、ならびに技術、数量、種類などを規制する。

❸共同利用に関するモニタリングと制裁（monitoring and sanctions）

コモンプール財の現況や将来計画を立案し、利用者の行動を監視し、各違反に対して制裁を課する[8]。

❶から❸などの施策は、厳正かつ計画的な資源管理・運営へと導き、コモンプール財ストックが、ひいては流域圏が持続的発展を遂げるための有効な方途であったことは多くの実証分析が示している。このような、コモンプール財利用に関するルール設定の基本は、利用者自身（当該流域圏における自治体、NPOや住民、企業など）が自発的に行うことである[9]。

---

[7] Baland and Platteau（1997）は、こうしたコモンプール財の保全の投資インセンティブが共有地の悲劇回避にとっては十分大きいが、無条件にすべての人々が参加するには小さい場合は、必ずしも金銭的支援を伴わなくても外部の推進者（catalyst）によって人々の意思疎通や信頼の構築ができれば集団内の調整の失敗を避けることができるとしている。

[8] この点に関しては、Ostrom（1990）や Ostrom, Gardner and Walker（1994）参照。より詳細な解説は本書の第1章でも与えられている。

こうしたルールのもとでも、共同利用の維持・管理システムに参加しない地域は存在しうる。したがって、問題は、自発的でかつ全員参加型の政策はどのようなものであるかという点である。
　言うまでもなく、一定の流域圏内で❶から❸などのルール形成を行うための前提条件は、流域圏内の各地域が全体としての維持・管理システムに参加、協力することで、正の限界利得が獲得できることである。このような協力・参加へのインセンティブに関しては、将来が現在に比してどのような状態になるかといった方向も重要であるが、すでに形成され部分的あるいは弱い形ではあっても包括的に展開されてきた協力関係が重要な役割を演じることも事実である[10]。これらを歴史的視点から見た場合、流域圏における協力関係の成功がひとたび流布すると、アナウンスメント効果を通じて、将来に獲得可能となるであろう期待利得自身を増大させる効果をもつであろう。以上のような協力・共同関係について今日的理解を定式化する場合のキーワードは「地域ネットワーク」であると思われる[11]。
　ある流域圏内の各単位はネットワークでつながっており、他地域の一部あるいは全体から一定の恩恵を享受あるいは損失を被っている。「山野河海」は、それぞれが分断された属性をもつのではなく、各単位間で相互的・複合的な影響を及ぼしあう。そのために、当該単位の生産活動は、他地域でのコモンプール財の「幸」の投入、利用水準に影響される。
　すでに検討したコモンプールの外部性は、コモンプール財単位の相互間のネガティブな影響を示している。しかし一方で、各地域が様々な生産・生活情報の交換やコモンプール財資源の有効利用を目指して資源利用に関する工夫や情報交換を通じて、お互いの生産性を高め合う状況も推進されつつある。流域圏内ではこのようなネットワークの形成（これらは時として重複、複合的な性質をもつ場合がある）が行われることで、同一のコモンプール財投入によってより大きな所得が生み出される可能性がある[12]。
　ところで、一般的に「ネットワークの外部性（network externality）」とは、ある個人の消費行為の厚生が他人の消費行動の規模（つまり消費者数）に依存している場合のうち、特に正の便益を生じるケースを指す[13]。例えば、かつてVHS方式かベータ方式かで争いVHSが市場を席巻したケースでは、より多く

表3－1　ネットワークの特性

	地域ネットワーク	情報ネットワーク
財の特性	競合的、非排除的	非競合的、排除的
領　　域	局所的	大域的
主要制約	自然的・技術的条件	技術的条件
成立用件	主体性、自律性、完結性	互換性、標準化
主　　体	NPO、行政	個人、企業

の VHS が販売されソフトの数が増すことで、さらには他の当該方式を所有する人とのソフトの交換をより容易にすることで、当該方式の VTR 利用者の便益が一層増大する効果があった。その他、「通信ネットワーク」や「ウィンドウズ98」などの基本ソフトの場合、より多くの消費者が参加、利用することで個々人の消費者の便益が一層拡大するケースがしばしば観察される。

　地域ネットワークの外部性も、これらの場合と同様に、ある地域における厚生水準がこれを含む他地域間のネットワーク形成によって向上、改善されるケ

---

(9)　例えば、今泉・藪田・井田（1996）参照。

(10)　例えば、CPRs 単位１、２が、参加するか（C）、参加しないか（D）の選択に関して、

	（C）	（D）
（C）	4, 4	−10, 5
（D）	5, −10	0, 0

左記のような利得表をもっているとしよう。これは、よく知られた囚人のジレンマのケースであるが、この場合にも、将来的に両者が共に参加・協力する条件は、①協力することによる将来の利得が現在よりもより重要であること＝報復戦略の存在（retaliatory strategy）、②報復戦略が確信的（credible）であること、③将来の協力の利得が、現在の協力へ向けたインセンティブとなり得ること、などが考えられる。これらに関する議論については、Seabright（1993）を参照。特に、協力関係の成功がもたらす「習慣形成（habit-forming）」や「繰り返しゲーム」などは重要であろう。

(11)　最近の新全国総合開発計画における「流域圏」の考え方や建設省の河川審議会における中間答申「流域における水循環はいかにあるべきか」（1998年７月）の論調には、そうした考え方が盛り込まれている。

(12)　すでに、筑後川流域圏をはじめ、全国的に各地域の連携によって生産性を高めていると思われる事例が多数見受けられる。

(13)　一般的なネットワークの外部性に関する議論については、長岡・平尾（1998）の第11章、あるいは林（1998）の特に第２章参照。このような収穫逓増的な性質については、Katz and Shapiro（1985、1992）を参照。彼らは、そうした収穫逓増的な便益をもたらす要素として、技術的互換性（technical compatibility）あるいは標準化（standardization）を挙げている。

ースを意味している[14]。幾分形式的ではあるが、表3－1では流域圏における地域ネットワーキングと情報ネットワークの相違点がまとめられている。

以下では、地域ネットワークの外部性を定式化するためにできるだけ簡便なモデルを策定しよう。（3－1）において n, k を一定としよう。生産関数（3－2）において、各地域のもつ限界生産力の大きさを m_i ($i=1, 2, \ldots, n$) で記そう。

収穫逓減が作用していることから、m_i は地域ごとに異なる値をもつ。同一量のコモンプール財を利用しながらも単位によって生産量がことなる理由は、例えばその地域が置かれた地理的条件（リカードのいう自然的条件を含であろう）や歴史的条件に加えて、k 自身の質的側面の相違（いわゆる上流と下流問題）なども指摘できるだろう。便宜上、$i=1$ の地域が最大の限界生産力 M を、一方、$i=n$ の地域が最小の限界生産力 m をもつとし、大きい順に番号づけをした上で、$i=q$ の地域の限界生産力を

（3－21） $m_q = M - p(M-m),$

で表そう。ここで、$p=q/n$ である。

先に論じたように、各地域はお互いにネットワークを張ることで k の有効利用を図り、生産性を高めることができるだろう。問題は、その場合に、各地域がネットワークに参加することによっていかなる追加的便益を得られると考えるかである。もともとコモンプール財の利用にあたって地域ごとに限界生産力が異なっており、ネットワーク参加への期待や意図も様々であろうと思われる。幾分恣意的にはなるが、ここではネットワークへの参加によって得られると期待される限界収益がネットワークの規模そのものに依存していると考えよう。そこで、n のうち $q-1$ の地域がネットワークを形成している場合に、第 q 地域が新たにネットワークへ参加しようとする場合に獲得が期待される限界収益 V を、

（3－22） $V = \alpha m_q \dfrac{q}{n},$

で表そう。ここで、α は割引要因である。言うまでもなく、こうした定式化は、ネットワークへの新規参加者と既参加者の両者が互いに影響を与え合うという外部性の議論に沿ったものである。p の定義と（3－21）、（3－22）を考

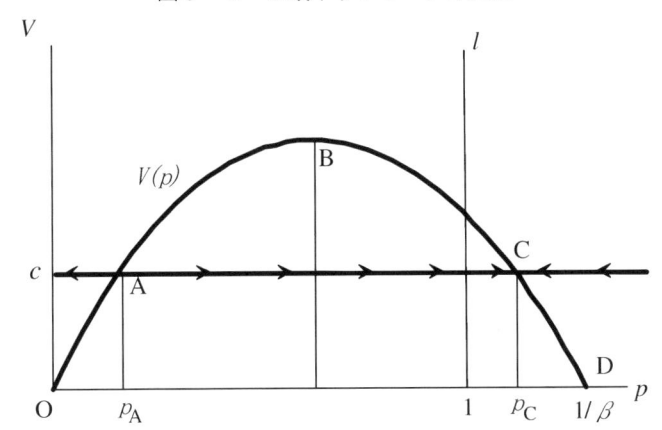

図3－3　地域ネットワークの進展

慮すれば、結局

(3-23) $V = \alpha Mp(1-\beta p), \beta = \dfrac{M-m}{M} < 1,$

を得る。

（3-23）において、p は当該流域圏における n 地域のうちネットワークへ参加する地域数であり、これを「地域ネットワーク参加率」と呼ぶ。また、β は同一流域圏内における各地域間の限界生産力格差の比率を表しており、これを「地域間格差率」と呼ぼう。各地域は、この期待限界収益 V がネットワーク参加のための限界費用 c を上回った場合にネットワークへの参加を決意すると考えられる。

図3－3は、この状況を図示したものである。図3－3が描くように地域ネットワーク参加率が p_A を上回った場合、参加の限界便益が限界費用を上回り正の純便益を生むためにネットワークへの参加率は格段に上昇し、参加へのメリットが失われる点Cに至るまで参加率は上昇し続ける。

---

(14) もちろん、非競合的な性質をもつとされる「技術」の漏れなどとは異なり、コモンプール財の利用に関するネットワーク連携については非競合的な性質が弱いかもしれない。この点を考慮すれば、幾分、この効果は弱まる可能性があることは言うまでもない。

3.4 地域ネットワークに関する政策的インプリケーション

図3－3に依拠して、地域ネットワークの形成に関して解釈できる内容を要約すれば以下のようになる。

3.4.1 地域ネットワークの初期育成の重要性

通常のネットワークの議論と同様に、地域ネットワークが累積的に参加率を引き上げることができるのは、初期においてネットワーク参加率が $p>p_A$ となっていることが必要である。一定規模以上の参加が実現されていなければネットワークの外部性が作用せず、むしろ沈滞化する可能性がある。このことは、地域がネットワークの形成をめざして立ち上げを図ろうとするケースではネットワークに関わる限界費用を下げ、ネットワーク育成に関して補助を行うなどの積極的地域政策が必要であることを意味している。

3.4.2 地域間格差縮小の重要性

仮に、当該流域圏において、すべての地域が例外なくネットワークに参加する（つまり、$p=1$ となる）ことが望ましいとした場合、コモンプール財間の地域格差率 β が小さいほど $p_c \geqq 1$ となる蓋然性は高い。このことは、地域ネットワーク形成に関連して地域間格差が小さいほど自律的な形成が進みやすいことを意味している。つまり、地域ネットワークに参加することで地域間格差が縮小するという可能性もあるが、むしろ地域間の格差の解消こそがより一層地域ネットワークを拡充していくために必要な条件であるように思える。このように、同一流域圏内で地域ネットワークへの参加率を高めるためには、まず地域間格差ができるだけ小さくなるような施策が必要とされるのである。

さらに、3.4.1と3.4.2に加えて、地域相互間の地域ネットワークの形成に関する幾つかの政策的論点についてまとめておこう。

3.4.3 部分的ネットワーク形成の有効性

一つの問題は、流域などの自然環境制約によって範囲規定される流域圏がす

でに人工的に（工業立地や産業政策、あるいはこれまでの地域計画などによって）複数の領域に分断された状態があり、コモンプール財の観点からは共に共通に「コモンプールの外部性」に直面している状況である。このとき、流域圏全体に共同の地域ネットワーキングが必要であると考えられるにも関わらず、分断されたネットワークが形成される可能性がある。形式的には、例えば等しい数の二領域への分断ケースを想定した場合、（3－23）において、$n/2$ を超える流域圏からはネットワーキングによる収益が期待されない（$\alpha=0$）と考えることにほかならない。したがって、二つの流域圏に関して限界生産力 m_i の分布が共に等しいとすれば先の議論がそのまま成り立ち、お互いに交流のない二つのネットワークが形成される可能性がある。

しかし、こうした状況が帰結された場合でも、先の議論において $n=2$ の場合を適用すれば両者が共同の流域圏に存在する限り、両ネットワークの結合あるいは連合を形成することでお互いに地域ネットワークの外部性を享受することができると考えられる。このことは、流域圏内部での地域ネットワーク形成および展開へ向けての重要な政策上のインプリケーションを与える。すなわち、流域圏内部ですでに形成されたかあるいは萌芽の見られる地域ネットワークが流域圏全体のうちの幾つかの地域しか包括しない場合でも、それらの連合あるいは統合によって流域圏全体を包含する地域ネットワークの形成を図ることによって、全体として地域ネットワークの外部性を享受することができると考えられる。この場合、先の3.4.1の議論と同様に、例えば二つの地域ネットワークが自発的に連合、協力しようとするインセンティブが生じるような施策が必要となる。

3.4.4　地域ネットワークの先導性

ところで、地域ネットワークの形成に関しては、ネットワーク化へ向けた初期の取り組みが重要であることは3.4.1で論じた通りである。また、場合によっては、必ずしもすべての地域が参加するとは限らないことも示した。しかし、一部であっても地域ネットワークの正の外部性が生じた場合には、コモンプール財の特性によって、参加するかしないかに関わらずすべての地域へと影響が及ぶ。現実には、同一の流域圏内部でも地域間の格差が大きい場合が観

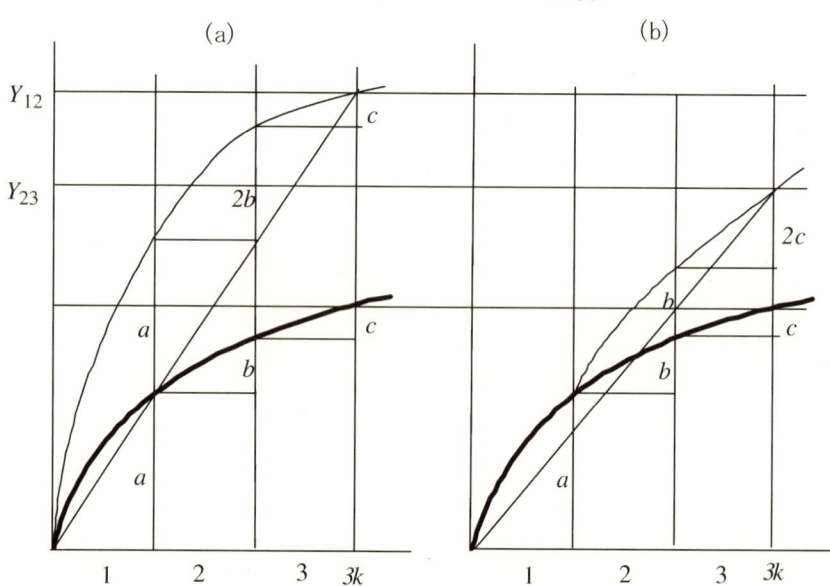

図3－4　地域ネットワークの先導性

(a)　(b)

察されるので、その影響の程度も大きく異なると考えられる。したがって、地域ネットワーク化の動因とその効果については、流域圏内でどの地域が地域ネットワーク化の推進役を担うかが重要な問題となる。このことを単純化し、$n=3$ のケース（**図3－4**）で説明しよう。

図3－4では、同一の k に対して地域1、2、3が限界生産力の大きい順に並んでおり、ネットワーク化による影響は（3－23）に従うとしよう。この場合、三つの地域のうち1、2がネットワーク化したケース（a）と2、3がネットワーク化したケース（b）では、全体としての影響が $Y_{23}<Y_{12}$ となることは明らかである。コモンプールであることから、（a）の場合の各地域が獲得できる収益は $Y_{12}/3$ となって、ケース（b）に比して大きくなる。つまり、最も限界生産力の低い地域3がネットワークへ参加していないケース（a）の場合、地域ネットワーク化の先導役を地域1、2が果たすことによって流域圏全体にとって大きな正の外部性をもたらし、結果として地域3への配分も大きなものになる。このことがネットワーク化の優位性を流布させることで、未参加の地域を参加へと誘導するインセンティブが強まるものと期待できる。

このように、地域ネットワークに関しては、その先導的役割を演じる地域はより限界生産力の大きな単位であることが望ましいと考えられる。もちろん、このことは、ネットワーク形成と拡充へ向けた個々の住民や地域の努力に関連して地域内で序列があることを意味していない。

3.4.5 複合的ネットワークの外部性

以上の議論は、コモンプール財の「幸」の共同利用に関する地域ネットワークの外部性に関するものであった。現実には、各地域はこうした共同の自然環境の上に存在し、その制約条件下にあって互いに連関しあいながら生活し生産活動を行っている。その活動分野は、教育や文化活動など広範な領域を包み込んでいる。したがって、コモンプール財の「幸」の利用、コモンプール財の管理・運営に関するルールに関わるネットワーク形成の導入へ向けたインセンティブやその実効性は、地域の文化活動や教育活動のネットワーク形成によって一層強められ、有効なものになっていくものと考えられる。一つのカテゴリーにおける単線的なネットワークは、それぞれが互いに強化・補完しあうためにネットワーク間の外部性をもたらす。それゆえ、流域圏内で様々なネットワークが複合的に形成されることが望ましいと考えられる。

以上述べてきたように、地域ネットワーク化が進展することによって、地域の限界生産力改善が図られ地域の内発的活性化が進行する。これを**図3-1**（53ページ）を用いて説明すれば、まず同一の Kc に対応する所得水準が上昇するために、（ii）に対応する厚生レベルは増大する。このとき、$H(Z)$ 曲線上の点 C から見て南東の点を通る $U(K, Z)$ の方がパレート優越になり得る。その結果、より少ない K とより大きな Z を選択しようとするインセンティブが生じる。こうして、地域ネットワークの外部性を活用することでコモンプール財地域の成長と自然環境の保全＝持続的成長が実現できる可能性が広がる。行政には、以上のような事実に立脚した誘因両立的な施策を講じることが要求される。

3.5 「流域圏」をめぐって

3.5.1 「流域圏」概念の進展

　前節で考察したように、コモンプール財の自然的圏域に規定された地域にあって、コモンプール財を共同管理・運営するシステムづくりのためには分割された「行政」域を超えた地域間ネットワーク形成が必要不可欠である。ここでは、1998（平成10）年3月に策定された「国土のグランドデザイン」と、同年8月に建設省河川審議会での「水循環小委員会中間報告」での「流域圏」をめぐる新しい施策、その他の幾つかの動向について検討しよう。

　もともと、1977（昭和52）年の第3次全国総合開発計画においても、流域圏に近い概念で定住圏構想なるアイデアがあった。「定住圏」とは「都市、農山漁村を一体として、山地、平野部、海の広がりをもつ圏域」であり、全国にはおよそ200から300の定住圏が想定されていた。

　「国土のグランドデザイン」は、北東、日本海、太平洋と西日本を連なる四つの国土軸を基本とした大連携構想とあわせて、それとは対照的な「多自然居住地域の創造」と「地域連携軸」などのいわば小連携の形成が企図されている。

　多自然居住地域は、まず「地域の選択に基づく連携により、中小都市等を圏域の中核として周辺の農山漁村から形成される」領域であって「都市的なサービスとゆとりある居住環境、豊かな自然を併せて享受できる誇りのもてる自立的」圏域である。そこでは、地域特性を生かした産業展開、生活基盤などの条件整備に加えて、田園、森林、河川、沿岸等（コモンプール財）における自然環境が適切に保全、管理された地域づくりが提唱されている。また、多自然居住地域形成のために、交通・情報通信ネットワークによる交流、連携や機能分担が必要不可欠であり、形成主体として、市町村の他に国、都道府県、農業協同組合、森林組合、漁業協同組合、土地改良区、商工会、観光協会、ボランティア団体などが挙げられている。

　一方、圏域形成自体については、基本的に「市町村の自由意思による」とされてはいるが、既存の広域市町村圏のほかに「地域文化に着目した圏域」なども選択肢の一つであるとして、広範な範疇での連携・ネットワーク化が企図さ

れている。特に「流域圏」に着目した自然環境の保全・管理の重要性が指摘されており、行政の区分を超えた広域的・重層的な連携、流域意識や上下流意識の再構築、住民ネットワークの支援や住民参加の促進なども主張されている[15]。

このように、「国土のグランドデザイン」では市町村などの行政組織を基盤としながらも、住民レベルの諸活動を含めて、広範囲なネットワーク化・連携化の促進によって「流域圏」における地域開発や環境保全を一体的に管理・運営していくという方向性が打ち出されている。しかしながら「国土のグランドデザイン」では、地域が相互に連携しネットワークを張る場合の支援制度についても若干触れているものの、それを積極的に推進する主体のインセンティブを高める施策が十分に具体的に明示、展開されているわけではない。また、当該流域圏において人々が、どのようにして生活や生産の共同基盤としての「流域圏」に関する共通認識をもち得るかについても言及されていない。

ところで、「流域圏」を軸にした施策の展開の重要性は、建設省の「水循環小委員会中間報告」においてより明確に指摘されている（表３－２参照）。そこでは、水循環系に関する様々な弊害が指摘され、国土マネージメントの視点から、治水・利水に加えて自然環境を踏まえた（1997年における河川法改正に相応して）三つの政策目標が掲げられており、同時に政策手段や施策についても具体的に述べられている。これらのうち特に重要な点は、政策主体と主体間の連携スタンスに関する提案であろう。「問題が共通化し水循環を共有する圏域」において「共同、協力の体制」づくりを担う主体は水循環に関わる行政、住民、事業者の総体であって、行政機関間の連携と協調、ならびに住民や事業者のパートナーシップが必要であるとされている。ここでも、地域開発と環境保全のための圏域として「流域圏」が認識され、主体間の連携の重要性が指摘

---

[15] 「国土のグランドデザイン」第２部第３節では、「都市的土地利用の進展、生活様式の変化などにともない、人間社会とのかかわりの中で流域の姿は大きく変貌」したという基本認識に立ち、現在の困難を、「あるべき健全な水循環系」の喪失や中山間地域などにおける過疎化、高齢化の進展の中での「森林・農用地の適正な管理」の困難化として捉え、「21世紀において、国土の持続的な利用と健全な水循環系の回復を可能とする」ことを政策目標に、「流域及び関連する水利用地域や氾濫原を流域圏としてとらえ、その歴史的な風土性を認識し、河川、森林、農用地等の国土管理上の各々の役割に留意しつつ、総合的に施策を展開する」とされている。

表3-2 新しい水循環に関する施策

視 点	水 循 環 系	具 体 例
水循環に関するシステム上の弊害	①水循環の連携が不十分で体系的対策なし→河川や水路、上下水道等の管理者間の提携が不十分、 ②水循環の連続性に配慮した総合的視点がない→行政間の連携が希薄 ③住民、事業者などが一面的な利便性・快適性、経済性を追求→水循環への関心低い ↓ 森林の衰退、都市の砂漠化、水環境問題などの深刻化	①森林、農地の環境保全機能低下 ②都市域拡大に伴う洪水形態の変化と洪水ポテンシャル増大 ③渇水被害ポテンシャルの拡大 ④通常時の河川流量の減少 ⑤防災対策上の水の不足＝近隣河川の防災対策上の価値再評価 ⑥水質汚濁と新たな水質問題 ⑦地下水位の低下と地盤沈下 ⑧都市のヒートアイランド現象 ⑨生態系への影響 ⑩伝統的水文化の喪失
国土マネージメント＝政策目標	●水循環の連続性重視・確保→水循環への負荷が低い地域づくり ●多面的機能の確保 ●自然豊かな空間動線の回復 ↓ 水循環に関わる弊害の除去	①水の有効利用、汚染物質の排出削減 ②洪水処理、導水に加え防水機能を付加 ③自然の多様性をふまえた空間・動線の回復
マネージメント主体＝政策主体	●共同、協力の体制 ●責任分担の明確化	流域全体の対策の総合化 行政機関間の連携・協調の強化 住民・事業者とのパートナーシップ →具体的目標設定を共有化
循環系保持のための施策＝政策手段	●河川・流域での総合的対策 ●水循環を共有する圏域単位の取り組みの積み重ね	沿岸域や水系全体の大流域を見据えた視点に立脚しながらも、問題が共通化している中小流域をベースに、水循環を共有する圏域単位で改善を積み重ねる。 ①水循環再生会議の設置 ②水循環マスタープランの作成 ③施策の実施状況のフォローアップ、流域における大規模開発行為に対するチェック機能
具体的施策の実施	①水路、水面の多面的強化 ②水量の回復、確保 ③公共用水域の水質改善 ④良好で安全な水質確保 ⑤雨水の浸透・貯留機能の回復、促進 ⑥生物の生息・生育環境の保全・回復 ⑦地下水の保全・回復 ⑧水循環型社会への転換 ⑨水センサスの実施 ⑩水循環の経済的評価 ↓ 直接規制、主体的取り組み（ルール＋管理）＋経済原理（課徴金や水銀行制度など）の導入など	①「環境防災水路」の指定など ②環境防災水路など ③未規制事業場の汚染削減強化など ④取排水体系の適正化など ⑤都市計画と関係機関の調整など ⑥湿地帯の保存・復元など ⑦有害物質除去技術の開発など ⑧水循環＝公共財との認識、ボランティア活動の育成、エコラベル運動、住民・事業者への融資・補助制度の拡充などのインセンティブ施策 ⑨水循環の定性的、定量的分析のデータベース化、情報公開 ⑩水循環の経済的価値の測定

表3－3　森林政策と流域圏概念

年	項　目	内　容
1990	林政審議会答申（「今後の林政の展開方向と国有林野事業の経営改善」）	①「緑の水」の源泉である多様な森林整備 ②「国産材時代」実現のための生産・加工・流通条件整備 →合理的経営範囲としての「流域」の提案 →流域レベルでの合意形成による森林整備、林業生産
1991	森林法改正（国有林の地域別の森林計画、特定森林施業計画制度の創設）、国有林野事業改善特別措置法改正、国有林野事業3年改善計画	①流域林業政策の登場 →「森林の流域管理」・流域ベースによる158森林計画区・国有林、民有林共通の計画区 ②市町村の役割強化 →市町村森林整備計画に改称（保育、間伐、施行の共同化、機械化の促進など。不在村森林所有者等の森林について、災害防止目的のための間伐、保育代行が可能化）→1998年改正都道府県→流域単位の地域森林計画 →流域ベースで流域林業活性化センターを組織し、流域林業活性化計画の策定
1998	国有林野事業の改革のための特別措置法制定、国有林野事業の改革のための関係法律の整備に関する法律制定、森林法改正（市町村森林整備計画制度の拡充等）	●民有林を有するすべての市町村による市町村森林整備計画 ●流域ベースの計画を軸とする都道府県の地域森林整備計画 ●森林施業に関する諸権限（伐採届受理、施行計画の認定、施行勧告など）の知事から市町村長への委譲 ●国有林の改革／229旧営林署を98流域単位の森林管理署に再編。国有林、民有林共に森林計画や経営の基本単位を「流域」とする

されている。

　さらにこのような流域圏概念は、環境基本計画でも「循環」、「共生」、「参加」、「国際的取組」が実現される社会の構築を目標とし、国土空間を自然的特性に応じて「山地」、「里地」、「平地」および「沿岸海域」に区分しているようにその近似概念が認識されている。また、森林法における流域圏概念については、幾多の過剰な森林負荷期を乗り越えて（この点については第9章参照）、現在では流域単位での地域森林計画の重要性が強調されており、また資源の適正か

つ効率的な再開発方向に加えて森林の環境価値重視と保全方向が強調されている（**表3－3**の年表参照）。

以上のように、流域圏を一つのまとまった圏域として把握することや、水環境を含む流域圏において地域開発と環境保全を相反することなく実現すること、さらにそれらを実現する主体として、地域の中小都市や町村など自治体や住民などの役割を重視し、その連携・ネットワーク化を推進することなどは将来の地域管理・運営システムを構築する場合の政策上の共通スタンスとなっている。

3.5.2　流域圏——上流・下流モデル

本章の最後に、参考までに流域圏最適土地利用モデルを構成しておこう。本章で展開された比較的等質的な地域構成ではなく、流域圏の把握に必要であると思われる地域差（上流の森林、下流の農業・工業）といった問題を把握できるモデルを提示し政策的含意を検討しておこう[16]。

単純化のために、流域圏＝「山野河海」を「山＝森林（林業）X＋平野＝宅地、農業・工業用地）Y」と簡略化しよう。そこで、流域圏全体の土地利用 L を、

(3-24)　$L = X + Y$,

(3-25)　$\dot{X} = -h \Rightarrow \dot{Y} = h$,

と考えよう。他方、流域圏の社会厚生水準 W を、森林の社会的便益と平野の社会的便益の合計と考え、

(3-26)　$W =$（現在の森林の存在価値 $A(X)$ ＋伐採による純収入 $N \times h$ ＋森林のもたらす地代 $\delta \times \pi X$）＋（平野からの純社会的便益 $a \times F(Y)$）

と定義する。ここで、林業の疲弊が進行しつつある現状と森林全体の存在価値 A の受益は流域圏全体に及ぶことを考慮して、主として林業による森林保全コスト負担の一部を平野部で獲得される便益から支出することが望ましい地域環境税（水源税など）を導入することを考える。このとき、平野部の費用負担は、税率を t として、$tF(Y)$ を仮定しよう。さらに、こうした政策によってもたらされる平野部の所得の森林への移転による二重の効果として、❶存在価値の増大＝A の上方シフト、ならびに、❷森林整備による地代上昇＝π の上昇を考慮する。

流域圏全体の最大化問題は、(3−25) のもとで、

(3−27) $\max \int_0^\infty \left[\gamma A(X) + Nh + \delta\pi X + (a-t)F(L-X)\right]e^{-\rho t}dt$

を図ることである。ここで、γ は森林のもつ価値の評価程度を表すパラメータであり、ρ は社会的割引率である。経常値ハミルトニアン **H** は、

(3−28) $\mathbf{H} = \gamma A(X) + Nh + \delta\pi X + (a-t)F(L-X) - \lambda h$

で定義されるので、これより最適化の一階の条件は、

(3−29) $\dfrac{\partial \mathbf{H}}{\partial h} = N - \lambda = 0,$

(3−30) $\dot{\lambda} = -\dfrac{\partial \mathbf{H}}{\partial X} + \rho\lambda = -\left[\gamma A'(X) + \delta\pi - (a-t)F'(L-X)\right] + \rho\lambda,$

となる。したがって、最適化の集約された条件は次のように表される。

(3−31) $\gamma A'(X) = \rho N - \delta\pi + (a-t)F'(L-X) \equiv B(X;t).$

以上のことから、流域圏における最適土地利用管理政策については、次の点が指摘できる。

❶流域圏にあって地域の厚生を最大する最適土地利用計画が存在する。

❷流域圏における森林の限界便益を正当に評価した場合に実現されうる森林と平野部の土地利用（X^*）を実現するためには、平野部から森林部への適当な収益移転が必要である。

❸この場合、先述した収益の移転によって森林管理がより充実し、(1)存在価値の増大（＝A' の上昇）や(2)地代（π の上昇）が生じれば均衡の森林領域 X^* は拡大する。

こうした、流域圏全体の管理・運営に関して、対応するリファレンスとなるナッシュ均衡のケースを考えよう。ここでは、平野部での農業や工業生産のみが重視され、その限界純便益が正値を取る限り土地利用を優先的に行う以下の

---

[16] このような水管理の問題については、Becker and Easter (1998) の言うように、流域のように上流域の下流域への影響の形で表れる一方的な外部性（unilateral externalities）と、湖水へのアクセスにおける囚人のジレンマケース（相互外部性；reciprocal externalities）がある。ここでは、前者の一方的外部性を取り扱っている。

状況を想定する。すなわち、

(3−32) $\quad Choose\ X = X^0\ s.t.\ (a-t)F'(L-X^0) = 0,$

である。言うまでもなく、農業および工業発展（平野部）のみを軸とする流域圏の構成生拡大は社会をナッシュ均衡解へと導き、平野部の最大限の土地利用（$L-X_0$）へと向かわせる。この場合、流域圏全体の厚生を最大化させる施策については以下の諸点を指摘できる。

❶ 平野部から森林部への収益移転は、もしも森林の二重効果がない場合には、均衡の土地利用計画に関しては何らの効果ももち得ない。しかし、二重効果が期待される場合には、社会的最適な土地利用を実現させる手段となり得る。したがって、収益移転が二重にもたらされるような施策が同時に実行されなければならない。

❷ 森林の存在価値の認識を含む流域圏全体を視野に入れた厚生水準の最大化を目指す管理・運営システム（コモンズ）の形成が必要であり、それに基づく流域圏全体の厚生最大化のための最適管理政策が存在する。

❸ 森林の存在価値の認識が真のそれを反映したものでない場合には、適当な平野部から森林部への収益移転政策によって、社会的最適な土地利用が実現しうる。

以上のように、流域圏における最適な森林管理政策は、森林の管理はもちろんであるが、同時に平野部を含む流域圏全体に関する一体的かつ広域的な地域管理・運営政策でなければならないことが理解できる。

第4章

コモンプール財と地球環境の保全
Common Pool Resources and Global Environmental Conservation

セニス・スクムビット通り（タイ・バンコク）
発展著しいバンコクの目抜き通り。上をスカイトレインが走るが、
車の渋滞、大気汚染は依然課題であり、
公共交通機関と交通アクセスの整備が望まれる。

（筆者撮影）

4.1　はじめに

　地球環境問題が、文字通り地球規模で検討され始めてすでに久しい。とりわけ、各国の個別経済活動がもたらす地球規模での外部性の発現をめぐって、その因果関係を含めて明確に地球の危機として把握し、問題解決へ向けた取り組みが進行している課題の一つに地球温暖化問題がある。

　地球規模での取り組みの必要性に関しては、これまで公共財あるいは自由財と考えられてきた大気や水、あるいは森林などの自然環境が、各国の経済活動を通じて顕著な悪化傾向を示し始めたことが背景にある。すなわち、これらの自然環境は、どの国も自由に利用可能という意味で非排除的であるが、その利用によって互いに影響し、被害を及ぼしあうという明確な競合的性質を示し始め、いわゆるコモンプール財として適正な管理・運営システムが求められる段階に至ったのである。

　地球温暖化問題の解決へ向けた国際的な取り組み、および交渉の略史を見ておこう。まず、1985年のフィラハ宣言（UNEP：国連環境計画）において21世紀における気温上昇が懸念され、地球温暖化防止に向けた協力の必要性が初めて明示され、1988年のトロント会議では「2005年までにCO_2の排出量を1988年レベルから20％削減する」提案が論議された。そのような協調的削減努力の必要性についての科学的知見として、気候変動に関する国際間パネル（IPCC、1988年設立）の第1次報告書が1990年に上梓され、2100年における気候変動予測とそのためのCO_2の排出量削減が提案された。

　1992年には、リオ・デ・ジャネイロで環境と開発に関する国連会議（UNCED）が開催され、気候変動枠組み条約や生物多様性保全条約の署名開始、そのための行動計画である『アジェンダ21』や『森林原則宣言』が採択されている。その後、気候変動枠組み条約第1回締約国会議がベルリンで開催され、2000年以降の先進国における数量化された温室効果ガス（GHGs）の排出抑制・削減目標および政策と措置を定めた議定書を第3回締約国会議で採択することが標榜された。それを受けて、1997年12月に京都で開催された第3回気候変動枠組条約締約会議（COP3）の成果は「京都議定書」となって報告され

た。そこでは、附属書Ⅰ締約国について、排出削減のための数値目標や政策措置を定め、附属書Ⅰ締約国間の排出量の取引や共同実施、途上国との間で排出削減のための事業などを行うクリーン開発メカニズム（CDM）などの新たな仕組みが導入された。

この議定書により、附属書Ⅰ締約国全体で、2008年から2012年までのコミットメント期間に1990年比で GHGs の排出を５％以上削減することが定められた。続いて1998年に開催された COP4 では、ブエノスアイレス行動計画（Buenos Aires Plan of Action）が採択され、2000年ハーグで開催された COP6 で京都メカニズム、森林吸収源、遵守手続きなどの運用ルールに関する合意を行うことを目標に定めた。

しかしながら、COP6 では、京都メカニズムや吸収源を最大限活用して目標達成したいアメリカや日本、カナダなどの国と、あくまでも国内対策を重視し、京都メカニズムや科学的に不確実性の多い吸収源の利用に制限をかけるべきであると主張する EU や途上国の意見が対立したため交渉は中断した。

2001年１月にアメリカは、❶発展途上国が削減義務を負っていないことは不公平であること、❷米国の経済に悪影響があること、などの理由から、京都議定書交渉からの離脱を宣言した。2001年７月ボンでの COP6 再開会合を経て、2001年のマラケシュでの COP7 では、ボン合意の内容に沿って、京都メカニズム、吸収源、遵守制度、途上国問題を実施する仕組みや詳細な運用ルールの最終案が確定し、2002年のニューデリーでの COP8 では以下の二つが確認された。

❶京都議定書の発効に向けた各国の批准状況についての報告と、批准の呼びかけ。

❷マラケシュ合意を踏まえた条約のもとで資金メカニズムや技術移、発展路上国への資金供与などの実施状況の検証を行うこと。

以上、途上国問題、吸収源や京都メカニズムに関する補完性問題、原子力の利用、排出権取引における交換性、補完性問題や遵守制度について多くの困難を抱えながらも一応の合意に至った。とはいえ、アメリカの離脱をはじめ、将来の新たな削減目標へ向けたプログラム作成および実施に関わる国際協調の難

しさが明らかになった十数年間となった。

　どのような場合に各国が協力体制に入れるのか、またその場合どのような帰結が生じるのかといった課題は、これまで多くの論者によって議論されてきた。

　以下では、次の論点に注意を集中して議論を展開する。すなわち、地球環境問題がもつ相互関連的性質からして、地球規模のみならず地域的な視点から環境保全へ向けた対応が必要であるということである。京都議定書では、開発途上国自身による地球温暖化ガス削減の自主的取り組みや義務づけといった課題が依然として残されている。わが国にあっても、環境保全に対する意識の高まりが数十年にわたる住民の環境問題との対峙によって培われたものである点からして、何よりもまず、環境保全への正道は各国、各地域の自発的環境保全努力が前提であると言わねばならない。

　本章では、このような環境保全に関する国際活動とあわせて、各国の状況に応じた自発的な環境保全へ向けた各国別の施策と国際機関による包括的施策の有効性、意義を検討する。第2節では、基本的な2国モデルを構成し、国際機関が存在しない場合に、どのような自発的な貢献行動が生じるのかを検討する。第3節以降では、国際機関の存在並びに各国の自発的貢献の存在を仮定した基本モデルを提示し、第4節において国際的な環境保全活動と自発的環境保全努力の関係を検討し、最後に第5節で持続可能な環境保全政策を検討する。

4.2　2国の相互関連性

　2国間の相互関連性を検討するために、簡便なモデルを構成しよう。本節では、保全されるべき環境が大気（あるいはそれに影響を受ける気候）であると考え、2国がそれぞれ、その組成である CO_2 をはじめとする GHGs の削減による改善便益を等しく享受できるものと考えよう。各国（あるいは地域）の排出削減努力を、それぞれ、R_i（$i=1,2$）とすれば、全体の削減量は当然ながら

（4－1）　$R = R_1 + R_2$,

となる。各国の効用関数と所得制約式は、それぞれ

$(4-2)$　$u_i = u_i(x_i, R)$,
$(4-3)$　$Q_i = y_i + c R_i$,

となる。ここで、y_i は私的財の消費（価格＝1 と仮定）、Q_i は所得、c は排出削減に掛かる限界削減費用である（$i=1, 2$）。（4－2）は、ある国の削減努力が全体の利益になることを示している。第 i 国の最適化問題は、（4－1）と（4－3）のもとで自国の厚生水準（4－2）を最大化することである。均衡条件は、私的財と削減効果の間の限界代替率が限界削減費用に等しい場合に実現できるので、

$(4-4)$　$\dfrac{\partial u_i/\partial y_i}{1} = \dfrac{\partial u_i/\partial R}{c}$, $i=1, 2$,

となる。ここで、計算の便宜のために、非分離可能（non-separable）な効用関数 $u_i = x_i R$ を想定すれば、両国の反応関数は、

$(4-5)$　$R_i = [-R_j + Q_i/c]/2$, $i \neq j, i, j = 1, 2$,

となることが分かる。

　他方、単純化された効用関数のもとで、両国の個別ではなくジョイントの厚生である $W = u_1 + u_2$ を最大化する問題を考えよう。（4－3）を考慮すれば、

$(4-6)$　$W(u_1, u_2) = u_1 + u_2 = [(Q_1 - cR_1) + (Q_2 - cR_2)](R_1 + R_2)$,

であるから、2 国全体での最適問題の解は

$(4-7)$　$R = R_1 + R_2 = (Q_1 + Q_2)/2c$,

を満たす R_i となる。ただし（4－7）が示すように、総排出削減量 R をこれら二つの国の間でどのように配分するかという点はオープン・クエスチョンである。この場合には、配分をめぐる何らかの国際ルールが必要になる。両国の人口比で（つまり、一人当たり排出水準を共通として）配分基準を決めるルールや、所得比（当該モデルでは人口を所与としているので一人当たりの所得比）で基準化する方法などが考えられるであろう。後掲の宇沢（1999）で提唱されている「所得比例的配分（課税）ルール」は、その遂行のための代表的なアイデアであろう。この場合、$R_1 : R_2 = Q_1 : Q_2$ での配分ルールが適用されるので、各国に対してそれぞれ

$(4-8)$　$R_i = \dfrac{Q_i}{2c}$, $i = 1, 2$,

の大きさで排出削減努力が割り当てられる。

ところで、各国が（4－5）に従って非協力に行動する場合、クールノー・ナッシュ解を得ることができる。しかし、気をつけなければならないのは、この場合、いつでも内点解が存在するとは限らないという点である。明らかに内点解の存在は、両国の所得水準あるいはその格差に依存している。実際、クールノー・ナッシュ解は、それぞれ、

(4－9)　$R_1^* = (2Q_1 - Q_2)/3c, R_2^* = (2Q_2 - Q_1)/3c,$

となるので、解の非負性は、

(4－10)　$2Q_1 \geq Q_2 \geq Q_1/2,$

のときに限り保証される。

（4－9）は、2国間の所得格差が比較的小さい（相互に2倍以内）場合には両国共に排出削減を行う状況があるものの、逆に所得格差が十分大きい場合には、少なくとも一方の国が排出削減を行わないケースがあることを示唆するものである。

なぜ、所得格差が大きいとき、低所得国が排出削減に対して非貢献となるのであろうか。高所得国の負担による排出削減によって低所得国での厚生水準は高まるが、これが低所得国での排出削減へのインセンティブを弱め排出削減努力を抑制する方向に作用する。所得格差が小さい場合には当該国の排出削減が相手国側のインセンティブへも影響し、排出削減努力を弱める効果をもつ。図4－1は、$Q_1 > 2Q_2$（第2国の所得が第1国の半分より小）の場合に第2国の削減努力がゼロに向かうケースを描いている。

以上見てきたように、両国の排出削減への貢献が、両国の所得格差の大きさに依存していることは明らかである。そこで、まったく両国に所得格差がない場合（ケース1：$Q_1 = Q_2 \equiv Q, c = 1$）と、所得格差が比較的大きい場合（ケース2：$Q_1 = 3Q_2、Q_2 \equiv Q, c = 1$）について、クールノー・ナッシュ均衡とパレート均衡の比較検討を行おう。

まず、ケース1では図4－2の上図の関係を得る。パレート効率的な解は、両軸の切片を M にとった破線上で実現され、その場合の厚生水準は $W^* = Q^2$ に等しい。配分ルール（4－8）に従う場合、両国の厚生水準は $(u_1^*, u_2^*) = (Q^2/2, Q^2/2)$ となる。それに対して、クールノー・ナッシュ均衡は点 N で与

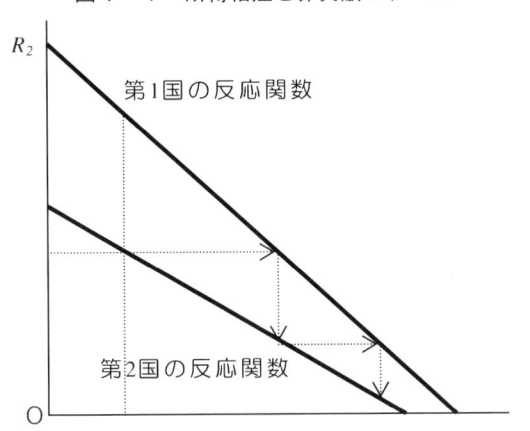

図4−1 所得格差と非貢献のケース

えられ、$(u_1^{**}, u_2^{**}) = (4Q^2/9, 4Q^2/9)$、$W^{**} = 8Q^2/9$ となる。したがって、各国の個別の厚生水準、全体の厚生水準は共にパレート均衡に比して小さくなることが分かる。このように、両国の所得水準が均等化している場合には国力を反映して行われる交渉の過程で非協力な関係を求めるのではなく、むしろ積極的に協力関係を構築することが重要であると思われる。

他方、所得格差が大きい場合はどうであろうか。**図4−1**で示したように、非協力ゲームの場合、低所得国である第2国が非貢献となる。**図4−2**の下図において、点 N′ が実現されたとしよう。点 N′ では、$(u_1^{**}, u_2^{**}) = (9Q^2/4, 6Q^2/4)$、$W^{**} = 15Q^2/4$ が実現される。ここで、高所得国の排出削減への一方的貢献を通じて両国の所得比は3：1であるが、厚生水準の比は3：2へと改善されている点に注意しよう。他方、パレート均衡は、**図4−2**下図では両軸共に $2Q$ の切片をもつ破線上で実現され、厚生水準は $W^* = 4Q^2$ に等しい。配分ルール（4−8）のもとでの均衡は点 P′ で表され、両国の厚生水準は $(u_1^*, u_2^*) = (3Q^2, Q^2)$ となる。

さらに、このような大きな所得格差がある場合、実際には第1国が先導者（leader）で第2国が追随者（follower）とみなしうるシュタッケルベルク（Stackelberg）ゲームが行われる可能性があると思われる。これが事実であれば、第1国は第2国の反応関数上の点を選ぶことになるので、実現されるであ

図4−2 所得格差と均衡および厚生

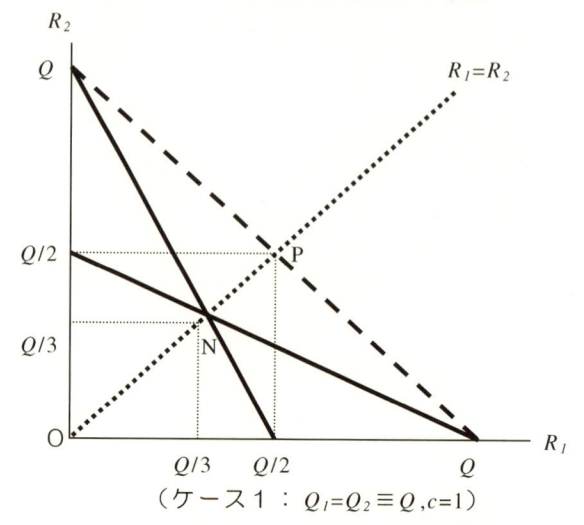

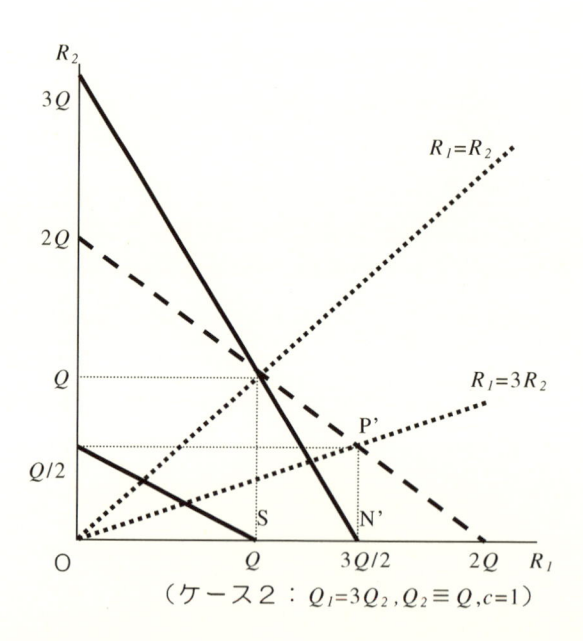

（ケース1： $Q_1=Q_2\equiv Q, c=1$）

（ケース2： $Q_1=3Q_2, Q_2\equiv Q, c=1$）

ろう均衡は点 N′ ではなく点 S であろう。点 S では、$W^* = 3Q^2$ に等しく、配分ルール（4−8）に従う場合、両国の厚生水準は $(u_1{}^*, u_2{}^*) = (2Q^2, Q^2)$ となる。

いずれの非協力ゲームの場合も、パレート効率性の実現は困難である。問題は、サイドペイメントの手法を用いてパレート効率性を実現する方策があり得るか否かという点である。現状が点 N′ であれば、低所得国に $Q/2$ の排出削減努力を要求する一方で、サイドペイメントとして高所得国から低所得国へ $3Q/8 > \Delta Q > Q/4$ の範囲で ΔM の所得移転を行えば、両国共に厚生水準を拡大できる[1]。したがって、所得比例的な配分ルールのもとでは、サイドペイメントを用いてパレート効率的な排出削減を実現することは可能であることが分かった。

以上の点を、次の命題の形でまとめておこう。

【命題1】 2国間での所得格差の有無に関らず、2国間の非協力ゲームはパレート効率的な状況をもたらさない。所得格差の少ない場合、パレート効率性実現のためには、お互いの協力関係に基づく両者共々の排出削減努力が求められる。他方、所得格差が大きい場合には非協力関係が低所得国の非貢献を生じるが、その場合、低所得国の自発的排出削減努力によってパレート効率性を実現できる。ただし、この過程で低所得国の負担増による厚生水準減少を補填するためのサイドペイメントが求められる。

---

(1) 問題は、この場合、低所得国の排出削減への負担額が高所得国からの移転額を上回るために、こうしたサイドペイメントの提案を受け入れることができるかどうかという点である。低所得国での環境改善の便益を評価する姿勢（効用関数における R の重要度）が小さい場合には受け入れは困難であると考えられる。このような低所得国（開発途上国）の環境意識の重要性に関する議論については、次章で主として検討している。シュタッケルベルク（Stackelberg）均衡点 S の場合には、点 P′ は点 S に対してパレート優越となるので、サイドペイメントなしに両国共に厚生水準を悪化させることなく排出削減を拡大することは可能である。

4.3　2国間モデルの分析

　本節では、2国モデルの枠組みという点では前節と同じであるが、各国の自発的な排出削減努力と2国間協調に加えて、新たに有効な国際的環境保全機関（会議）が存在すること、ならびに両国の間で貿易がある場合を仮定して幾分詳細な検討を行う。

　各国の厚生は、自国財の消費と輸入外国財の消費──第1国の場合、自国消費分 $(1-\beta)x_1$ と輸入財 αx_2、第2国の場合、輸入財 βx_1 と自国消費分 $(1-\alpha)x_2$ ──ならびに環境水準 E によって規定されている。すなわち、

$(4-11)$　$U_1 = U_1((1-\beta)x_1, \alpha x_2, E)$　$U_{11} > 0, U_{12} > 0, U_{13} > 0,$

$(4-12)$　$U_2 = U_2(\beta x_1, (1-\alpha)x_2, E)$　$U_{21} > 0, U_{22} > 0, U_{23} > 0,$

ここで、2国間の国際収支均衡条件

$(4-13)$　$e\alpha p_2 x_2 = \beta p_1 x_1,$

を想定する。ただし、e は為替レート（例えば、円÷ドル）であり、第1国の生産物 x_2 の価格は p_1 円、また第2国の生産物価格は p_2 ドルである。

　一方、地球全体の環境水準 E は

$(4-14)$　$E = E_0 - \gamma(x_1 + x_2) + \delta(g_1 + g_2) + \varepsilon G,$

で表されると仮定しよう。ここで、$\gamma, \delta, \varepsilon$ は正のパラメータである。両国の経済活動水準 $(x_1 + x_2)$ によって環境は悪化するが、各国がそれぞれ自発的な施策・運営を図り環境改善努力を払う $(g_1 + g_2)$ ことで一定の環境改善が実現される。それと同時に、国際環境保全機関による直接的環境保全努力 (εG) もまた環境改善に資すると考えられる。E は大気などのコモンプール財として両国の厚生に等しい影響を及ぼす。また E_0 は、国際的見地から維持すべきであると考えられる持続可能な環境水準を示している。

　ところで、両国の所得（Y_1 円と Y_2 ドル）を所与とした場合、各国の拠出予算制約式は、

$(4-15)$　$(1-\tau_1)Y_1 = (1-\beta)p_1 x_1 + e\alpha p_2 x_2 + (1-m_1)qg_1,$

$(4-16)$　$(1-\tau_2)Y_2 = \beta p_1 x_1/e + (1-\alpha)p_2 x_2 + (1-m_2)qg_2/e,$

で表される。ここで、τ_i（$i=1, 2$）は、それぞれの国の国際環境保全機関への

拠出割り当てであり、m_i（i＝1, 2）は国際機関からの各国の自発努力に対する環境補助金を表す。他方、実質ベースでの自発的環境保全努力の限界費用を q 円と想定している。(4−15)、(4−16) は、それぞれの通貨ベースで表されている。

(4−15)、(4−16) によって拠出された資金を原資とする国際環境保護機関の予算制約式は、「環境保護機関による環境改善支出＋各国への補助金＝各国からの拠出金」であることから、円ベース（p_G 円）では

(4−17)　　$p_G G + m_1 q g_1 + m_2 q g_2 = \tau_1 Y_1 + e\tau_2 Y_2,$

となる[2]。

上記の (4−11) から (4−17) の諸式で構成される枠組みにおいて、外国の生産や環境保全行動の自国の経済活動水準へ影響を及ぼすことは言うまでもない。例えば、第2国の自発的環境保全の高まり（g_2 の増大）は、輸入財の減少を通じて第1国の生産水準を低め、総じて環境負荷を軽減させるであろう。このように、自国の生産および環境保全については相手国の影響を考慮しながらの施策運営が必要となる。このような相互作用の分析を以下で行おう。

4.3.1　第1国の最適戦略

第1国の最適化問題は、以下のように表すことができる。

(OP−1)　　Max→$U_1((1-\beta)x_1, \alpha x_2, E)$

　　　　　Subject to　　$e\alpha p_2 x_2 = \beta p_1 x_1$

　　　　　　　　　　　$E = E_0 - \gamma(x_1 + x_2) + \delta(g_1 + g_2) + \varepsilon G$

　　　　　　　　　　　$(1-\tau_1)Y_1 = (1-\beta)p_1 x_1 + e\alpha p_2 x_2 + (1-m_1)qg_1$

　　　　　　　　　　　$(1-\tau_2)Y_2 = \beta p_1 x_1/e + (1-\alpha)p_2 x_2 + (1-m_2)qg_2/e.$

上に掲げた制約条件のうち、国際収支均衡条件を各国の収支均衡条件に代入し、これらを環境水準の式に代入すれば、予算制約式として

(4−18−1)　　$E + [\delta p_1/(1-m_1)q + \gamma]x_1$
　　　　　　　　$= E_0 + \{\delta(1-\tau_1)/(1-m_1)q\}Y_1 - \gamma(1-\tau_2)Y_2/p_2 + [\gamma(1-m_2)q + \delta]g_2 + \varepsilon G,$

---

[2] ここで論じられている国際的な税の徴収とその再配分に関する具体的かつ実行可能なアイデアとしては、宇沢（1999）を参照。そこでは、所得比例的炭素税の導入とそれを原資とする「大気安定化国際基金」の創設、ならびにその再配分機構が提唱されている。

を得る。（4－18－1）を単純化し、E の価格を基準化することで、最適化問題（OP－1）を

(4－19－1)　Max→$U_1((1-\beta)x_1,\{\beta p_1/ep_2\}x_1, E)\equiv u_1(x_1, E)$
　　　　　　Subject to $E+\Lambda_1 x_1=M_1(g_2;\tau_1,\tau_2, G, E_0), M_1'(g_2)>0,$

の形で定式化できる。ここで Λ_1 は、（4－18－1）式の左辺第二項の係数であり、M_1 は、同じく（4－18－1）式の右辺を簡略化したものである。
（4－19－1）の制約式の右辺に着目すれば、g_2（あるいは、τ_1, τ_2, G, E_0 などのパラメータ）の変化の影響は、M_1 の変化を経由する所得効果と見なすことができる。つまり、第2国の環境戦略 g_2 の変化は所得制約線をシフトさせ、それに対応して第1国は、最適な自国の生産水準 x_1^* と環境水準 E^* とを選択すると考えられる。この解を、$x_1^*=x_1^*(g_2), E^*=E^*(g_2)$ と書く。E, x_1 が共に正常財であるケースでは、$x_1^{*\prime}(g_2)>0, E^{*\prime}(g_2)>0$ である。

4.3.2　第2国の最適戦略

第2国の最適戦略は、第1国の場合と同様に

(OP－2)　Max→$U_2(\beta x_1,(1-\alpha)x_2, E)$
　　　　　Subject to $e\alpha p_2 x_2=\beta p_1 x_1$
　　　　　　　　　　$E=E_0-\gamma(x_1+x_2)+\delta(g_1+g_2)+\varepsilon G$
　　　　　　　　　　$(1-\tau_1)Y_1=(1-\beta)p_1x_1+e\alpha p_2 x_2+(1-m_1)qg_1$
　　　　　　　　　　$(1-\tau_2)Y_2=\beta p_1x_1/e+(1-\alpha)p_2x_2+(1-m_2)qg_2/e,$

となる。したがって、予算制約式として

(4－18－2)　$E+[\delta p_2/(1-m_2)q+\gamma]x_2$
　　　　　　$=E_0-\gamma(1-\tau_1)Y_1/p_1+\{\delta(1-\tau_2)/(1-m_2)q\}Y_2$
　　　　　　$+[\gamma(1-m_1)q/p_1+\delta]g_1+\varepsilon G,$

を得る。（4－19－1）と同様に、第2国の最適化問題（OP－2）は、

(4－19－2)　Max→$U_2(\{e\alpha p_2/p_1\}x_2,(1-\alpha)x_2, E)\equiv u_2(x_2, E)$
　　　　　　Subject to $E+\Lambda_2 x_2=M_2(g_1;\tau_1,\tau_2, G, E_0), M_2'(g_1)>0,$

となる[3]。（4－19－2）の制約式の右辺において、（4－19－1）と同様に、g_1（あるいは、τ_1, τ_2, G, E_0 などのパラメータ）の変化は M_2 の変化を経由する所得効果と見なすことができる。つまり、第1国の環境戦略 g_1 の変化は所得

制約線をシフトさせ、第2国は、それに対応する形で自国にとっての最適な生産水準 $x_2{}^*$ と環境水準 E^* とを選択すると考えられる。この解を、$x_2{}^*=x_2{}^*(g_1)$, $E^*=E^*(g_1)$ と書く。E, x_2 が共に正常財であるケースでは、$x_2{}^{*\prime}(g_1)>0$, $E^{*\prime}(g_1)>0$ である。

4.3.3 ナッシュ均衡解の導出

以上のことから、生産水準に着目した場合、各国の最適戦略は、

(4−20)　　$x_1{}^*=x_1{}^*(g_2)$, $x_1{}^{*\prime}(g_2)>0$,
(4−21)　　$x_2{}^*=x_2{}^*(g_1)$, $x_2{}^{*\prime}(g_1)>0$,

となる。

ここで、解の実行可能性に関して、国際収支均衡と国際環境保全機関の収支均衡に関する制約式、すなわち、(4−13) および (4−17) を考慮すればナッシュ均衡解を得ることができる。つまり、(4−20) および (4−21) を (4−13) の各辺に代入した式と (4−17) を連立させることで、均衡の自発的環境保全努力の水準 $(g_1{}^*, g_2{}^*)$ が得られる。

後の分析のためにナッシュ均衡解の図示を行おう。**図4−3** において、(4−20) および (4−21) の関係は、それぞれ第1象限ならびに第3象限で表されている。さらに、(4−13) が第2象限で、(4−17) の関係が第4象限で図示されている。均衡解は、第1象限から第3象限の関係を保証するように描かれた第4象限の右下がりの軌跡（曲線 *l* ）と右上がりの直線（(4−17) の関係式）の交点 A によって与えられている。

4.4　国際的環境保全機関と自発的環境保全努力

現実の問題としては、各国の所得水準の格差による自発的努力水準の違いや所得格差による国際機関への拠出寄与水準の違い、あるいは国際機関からの補

---

(3) 予算制約 M_i ($i=1, 2$) に関して、$M_i(0;\tau_1,\tau_2,G,E_0)>0$ であるから、相応して選択される消費均衡点において $x_i>0$ が成り立つ。

図4-3　ナッシュ均衡解

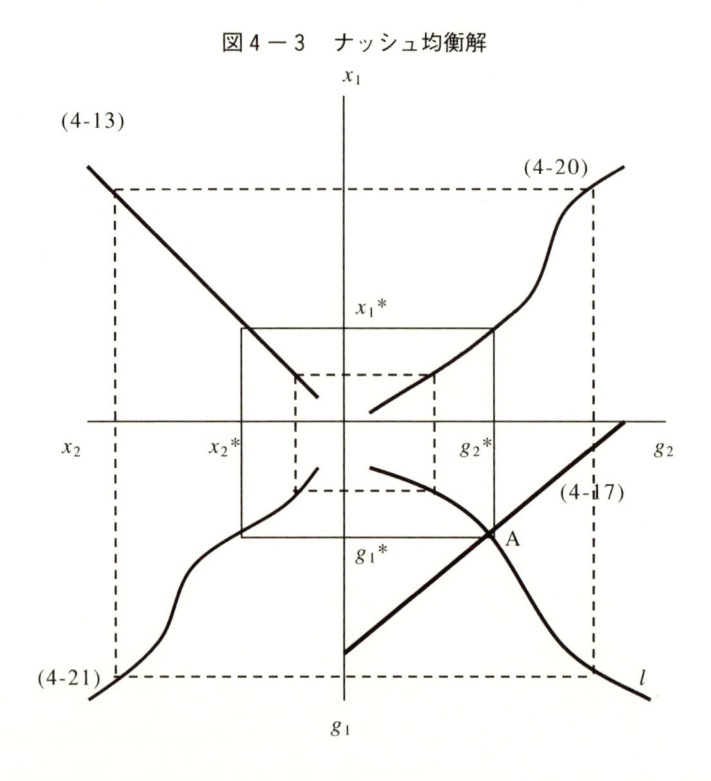

助水準の相違など、環境水準へ影響すると思われるパラメーター変化は多いと考えられる。さらに、環境水準の改善が当該国の効用水準にまったく影響を及ぼさないような一種の独立財と見なされるケースもあり得る。そこで本節では、問題をモデルの枠内で限定的に把握するために、各国の拠出率（τ_i）の変化と国際環境保全機関による環境改善支出（G）の変化が生じた場合の影響に絞って検討しよう。

4.4.1　各国の環境拠出割り当ての変化

各国の拠出割り当てパラメータ変化の所得制約式への影響は、（4-18-1）および（4-18-2）から

(4-22)　$\partial M_1/\partial \tau_1 < 0$,　$\partial M_1/\partial \tau_2 > 0$,

(4-23)　$\partial M_2/\partial \tau_1 > 0$,　$\partial M_2/\partial \tau_2 < 0$,

となることが分かる。(4−22) と (4−23) を考慮すれば、(4−20)、(4−21) は、それぞれ、

(4−20)' $x_1^* = x_1^*(g_2; \tau_1, \tau_2)$,

ただし、$x_{11}^* = \partial x_1^*/\partial g_2 > 0$, $x_{12}^* = \partial x_1^*/\partial \tau_1 < 0$, $x_{13}^* = \partial x_1^*/\partial \tau_2 > 0$ であり、

(4−21)' $x_2^* = x_2^*(g_1; \tau_1, \tau_2)$,

また、$x_{21}^* = \partial x_2^*/\partial g_1 > 0$, $x_{22}^* = \partial x_2^*/\partial \tau_1 > 0$, $x_{23}^* = \partial x_2^*/\partial \tau_2 < 0$ となることが分かる。

比較静学分析から、τ_1 および τ_2 の変化の影響については、

(4−24) $dg_1/d\tau_1 = [(-Ax_{22}^* + Bx_{12}^*)m_2q + Y_1Bx_{11}^*]/D$,

(4−25) $dg_2/d\tau_1 = [Ax_{21}^*Y_1 - (-Ax_{22}^* + Bx_{12}^*)m_1q]/D > 0$,

(4−26) $dg_1/d\tau_2 = [(-Ax_{23}^* + Bx_{13}^*)m_2q + eY_2Bx_{11}^*]/D > 0$,

(4−27) $dg_2/d\tau_2 = [Ax_{21}^*eY_2 - (-Ax_{23}^* + Bx_{13}^*)m_1q]/D$,

となる。ここで、$A = e\alpha p_2$, $B = \beta p_1$, $D = Ax_{21}^*m_2q + Bx_{11}^*m_1q > 0$ である。このうち、(4−24) と (4−27) の符号は確定しないが、どちらか一方の国際環境保全機関からの補助金がゼロであるか、あるいは十分小さい場合には、両者ともに正値となることが分かる。視覚的には、**図4−3**を援用した説明が可能である。例えば τ_1 の引き上げは、第1象限の曲線を下方シフトさせ、第3象限の曲線を左方シフトさせる。これらの相互作用によって、第4象限の曲線 l は右上方にシフトする。他方、第4象限に描かれた国際環境保全機関の予算制約線は右下方へシフトさせる。こうして均衡点は g_2^* を上昇させるものの、g_1^* については効果が不明確になるように移動する。

これらのことから以下の命題を得る。

【命題2】 各国の地球環境保全機関への拠出金に関して自国の拠出割合の増大は、必ず相手国の自発的な環境保全努力の水準を上昇させる。一方、自国自身の自発的環境保全努力への影響については、国際機関からの環境補助水準が十分に低いとき、他国への影響と同様にポジティブな効果をもたらす。

命題2の現実的解釈としては以下のような状況が推察できる。第1国を先進工業国とし、第2国を開発途上国とし、すでに環境補助金としての国際機関か

らの配分に関して、m_2 は十分大きく、m_1 はゼロであるような状況にあるとしよう。こうした条件のもとでは、先進工業国による国際機関への拠出割り当ての増大は先進国自身の環境改善努力を衰退させる。他方、それによって開発途上国の環境改善努力は改善するものの、その改善幅は軽減させられる。一方、開発途上国の拠出割り当ての軽減は、先進国と開発途上国の自発的環境改善努力の水準を共に減じる。

4.4.2　国際機関による環境改善支出の変化

（4－18－1）ならびに（4－18－2）から、

（4－28）　$\partial M_1/\partial G > 0$、$\partial M_2/\partial G > 0$,

を得る。したがって、

（4－20）"　$x_1^* = x_1^*(g_2; G)$, $x_{11}^* = \partial x_1^*/\partial g_2 > 0$, $x_{1G}^* = \partial x_1^*/\partial G > 0$,

（4－21）"　$x_2^* = x_2^*(g_1; G)$, $x_{21}^* = \partial x_2^*/\partial g_1 > 0$, $x_{2G}^* = \partial x_2^*/\partial G > 0$,

を得る。それゆえ、比較静学を実行すれば、

（4－29）　$dg_1/dG = [(-Ax_{2G}^* + Bx_{1G}^*)m_2q - p_G Bx_{11}^*]/D$,

（4－30）　$dg_2/dG = [-(-Ax_{2G}^* + Bx_{1G}^*)m_1q - p_G Ax_{21}^*]/D$,

となることが分かる。

（4－29）と（4－30）の符号は *ad hoc* には決まらない。図4－3において、第1象限、第3象限の曲線（4－20）と（4－21）がそれぞれ左上方にシフトするために、第4象限で導出される曲線 *l* のシフトの方向が確定できないからである。しかし、先に論じた拠出割合変化のケースと同様に、国際環境保全機関からの補助金が十分に小さい場合にはこれらの符号が共に負となる場合がある。このことを命題の形でまとめておこう。

【命題3】国際環境保全機関の直接的な環境保全支出の増大が、各国の自発的環境改善努力の水準に及ぼす影響は不確定である。国際機関からの環境補助金が十分に小さい場合には、環境保全支出の増大は両国の自発的環境改善努力を減じる。

命題2の場合と同様に、先進工業国に関して m_1 はゼロであるとしよう。こ

の場合、開発途上国の環境改善努力水準は低下する。他方、さらに地球環境保全支出変化が両国の消費水準へ及ぼす影響に関して、$-Ax_{2G}^{*}+Bx_{1G}^{*}>0$ であって、かつ m_2 が十分大きい場合、先進工業国の自発的環境改善努力がかえって強まる状況も生起し得る。

4.5　持続可能な国際環境保全と公共政策

　国際社会の一員として、各国が国際環境保全機関への拠出を行うことで可能となる国際機関の環境改善支出に加えて、各国はまた、独自にそれぞれの判断で自主的に環境改善努力を不断に行っている。とはいえ、各国が各々の厚生水準を最大化するように消費と環境の質的水準を選択するために、結果として持続的な地球環境保全が保証されるとは限らない。ここでは、モデル式（4–14）において $E=E_0$ が維持される状況を「持続可能な地球環境（sustainable global environment）」と想定し、そのレベル維持のための施策を検討しよう。つまり、ここでの課題は、$E=E_0$ の制約下でのセカンドベストな均衡解を見いだす施策を検討することにある。

　分析の見通しをつけるために関係する諸式をまとめて記そう。ただし、分析を簡便化するためと、これまでに指摘してきたような現実的な意味づけから見て $m_1=0$ と置く。

（4–13）　　$e\alpha p_2 x_2 = \beta p_1 x_1$,
（4–14）'　$0 = -\gamma(x_1+x_2) + \delta(g_1+g_2) + \varepsilon G$,
（4–17）'　$p_G G + m_2 q g_2 = \tau_1 Y_1 + e\tau_2 Y_2$,
（4–20–1）　$x_1 = x_1(g_2; \tau_1, \tau_2, G)$,
（4–21–1）　$x_2 = x_2(g_1; \tau_1, \tau_2, G)$,

　さらに、これらの関係を図4–4で描いておく。
　（4–14）' は、（4–14）において $E=E_0$ が実現される条件である。これと（4–20–1）ならびに（4–21–1）を考慮すれば、（4–14）' の第4象限における勾配を示す以下の式を得る。

図4-4 持続可能な地球環境

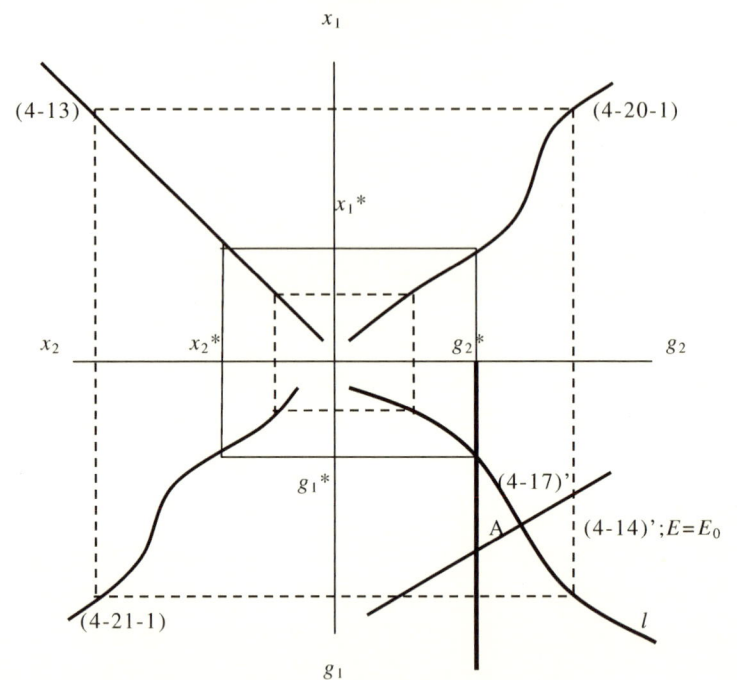

(4-31) $dg_1/dg_2 = [\gamma x_{11} - \delta] / [\delta - \gamma x_{21}]$.

ただし、(4-31) の分母 ≠ 0 を仮定する。これより、(4-14)' が図4-4で表されるような負の勾配をもつか否かは、各国の自発的環境改善努力がもたらす相手国の消費水準変化による環境への限界損失 γx_{i1} ($i = 1, 2$) と限界的な環境改善 δ の大小関係に依存していることが分かる(**図4-4は、前者が後者に比して大きいケースに対応している**)。

ところで、国際環境保全機関の問題は、τ_1 や G などのパラメータ変化を通じて、最終的に $E = E_0$ を実現するためにはどうすればよいのかという点である。ここでは、G を一定にして τ_1 のみを変化させる、いわば先進工業国の拠出調整政策と、τ_1 を一定にしておいて G のみを変化させる環境保全支出調整政策を検討しよう。

前掲の (4-13) から (4-21-1) の諸式を整理して、g_1 を政策パラメ

ータである τ_1 と G とで表せば、

(4-32) $\Gamma(g_1;\tau_1,G)$
$= -\gamma(A/B+1)x_2(g_1;\tau_1,G) + \delta\{g_1 + (\tau_1Y_1 + e\tau_2Y_2 - p_GG)/m_2q\} + \varepsilon G$

なる関係式を得る。(4-32)の左辺は、$E-E_0$ に等しいことに注意しよう。したがって、$\Gamma(g_1;\tau_1,G)=0$ のときに $E=E_0$ が実現される。ここで、先進工業国の自発的環境改善努力がまったく行われない $g_1=0$ の場合、持続可能な環境水準 E_0 は維持できないと考えれば、$\Gamma(0;\tau_1,G)<0$ を想定できる。この条件のもとで(4-32)の解が存在する十分条件は、

(4-33) $\partial\Gamma/\partial g_1 = -\gamma(A/B+1)x_{21} + \delta > 0$

である。これは、先進国の自発的環境改善努力のもたらす直接的な環境改善便益の方が、環境改善を通じての生産水準の拡大による環境悪化の効果よりも大きくなければならないことを意味している。(4-33)のもとで均衡が安定的となる調整過程は、調整速度を $\zeta(>0)$ とすれば $\Delta g_1 = -\zeta \times \Gamma(g_1;\tau_1,G)$ で表される。

さて、(4-32)において τ_1 や G の影響を見るために

(4-34) $\partial\Gamma/\partial\tau_1 = -\gamma(A/B+1)x_{22} + \delta Y_1/m_2q$
(4-35) $\partial\Gamma/\partial G = -\gamma(A/B+1)x_{2G} + (\varepsilon - p_G\delta/m_2q)$

の符号を吟味しておこう。(4-34)や(4-35)は、共にそれらの第1項が生産増による限界的な環境悪化の影響を表し、第2項が環境改善の限界純便益を示している。これらの符号は事前的には定まらない。τ_1 の上昇は、国際環境保護機関にとっての予算制約を緩和し、開発途上国への環境改善支出補助金の拡大とあわせて国際機関による直接的な環境保全努力の強化を可能ならしめる。他方で、こうした外生的な環境改善は、各国の生産水準を拡大させることで逆に国際環境水準の悪化をもたらす可能性がある。図4-4は、(4-34)の右辺は正であるが、(4-35)のそれは負であるようなケースを描いている。(4-35)の右辺が負となるのは、直接的な国際機関による環境改善措置が、開発途上国への補助金増がもたらす環境保全の努力改善へ及ぼす効果よりも小さいと考えられる場合である。

国際環境保全機関が所得制約を一定にしたままで自己の環境改善支出を拡大させるためには、補助金支出を減少させる必要がある。図4-5-(1)は、開発

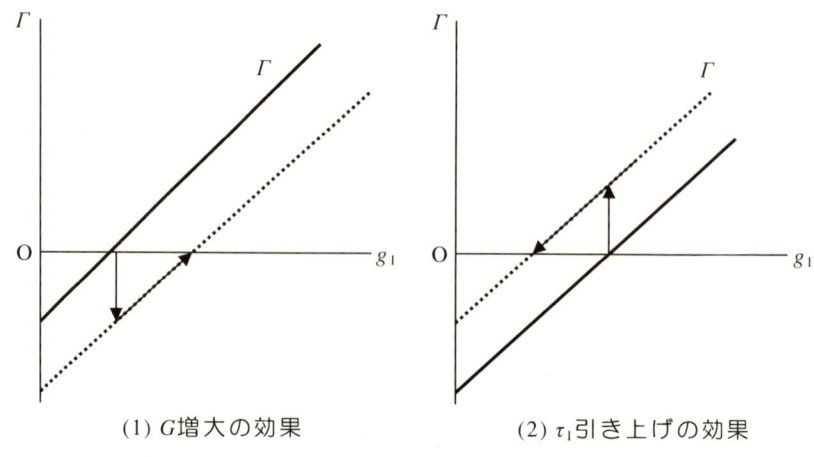

図4-5 持続的環境保全の政策と効果

(1) G増大の効果　　　　(2) τ_1引き上げの効果

途上国への補助金減額によって環境水準が悪化する場合には、それに対して先進国自身による自発的な環境改善努力の推進が必要であることを示している。他方、**図4-5-(2)**は、先進国による国際環境保全機関への拠出割合の上昇によって一時的に環境改善が進むが、持続的な環境水準より高いレベルが維持されるために先進国での自発的環境改善努力が逓減していく様子を描いている。この結果を、以下の命題にまとめておこう。

【命題4】国際環境保全機関は、先進国の自発的環境改善努力の直接的な環境改善便益が環境改善を通じての生産拡大による環境悪化効果よりも小さいとき、先進工業国への拠出調整政策と国際的環境保全支出調整政策の代替的組み合わせによって持続的な環境水準を実現することが可能である。

4.6　おわりに

最後に、本章の議論に関わる幾つかのポイントを指摘しておこう。本章では、開発途上国と先進国間の地球環境問題の取り組みを、各国の自己努力と国際機

関を通じての施策の両チャンネルから分析するフレームワークを基に考察した。それぞれの国は、より良い環境とより良い消費水準を目指して行動すると仮定し、仮説的な効用関数のもとで分析が行われた。より現実には、特に開発途上国の地球環境改善に寄せる期待は小さいか、あるいは所得や消費水準に対する過大な評価が行われるために、開発途上国では x_2 の E に対する限界代替率が小さく、端点解（$x_2^* > 0, E^* = 0$）が実現しているケースが想定できる。また本章では、各国が果たすと期待される自発的な環境改善努力の環境改善へ及ぼす技術的効果については言及しなかったが、現実問題として技術改善の果たす役割は大きいと思われる。

地球規模での環境問題解決へ向けて、京都議定書の理念に沿って議論された排出権取引や共同実施などの経済的手法と共に開発途上国を含めた自発的環境保全努力の効果をより確固ならしめるためにも、本章で論じた国際機関による制度的枠組みを構築する努力が期待される。

第5章

開発途上国における最適環境政策
Optimal Environmental Policy in LDCs

(中国陝西省西安)
始皇帝の栄華、玄奘法師の想いを今に伝える中国の古都。
急激な経済開発に伴う都市問題や環境問題、
協力と連携による対策が進められている。

(筆者撮影)

5.1　はじめに

　経済学の主要トピックスの一つが、自然環境を保全する適切な政策手段を模索することにあることは言うまでもない。多くの国々において、環境問題との対峙に苦慮している理由は、経済成長を犠牲にする形で希少な資金を環境保全に利用する必要があると考えるからである[1]。しかしながら、こうした点が最も厳しい形で表れるのは先進国というよりはむしろ開発途上の国々であって、そこでは社会的に利用可能なファイナンスが圧倒的に少ない。このため、先進国から開発途上国へ向けて海外援助などの形で資金が移転している。

　それでは、このような海外援助は有効に機能しているのであろうか、あるいはその効果はどのようなものであろうか。前章では、静学的な2国モデルによって、1国のユニラーテラルな行為が全体に及ぼす影響をナッシュ均衡とパレート均衡の比較によって一般的に論じた。本章では、海外援助に由来する貢献が、自然環境保全と被援助国の所得水準にどのような影響を及ぼしうるのかについて検討を加えよう。

　援助－被援助の国際的関係は、通常、経済協力開発機構（OECD）から開発途上国への一方向的な関係として把握される。例えば、自然環境を地球規模で考えてみよう。

　自然環境問題の重要な課題の一つに、CO_2 をはじめとする温室効果ガス（GHGs）の大量排出がある。言うまでもなく、先進国の工業化の過程のみならず開発途上国の土地利用変化（農地への転用や森林喪失）が主たる要因であり、前章でも言及したように、削減へ向けた地球規模での協力関係が不可欠である。大気は、その利用が非排除的でかつ競合的であるという意味で典型的なコモンプール財であり、ある国の人々の削減努力はすべての人類にとっての便益になることから、その保全についての適切な管理・運営が必要であると考えられる。したがって、援助－被援助の関係は、少なくとも環境問題に限って言えば、被援助国の（CO_2 の削減努力などの）自然環境保全努力が援助国の便益につながるという意味では、こうした最適な管理・運営ルールの一環として把握されるべき活動である。

ところで、広範な問題への適切な包括的対応と戦略をとることで21世紀における持続可能な成長を図ろうとする「国際連合ミレニアム宣言」が2000年にコミットされた。そこでは、八つの目標と18のターゲットならびに前進の指標として（UN、IMF、OECDならびにWBが提示する）48のデータセットが選ばれている（これについては表5－1参照）。第7目標である環境的持続可能性の追求に限らず他の包括的目標を含めて、当然ながら持続的成長と自然環境の保全やアメニティの確保、公害の抑止などが間接的に関わっており、そのための有力な手段の一つが「海外援助」であることは言うまでもない。

本章で展開されるモデルでは、後述するように、海外援助を受けた被援助国が自発的に目的別支出を決定できること（すなわち、現地の要請主義に基づいた管理・運営）を前提とし、そのような支出がどの程度環境に向かうかは当該被援助国の人々の環境意識に依存していると想定している。そこで海外援助に関する重要な鍵となるパラメーターないし変数は、被援助国における援助の対国民総所得（GNI）比、ならびに国内の環境保全支出対GNI比である。

ここで、海外援助の実態を概観しておこう。いわゆる長期のDAC（OECD下の開発援助計画）諸国から開発途上国ならびに国際機関などへの金融資産のネットフローには、大きく分けて次の四つがある。

❶ODA（政府開発援助）
❷OOF（他の公的フロー）
❸NGOs（非政府組織）による援助
❹市場ベースの民間資金

表5－2は、2001年のDACの海外援助を含めた金融資産のネットフロー額を各国別に表したものである[2]。海外援助は、被援助国の立場から見れば当該国の国内投資－貯蓄差額である海外貯蓄（foreign saving）にほぼ等しく、被援助国の貯蓄不足を補う形で❶から❹の資金が外国からファイナンスされる。

---

(1) Kageson（1998、特に第17章）が指摘したように、環境問題がどの程度経済成長に影響するかは依然として困難な問題である。さらに、汚染削減のような環境コストがどれくらい経済成長を減じさせるかについても十分な解答は得られていない。
(2) ここでの海外援助に関する統計データは、OECD/2002年開発協力レポートによる（http://www.oecd.org/EN/statistics/参照）。

表5－1　国連ミレニアム宣言における実現化の目標

目標	内容	ターゲット	内容
1	極貧と飢餓の根絶	1	1990～2015年に1日1ドル以下で生活する人口を半減
		2	1990～2015年に飢餓人口を半減
2	普遍的初等教育の実現	3	2015年までに子供の初等学校教育の履修可能化
3	性的平等と婦人の権利拡大	4	2005年までに性差別の初等中等教育での排除と少なくとも2015年までのすべての水準での教育における排除
4	幼児死亡率の減少	5	1990～2015年までに5歳以下の死亡率を2／3減少
5	妊婦の健康改善	6	1990～2015年に妊婦死亡率を3／4に減少
6	HIV/AIDs、マラリアなどの疾病との対決	7	HIV/AIDsを2015年までに半減し拡散を収束傾向へと転換
		8	マラリアや他の疾病を2015年までに半減させ発生を抑制
7	環境的持続可能性の保証	9	持続可能な発展を国家政策および計画の原理とし環境資源の損失を抑制
		10	2015年までに安全な水を持続的に確保できない人の割合を半減
		11	2020年までに少なくとも1億に及ぶスラム居住者の生活を相当程度改善
8	発展のための地球規模でのパートナーシップの展開	12	開放的でルールに基づく、非差別的な交易・金融システムの発展
		13	最貧諸国に対する必要かつ特別な配慮
		14	内陸国、小島嶼国に対する必要かつ特別な配慮
		15	国家的国際的手段を通じての開発途上国における負債問題の包括的対応
		16	先進国の協力による若年層の適切かつ生産的な労働の発展と実行戦略
		17	製薬会社との協力による発展途上国に対する購入可能な基礎的薬品の提供
		18	民間部門との協力による情報通信分野での新技術の生み出す便益の活用

表5－2　DAC諸国からの開発途上国への金融資産のネットフロー

(2001年、100万ドル)

	I.ODA	A.二国間	1.贈与	2.貸与	B.多国間	II.純OOF	III.民間団体贈与	IV.長期民間資金フロー	V.総資金フロー	総資金フロー(対GNI比)
DAC計	52,336	35,022	33,409	1,613	17,314	−549	7,289	49,117	108,193	0.46
オーストラリア	873	660	660	−	212	56	211	43	1,183	0.34
オーストリア	533	342	334	7	191	13	57	279	882	0.48
ベルギー	867	502	507	−4	365	7	141	−712	304	0.13
カナダ	1,533	1,200	1,222	−22	333	−98	116	−12	1,538	0.22
デンマーク	1,634	1,035	1,048	−14	600	−4	17	998	2,645	1.67
フィンランド	389	224	229	−4	165	5	9	915	1,317	1.09
フランス	4,198	2,596	2,920	−325	1,602	−39	−	12,168	16,327	1.24
ドイツ	4,990	2,853	2,858	−5	2,136	−663	808	737	5,872	0.32
ギリシャ	202	83	81	1	119	−	−	−	202	0.17
アイルランド	287	184	184	−	102	−	101	347	735	0.85
イタリア	1,627	442	546	−104	1,185	55	32	−1,903	−189	−0.02
日本	9,847	7,458	4,742	2,716	2,389	−854	235	5,380	14,608	0.35
ルクセンブルグ	141	106	106	−	35	−	5	−	146	0.85
オランダ	3,172	2,224	2,392	−167	948	42	240	−6,886	−3,432	−0.89
ニュージーランド	112	85	85	−	27	−	11	16	139	0.32
ノルウェー	1,346	940	938	2	406	−	210	−71	1,485	0.91
ポルトガル	268	183	166	18	85	−1	5	1,503	1,775	1.66
スペイン	1,737	1,150	966	184	588	146	−	9,640	11,523	2.01
スウェーデン	1,666	1,205	1,185	20	461	1	16	1,394	3,077	1.49
スイス	908	644	643	1	263	6	180	−1,252	−158	−0.06
イギリス	4,579	2,622	2,643	−21	1,957	23	327	4,669	9,597	0.67
アメリカ	11,429	8,284	8,954	−670	3,145	755	4,569	21,864	38,618	0.38

　DAC全体で総資産フローは約1,082億ドルであり、そのうちODAは523億ドルと約半分を占めている。また、ODAのうち多国間のものは173億ドルであり、主として国連関連機関（30％）、EC（28.5％）、世界銀行（22.7％）さらにアジア開発銀行などの地域開発銀行（8.5％）に配分されている。また、援助国別にかなりの差異はあるが、DAC全体の経済規模（粗国民所得：GNI）に占める総金融資産フローの割合は0.46％であり、ODAについては約0.22％である。

NGO などの民間組織による海外援助の全体に占める割合は、およそ6.7％と大きくはない。

標準的な開発経済モデルでは、海外援助はもちろんその利用についてのミスアロケーションが負の効果をもつ場合が現実に生起しているとはいえ、資源－生産フロンティアを増大させるために被援助国における投資－消費の選択肢を広げて厚生水準を増大させ、のみならず特定プロジェクトの推進や生産技術や人的資本の開拓など多面的なプラスの影響を及ぼすことが期待される。被援助国における ODA の規模については、図5－1が参考になる。図5－1は、2000年における被援助国の1人当たり GNI と ODA の GNI に占める構成比の関係を表したものである[3]。

図5－1から、おおむね1人当たり所得の増大と共に ODA の GNI に占める割合（ODA 比率）が急減すること、所得水準が1,000US ドルを下回る低所得国では偏差は大きいものの ODA 比率は5～25％程度と高いこと、さらに低所得開発途上国になるほど、ODA をはじめとする海外貯蓄による資金フローが重要な役割を演じることが理解できる。

こうした援助がどのような用途に利用されているかに関連して、OECD は2国間援助についての目的別支出を公表している。それによれば、DAC 全体で主に、社会行政インフラに32.1％、経済的インフラに15.7％、農業、工業生産などへの援助にそれぞれ5.9％、2.0％、さらに商品およびプログラム援助に7.0％、緊急援助に7.4％が支出されている（2000～2001年平均）。

環境分野に関する支出をここから推察することは困難であるが、わが国のケースについては、ODA 白書を用いた環境省の環境統計集（平成15年版）から推計することができる。それによれば、2000年度については ODA 全体の環境分野への支出実績は31.8％ということである。したがって、表5－2のドルベースで見た場合、約31億ドルが環境関連 ODA ということになる。

環境関連の ODA の構成比をそのまま適用することはできないが、少なくともわが国に限定して考えれば、1990年代前半の構成比が7％ないし10％台であったことからすれば全体としては漸増傾向が見受けられると言える。その内容も、居住環境などアメニティ関連（23.4％）、森林保全（3.8％）、公害対策（13.9％）、ならびに防災（9.6％）と多岐にわたっている（同2000年度）。

図5−1　1人当たり GNI と ODA 比率の関係

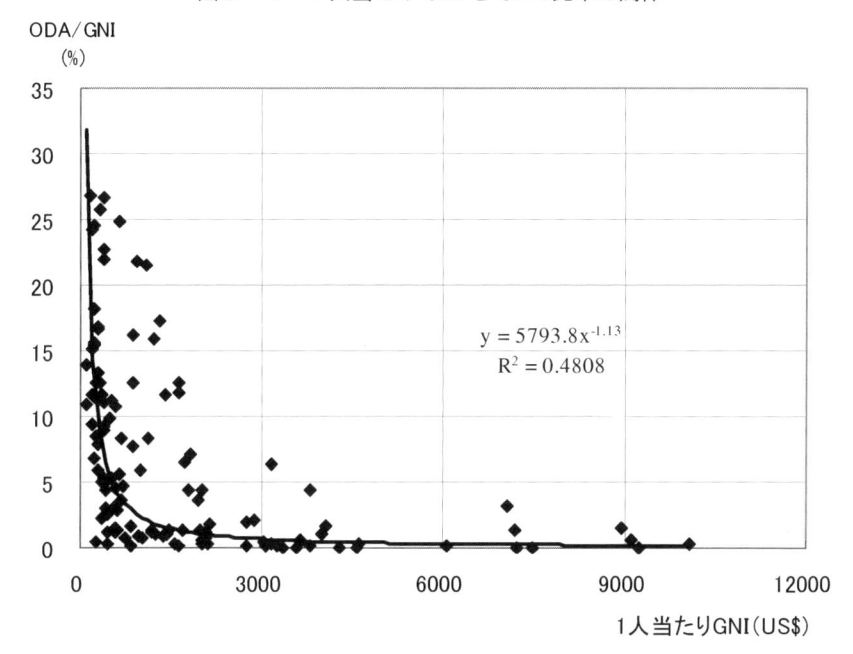

ODA/GNI (%)

$y = 5793.8x^{-1.13}$
$R^2 = 0.4808$

1人当たりGNI(US$)

　以上、概観したように、被援助国はその所得が低いほどより高い割合での海外援助を受けており、一定の割合をその環境保全のために活用していると考えられる。被援助国は、国内での貯蓄不足を補う形で海外援助（貯蓄）を受けとるわけであるが、そうした資源の再配分によって、被援助国では生産拡大のための投資のみならず環境を保全するための支出を増やすことができる。問題は、被援助国が、どれくらい、またどのように環境保全支出を管理・運営すればよいかということである。本章の課題は、まさに開発途上国における環境と開発（成長）の選択問題をどのように考えればよいかを検討することにある。

　これまで、経済成長と環境保全の関連性については多くの研究が行われてきた（例えば、非再生資源を中心に分析を行っている Kageson（1998）などは代表的な文献であろう）。しかし、経済成長と環境保全の両立は依然として未

---

(3) ここでは、先述の OECD データの table25 に挙げられた世界銀行アトラスに基づく国・地域のうちデータがないもの、あるいは所得が1万ドルを超えているものなどを除いている。

解決の問題である。本章では、一つの動学的最適化モデルを提示し、開発途上国が直接的に先進国から、あるいは間接的に国際機関を通じて財政的、技術的援助を受けている状況下で開発途上国における経済成長と環境保全の関連性を分析する。

本章で定式化するモデルは、例えば、Huang and Cai (1994)、Rauscher (1994) ならびに Wirl (1999-a) など多くの論文で展開された動学モデルを修正発展させたモデルである。第一に、海外援助がどのように環境保全に資するか、あるいは経済成長と環境の間にトレードオフがある場合に、如何なるポリシーミックスが有効であるかを検討する。第二に、動学システムの安定性について吟味する。二つの状態変数を伴う当該モデルにおいて安定性を判別するために、Dockner (1985) によって示された技術的手法を援用する[4]。

本章の構成は次のようである。第2節では、自然環境の再生関数をもつ基本的なモデルの枠組みを与える。第3節では、開発途上国での最適環境政策を与え、そのための必要条件を検討する。長期均衡を定義した後、第4節では、政策変数の変化が、均衡の環境水準ならびに自然環境を保全するための自発的貢献策に及ぼす影響を検討する。第5節では、動学的システムの安定性を吟味し、安定性と政策手段の関係を分析する。最後に、第6節で本章の梗概ならびに今後の議論の展開方向を示唆する。

5.2　開発途上国の基本モデル

分析の目的を明確なものにするために、海外から財政的、技術的援助を受けている開発途上国に分析を集中しよう[5]。開発途上国では、経済成長を促したり環境保全を推進するための十分な財政力をもっていないために、通常、ある特定の先進国から、あるいは世界銀行や国際連合を軸に運営されている「地球環境ファシリティ (Global Environmental Facilities：GEF)」やその他の国際機関から資金援助を受けている。もちろん、環境保全のための施設建設の支出効果を経済成長への効果と区別することは一般に困難である。たとえ熱帯雨林

を再生させる計画であっても、植林によって将来より高い林業収入を生み出すことができる。しかし、これと逆の論理が常に正しいとは限らない。

　実際、発展途上国において遂行されている経済成長を企図する幾多のプロジェクトが、しばしば悲惨な自然環境の悪化へとつながる事例は数多く見受けられる。こうした点から見て、開発途上国では社会計画者は海外援助による資金を環境保全事業に対しても適切な量配分させるような配慮が必要となる。

　ここでは、「AK タイプ」と呼ばれる次のような単純な生産関数を想定しよう。
（5－1）　$Y = AK$,
ここで、Y、A および K は、それぞれ生産量、一定の資本生産性および資本ストックを表している。市場の需給均衡条件は、
（5－2）　$Y = \dot{K}_1 + C + \delta K + Z_1$,
で与えられる。（5－2）の右辺は、それぞれ実質の国内投資（$\dot{K}_1$）、消費（C）、資本減耗（δK、ここで δ は正の減価償却率である）および政府の自然環境保全支出（Z_1）を表している。ただし、簡単化のために政府の他の支出は無視している。また、人口は一定であると仮定しており、そのためすべてのマクロ変数は人口一人当たりの変数であると解釈することもできる。

　海外援助（F）については国際組織や先進国の政府が計画し、開発途上国の経済規模を基礎に援助額を決定するものと仮定しよう。ここから、
（5－3）　$F = \beta Y$、
を得る。ただし、β は当該開発途上国の所得当たりの海外援助率を示しており、援助国や援助団体によって規定されるべき政策変数である。以上の諸式に加えて、
（5－4）　$F = \dot{K}_2 + Z_2$,
（5－5）　$\dot{K}_2 = (1 - \gamma)F, Z_2 + \gamma F.$
を考えよう。（5－4）および（5－5）は、海外援助が二つの用途で活用さ

---

(4) Wirl（1999-a、1999-b）は、動学システムに対して Dockner の方法を利用した好例である。
(5) 本章では、諸国間の国際貿易には言及していない（これに関しては、Rauscher [1994] を参照）。ここでのモデルは対外投資を陽表的に含んではいないし、その諸国間でのスピルオーバー効果も考慮していない。しかし、モデルがオープンシステムとなっているために、これを取り入れることは比較的容易である（こうした点については、例えば Ploeg and Lighthart [1994] を参照）。

れることを意味している。すなわち、被援助国の新たな資本形成分として海外からの援助総額の $1-\gamma$ %が、さらにその残り（Z_2）が非援助国の自然環境保全のために利用されることを示している。(5-1)、(5-2)、(5-3)および(5-5)を用いれば、発展途上国の総資本蓄積の変化分は、

$$(5-6) \quad \dot{K} = \dot{K}_1 + \dot{K}_2 = \left[\{1+\beta(1-\gamma)\}A - \delta\right]K - C - Z_1$$

で与えられることが分かる。さらに、簡単な計算から、環境保全のための総支出額が

$$(5-7) \quad Z = Z_1 + Z_2 = Z_1 + \gamma\beta AK = \kappa AK + \gamma\beta AK = (\kappa + \gamma\beta)AK,$$

で与えられることが分かる。ここで $\kappa\ (=Z_1/Y)$ は、生産に対する国内の環境保全支出の割合を示しており、いわば経済活動ベースで見た当該開発途上国の自発的環境支出のインデックスを意味している。

モデル経済において、開発途上国の社会プランナーは環境破壊を伴わない経済成長を模索していると考えている。この目的実現のために、社会プランナーは環境保全のための海外援助を含む幾つかの政策変数をコントロールする必要がある。追加的な単位の環境保全支出は、事実上、環境保全のために一定の効果をもつので、そうした費用対効果の関数を考慮し、それを

$$(5-8) \quad G = G(Z/K) = G((\kappa+\gamma\beta)A),\ G'>0,\ G''<0,$$

で表そう。ただし G は、自然環境ストックで測った、環境技術改善などへの投資を通じた環境保全支出の有効性を示す指標である。他方、もしも政府が十分な環境保全支出を怠ったとすれば自然環境は悪化するであろうから、環境保全支出の減額と自然環境保全の水準との間には、

$$(5-9) \quad D = D(\alpha Z/K),\ D'<0,\ D''>0$$

なる関係を仮定できる。ここで、D は損失制御の指標を意味する。つまり(5-9)は、資本ストックで測った総環境保全支出の規模がより大きくなれば、損失制御がより効率的になることを示している。

(5-8)と(5-9)から、開発途上国の自然環境ストック N の変化は、

$$(5-10) \quad \dot{N} = H(N) - D(\alpha Z/K)N + G(Z/K)N$$
$$= H(N) - \left[D(\alpha(\kappa+\gamma\beta)A) - G((\kappa+\gamma\beta)A)\right]N.$$

で定式化される。(5-10)の最後の式の右辺第1項 $H(N)$ は自然環境それ自身の再生関数であり、第2項は、開発途上国の経済活動を通じて生じる環境水

図5-1 モデル経済の全体像

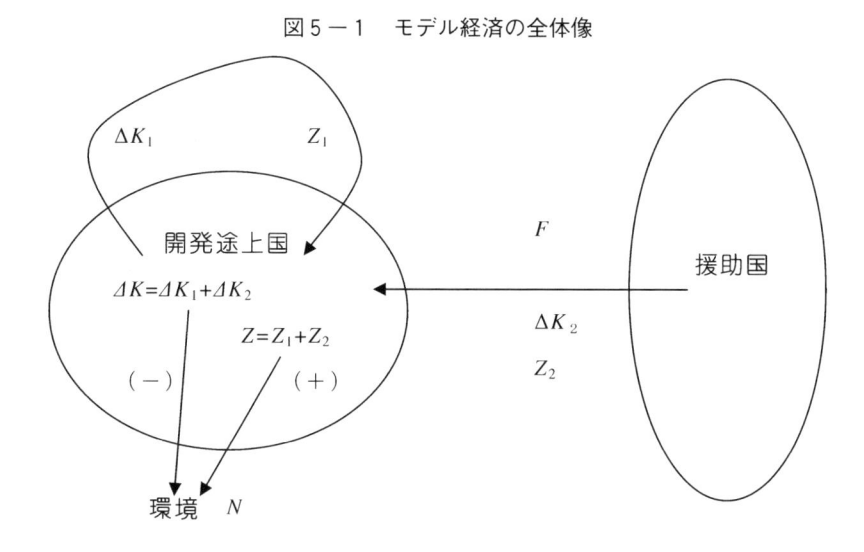

```
     ΔK₁      Z₁
      ╲      ╱
   ┌─────────────┐         ┌─────────┐
   │  開発途上国  │ ← F ──  │  援助国  │
   │ ΔK=ΔK₁+ΔK₂  │         └─────────┘
   │  Z=Z₁+Z₂    │   ΔK₂
   │ (−)   (+)   │   Z₂
   └──┬─────┬────┘
      ↓     ↓
     環境 N
```

準への純損失効果を表している[6]。これに関連して、開発途上国に関わらず、一般に経済活動の過程では結果的に自然環境に及ぼす純損失は正となると考えられることから、常に $D-G$ は正の値をとると仮定しよう[7]。

視覚的な理解を助けるために**図5−1**を参照されたい。ここで想定している経済的枠組みは、まず援助国が海外援助を支出し、被援助国は海外援助のうち一定割合を自然環境保全のために支出する。残りは国内資本蓄積に供せられ、自国内の資本蓄積と合算して総資本蓄積量が決まる。それによって国内生産水準が決まるが、その所得の一定割合を自発的な環境保全のために支出するので、海外援助による環境保全支出と合算した額が被援助国の自然環境保全の総支出をなす。このように、相互関連を示す環境保全と経済成長の関連性を分析する枠組みが構成される。

---

[6] 自然ストックの再生関数については、ロジスティックタイプの二次関数で示される関数、$H(N)=N(N_{max}-N)$ で示されることが多い。このとき、$h(N)=H(N)/N$ とすれば、明らかに $H''=-2<0$、かつ $h'(N)=-1<0$ が成り立つ。以降の分析では、このタイプの再生関数を仮定する。

[7] この点については、次のような点を追加的に仮定する必要がある。$D'<0$ かつ $G'>0$ であることから、$D-G$ が負となるある水準の $(Z/K)_{max}$ が存在する。ここでは、$(Z/K)_{max}$ は十分大きいと考えて $D-G$ が常に正となるケースのみを考える。

5.3 開発途上国の最適環境政策

　最適計画のあり様は、その社会プランナー（あるいは、そこに意図を投影させる人々の総意）が如何なる政策目標をもっているかに依存していることは明白である。ここでは、伝統的な最適成長モデル同様に、社会プランナーにとって最適化すべき厚生関数が存在することを仮定しよう。さらに、その社会厚生関数を以下のような準線形の関数で与えられると想定しよう。
（5－11）　　$U = \log C + \eta N.$
（5－11）は、当該開発途上国において、その社会厚生が、一人当たり消費額ならびに自然環境水準に対して正の相関をもつことを意味している。この国の人々は、自然環境の重要度に対して η のウエイトを置いている。自然資源をより多く利用することはより多くの消費財の生産をもたらし、その限りで経済的厚生を増大させるであろう。しかし他方で、自然資源の搾取（自然資源ストックの量的、質的減価）によって将来の社会厚生全体にとってネガティブな効果を及ぼすであろう。

　当該開発途上国の社会プランナーの最適計画問題は、ここでは次のように定式化できる。すなわち、

（5－12）　　$\max\{C,\kappa\} \to \int_0^\infty U(C,N) e^{-\rho t} dt$
　　　　　　subject to $(5-6), (5-10)$
　　　　　　$K(0) = K_0$ and $N(0) = N_0,\quad 0 < \kappa < 1,$

である。ここで、ρ は正の社会的割引率である。最適化計画は、C および κ のコントロールに関する異時点間の最大化問題に帰着する[8]。経常値ハミルトニアン **H** は

（5－13）　　$\mathbf{H} = [\log C + \eta N] + \lambda \left[\left\{ 1 + \beta(1-\gamma) - \kappa \right\} A - \delta \right] K - C \right]$
　　　　　　$+ \phi \left[H(N) - \left\{ D(\alpha(\kappa + \gamma\beta)A) - G((\kappa + \gamma\beta)A) \right\} N \right]$

である。ただし、随伴変数 λ および ϕ は、それぞれ人工資本ストックならびに自然環境ストックのシャドウプライスである。

　最適化の必要条件は

（5－14）　　$\partial \mathbf{H} / \partial C = (1/C) - \lambda = 0,\ \partial^2 \mathbf{H} / \partial C^2 = -1/C^2 < 0,$

(5-15)　$\partial H/\partial \kappa = -\lambda AK + \phi[G' - \alpha D']AN = 0,\ \partial^2 H/\partial \kappa^2 = \phi[G'' - \alpha D'']A^2 N < 0.$

で与えられる。資本と自然環境ストックの変化は、

(5-16)　$\dot{\lambda} = -\partial H/\partial K + \rho\lambda = \lambda\bigl[\rho - \{1 + \beta(1-\gamma) - \kappa\}A + \delta\bigr],$

(5-17)　$\dot{\phi} = -\partial H/\partial N + \rho\phi = \phi[\rho - H'(N) + (D-G)] - \eta,$

の二つの微分方程式に従う。K と N に関する横断性条件は

(5-18)　$\lim_{t\to\infty}\lambda(t)\exp(-\rho t) = 0,$

(5-19)　$\lim_{t\to\infty}\phi(t)\exp(-\rho t) = 0,$

で与えられる。また、(5-18) および (5-19) について拡張された横断性条件は

(5-20)　$\hat{\lambda} < \rho,\ and\ \hat{\phi} < \rho,$

となる。

(5-14) は、人工資本の追加的利用にかかる限界費用が消費の増加によって生み出される限界便益に等しいことを意味している。また、言うまでもなく、(5-15) は自然環境ストックの最適性の条件を示しており、環境保全のために向けられる資金によって減じられる資本投資の減少による限界的な所得損失が自然環境保全の社会的限界価値に等しくなければならないことを意味している。

5.4　均衡とその性質

(5-14) の辺々に対数をとり時間で微分し (5-16) を考慮すれば、消費の動学的調整経路を規定する、以下のケインズ・ラムゼールール（Keynes-Ramsey rule）を得る。すなわち、

---

(8)　コントロール変数の選択それ自体は、開発途上国の社会計画者に委ねられている。社会的最適のために他の変数が選ばれる場合を想定することは容易である。例えば、政策変数の組 $\{C, \gamma\}$ もまたコントロール変数の候補者になり得るであろう。しかるに、この場合について言えば、体系の最適化のための条件が、ここでのケースと同様に (5-14)、(5-15)、(5-16) および (5-17) で与えられることが分かる。

(5-21)　$\hat{C} = \{1 + \beta(1-\gamma) - \kappa\}A - \delta - \rho,$

である。ただし、^（ハット）は、成長率を表す記号である。均衡成長経路はすべての変数が一定率で成長する動学的状態を意味するので、次の諸式が成り立つと考えられる（この点については本章の補論参照）。

(5-22)　$\hat{K} = \hat{Y} = \hat{C} = g,$

(5-23)　$\hat{N} = \hat{\kappa} = 0.$

ここで、g は長期均衡成長率である。

（5-6）から、国内の資本蓄積については、

(5-24)　$\hat{K} = \{1 + \beta(1-\gamma) - \kappa\}A - \delta - (C/K),$

となることが分かる。また（5-21）と（5-24）から、長期均衡条件として

(5-25)　$C/K = \rho,$

が成り立つ。これは、消費＝資本比率の最も単純な形である[9]。均衡成長率 g は、$\kappa = \kappa^*$ が成り立つ場合に実現されるので、

(5-26)　$g = \{1 + \beta(1-\gamma) - \kappa^*\}A - \delta - \rho,$

を得る。自然環境ストックの変化については

(5-27)　$\hat{N} = H(N)/N - \left[D(\alpha(\kappa + \gamma\beta)A) - G((\kappa + \gamma\beta)A) \right]$
　　　　　$= h(N) - \left[D(\alpha(\kappa + \gamma\beta)A) - G((\kappa + \gamma\beta)A) \right],$

の形の微分方程式を得るが、均衡時には右辺＝0 となる。（5-27）の右辺から長期均衡においては、自然環境のストック水準は、人類の経済活動を通じての自然環境の悪化がちょうど自然環境のもつ再生能力によって相殺される水準に一致し、そのため自然環境の量的、質的水準がある一定水準に保たれることが分かる。

当該の開発途上国による国内の環境保全政策の最適管理については、

(5-28)　$\varepsilon(G' - \alpha D'; \kappa)\hat{\kappa} = -\hat{C} + \hat{K} - \hat{\phi} - \hat{N},$

を得る。ただし、$\varepsilon (= d(G' - \alpha D')\kappa/(G' - \alpha D')d\kappa < 0)$ であり、κ の自然環境改善に関する弾力性を示している。（5-15）、（5-23）および（5-25）によって与えられる長期均衡条件を考慮した場合、

(5-29)　$\hat{\phi} = [\rho - H'(N) + (D - G)] - (G' - \alpha D')N\eta C/K$
　　　　　$= [\rho - H'(N) + (D - G)] - (G' - \alpha D')N\eta\rho = 0,$

を得る[10]。（5-27）もしくは（5-29）を全微分することで $dN/d\kappa > 0$ を得る、

このことは、環境保全に向けた自発的な支出政策と自然環境のストック水準には正の相関関係があることを意味する。

長期均衡 (N^*, κ^*) は（5 −27）と（5 −29）を連立させることで得られる。ここで分析の対象としている政策体系は、コントロール変数として C と κ と二つの変数をもっているが、一時的、一回限りの救済策として他の幾つかの政策手段を体系内で講じることは可能である。ここで、所与の体系に関する比較静学については、γ、β ならびに η などの主要な政策パラメータの変化に限定して、それらの長期均衡へ及ぼす影響を考察しよう。

まず、γ の引き上げは、当該開発途上国の社会プランナーが海外援助資金を国内の自然環境保全に向けてより多く振り分けることを意味している。連立方程式（5 −27）と（5 −29）から γ の変化の N^* や κ^* への効果は、

(5 −30)　$dN^*/d\gamma = 0$,

(5 −31)　$d\kappa^*/d\gamma = -\beta < 0$,

となることが分かる。また、その長期経済成長率へ及ぼす影響は、

(5 −32)　$dg/d\gamma = 0$,

である。（5 −30）、（5 −31）および（5 −32）から、当該開発途上国の政府による最適管理政策のもとで自然環境保全へ向けた自発的支出割り当ての変更は、結果として長期の経済成長に影響しないことが分かる。長期均衡では、γ が低下する場合でも社会プランナーは自然環境悪化を阻止することができる。その理由は、国内の投資増大による自発的な自然環境保全資金の増大効果が、海外援助からの分配分の減少を相殺するからである。社会プランナーが最適化

---

(9)　この点に関しては、例えば Hettich (2000) の第 3 章参照。本章のモデルでは、現在と将来の消費に関する異時点間弾力性が 1 であることから、技術も資本減耗も、共に消費＝資本比率には影響しない。

(10)　(5 −29) において、D および G に関する仮定ならびに (5 −28) を考慮すれば $\rho > H'(N)$ となることが分かる。なぜならば、$\rho - H'(N) = \dfrac{(G' - \alpha D')N\eta\rho}{D - G} > 0$ が成り立つからである。Wirl (1999-a) が指摘しているように、制御されるべき動学的最適体系の安定性にとって H' の符号は重要な意味をもつ（彼の命題 1 を参照）。彼の用語を用いれば、ここでのケースは class B および class C に対応している。後に示すように、ここでの体系の安定条件については、η が所与の場合、(5 −55) の ϕ を通じて H' の符号を定めることができる。

計画に従う限り、γ の変化は長期均衡には影響しないのである。

一方、海外援助比率（海外援助の国内所得に対する比率）β の変化については、

(5-33)　　$dN^*/d\beta = 0$,

(5-34)　　$d\kappa^*/d\beta = -\gamma < 0$,

であり、さらに

(5-35)　　$dg/d\beta = 1-\gamma - d\kappa/d\beta = 1 > 0$,

である。(5-33) は、ちょうど γ の変化と同じように、β の変化が自然環境の均衡ストックに影響しないことを意味している。しかるに (5-34) は、所与の γ に対して β の上昇が自然環境保全のための自発的支出の減少をもたらすことを示す。これは、β が引き上げられることで、たとえ自然環境ストックの水準が減じられても社会プランナーが自然環境保全に対してファイナンスする余裕が生じるからである。他方、γ のケースとは対照的に β の上昇は長期均衡成長率を上昇させる。

ところで、パラメータ η の変化は、当該開発途上国での人工財と自然環境の選好パターンの変化を反映している。η の上昇は、明らかに人々の自然環境の重要性を認識しより環境志向的となることを意味している。近年の地球環境保全へ向けた様々な活動は、地球環境を保全するための国際的取り決めや国連環境計画（UNEP）などの国際的組織によって供せられる環境教育プログラムなど、数多くのチャネルを通じて η の上昇へと導くに違いない。もちろん、当該被援助国においても、様々な海外援助計画に含まれる数々のプログラムを通じて人々の環境に関する行動や意識のパターンを変化させると考えられる。初期には、一般的に開発途上国での環境配慮レベルは低いと思われるので η は十分小さいと想定できる。このとき、

(5-36)　　$dN^*/d\eta > 0$,

(5-37)　　$d\kappa^*/d\eta > 0$,

を得る[11]。(5-36) および (5-37) から、η の上昇が国内の自発的な環境保全支出の増大をもたらすこと、さらに自然環境ストックの水準を高めることに役立つことは容易に分かる。しかしながら、こうした人々の環境への志向変化によって、長期均衡成長率は低下を余儀なくされることが分かる。すなわち、η の g への影響については、

(5−38)　$dg/d\eta < 0$.

となる。開発途上国の社会プランナーは、通常、経済成長率の低下を避けたいと考えるであろうから、より大きな η を受け止めようとはしないかも知れない。(5−38) は、開発途上国における、経済成長と自然環境保全の間のトレードオフを表している。自然環境の質を改善し自然環境資源のストック水準を一定に保つためには、人々はその選好パターンをより環境意識を高めるように自発的に変更する必要がある。しかしながら、このような志向の変化は経済成長率を引き下げる効果を伴う結果となる。このことから、次の点が主張できるであろう。海外援助国は、開発途上国の人々がより環境志向的になる（η が上昇する）場合には、β の適切な調整（引き上げ）を図らねばならない。すなわち、開発途上国の人々が政策目標を環境保全に向けるとき、より多く海外援助を行うことが正当化される。

5.5　体系の動学的性質

　本節では、二つの状態変数 K, N と二つの随伴変数 λ と ϕ をもつ体系として構成された当該開発途上国の動学的最適化システムの安定性を吟味しよう。(5−14) と (5−15) を考慮すれば、簡単な計算によって

(5−39)　$C = \dfrac{1}{\lambda}$,

ならびに

(5−40)　$\kappa = \kappa(K, N, \lambda, \phi; \gamma, \beta)$,

---

(11) 比較静学分析によって、dN と $d\eta$ に関する次の連立方程式が得られる。すなわち、

$$\begin{bmatrix} h' & -(\alpha D' - G')A \\ -H'' - (G' - \alpha D')\eta\rho & (\alpha D' - G')A - (G'' - \alpha^2 D'')AN\eta\rho \end{bmatrix} \begin{bmatrix} dN \\ d\kappa \end{bmatrix} = \begin{bmatrix} 0 \\ (G' - \alpha D')N\rho \end{bmatrix} d\eta.$$

これより、もし $\eta = 0$ ならば、$dN/d\eta = (G' - \alpha D')N\rho/(h' - H'')$ かつ $d\kappa/d\eta = -h'N\rho/(h' - H'')A$ を得る。すでに自然環境の再生関数の形状について言及したように、$H'' < h' < 0$ を仮定することは合理的である。したがって、十分小さい η に対して、$dN/d\eta > 0$ かつ $d\kappa/d\eta > 0$ が成り立つことが分かる。

を得る。(5-40) では、自発的環境支出の指標である κ が、四つの内生変数 K, N, λ および ϕ と、二つの政策変数 γ と β の誘導系として表されていることに注意しよう。(5-40) の右辺の各変数に関する偏導関数は、それぞれ以下のようになる。

(5-41) $\quad \dfrac{\partial \kappa}{\partial K} \equiv \kappa_K = \dfrac{\lambda}{A\phi N(G'' - \alpha^2 D'')} < 0,$

(5-42) $\quad \dfrac{\partial \kappa}{\partial N} \equiv \kappa_N = \dfrac{-(G' - \alpha D')}{AN(G'' - \alpha^2 D'')} > 0,$

(5-43) $\quad \dfrac{\partial \kappa}{\partial \lambda} \equiv \kappa_\lambda = \dfrac{K}{A\phi N(G'' - \alpha^2 D'')} < 0,$

(5-44) $\quad \dfrac{\partial \kappa}{\partial \phi} \equiv \kappa_\phi = \dfrac{-(G' - \alpha D')}{A\phi(G'' - \alpha^2 D'')} > 0,$

(5-45) $\quad \dfrac{\partial \kappa}{\partial \gamma} \equiv \kappa_\gamma = -\beta < 0,$

(5-46) $\quad \dfrac{\partial \kappa}{\partial \beta} \equiv \kappa_\beta = -\gamma < 0.$

これらを考慮すれば、本章での最適解の体系は以下のようなシステム S に集約できる。つまり、ここでの体系は

$$S \begin{cases} \dot{K} = \left[\{1 + \beta(1-\gamma) - \kappa\}A - \delta\right]K - \dfrac{1}{\lambda} \equiv \Omega_1 \\ \dot{N} = H(N) - \left[D(\alpha(\kappa + \gamma\beta)A) - G((\kappa + \gamma\beta)A)\right]N \equiv \Omega_2 \\ \dot{\lambda} = \lambda\left[\rho - \{1 + \beta(1-\gamma) - \kappa\}A - \delta\right] \equiv \Omega_3 \\ \dot{\phi} = \phi\left[\rho - H'(N) + \{D(\alpha(\kappa + \gamma\beta)A) - G((\kappa + \gamma\beta)A)\}\right] - \eta \equiv \Omega_4 \end{cases}$$

の四つの微分方程式体系によって構成されている。

(5-16)、(5-22)、(5-23) ならびに (5-29) を考慮すれば、長期均衡では、

(5-47) $\quad \begin{aligned} \hat{K} &= -\hat{\lambda} = g \\ \dot{N} &= \dot{\phi} = 0 \end{aligned}$

が成立することが分かる。これらの条件は、体系 S の定常状態を特徴づけている。安定性を吟味するために、局所的安定性の分析によって定常状態の周り

で線形化された体系を考察しよう。定常状態で評価したシステム S のヤコービ行列 J をとると

$$(5-48)\quad J = \begin{bmatrix} \Omega_{1K}-g & \Omega_{1N} & \Omega_{1\lambda} & \Omega_{1\phi} \\ \Omega_{2K} & \Omega_{2N} & \Omega_{2\lambda} & \Omega_{2\phi} \\ \Omega_{3K} & \Omega_{3N} & \Omega_{3\lambda}+g & \Omega_{3\phi} \\ \Omega_{4K} & \Omega_{4N} & \Omega_{4\lambda} & \Omega_{4\phi} \end{bmatrix}$$

$$= \begin{bmatrix} \rho-AK\kappa_K & -AK\kappa_N & -AK\kappa_\lambda+1/\lambda^2 & -AK\kappa_\phi \\ -(\alpha D'-G')AN\kappa_K & H'-(D-G)-(\alpha D'-G')AN\kappa_N & -(\alpha D'-G')AN\kappa_\lambda & -(\alpha D'-G')AN\kappa_\phi \\ A\lambda\kappa_K & A\lambda\kappa_N & A\lambda\kappa_\lambda & A\lambda\kappa_\phi \\ A\phi(\alpha D'-G')\kappa_K & \phi[-H'+(\alpha D'-G')A\kappa_N] & A\phi(\alpha D'-G')\kappa_\lambda & \rho-H'+(D-G)+A\phi(\alpha D'-G')\kappa_\phi \end{bmatrix}$$

となる。ヤコービ行列 J の特性根は、次の特性方程式

$$(5-49)\quad |J-pI|=0$$

を解くことによって求めることができる。ただし、(5-49)において I は4行4列の単位行列であり、p は J の固有値を表している。したがって、(5-49)の固有値は次の4次方程式

$$(5-50)\quad p^4-(tr\,J)p^3+(\Lambda+\rho^2)p^2-\Psi p+\det J=0$$

の根である。ただし、Λ および Ψ は、それぞれ J に関する2次および3次の首座小行列式である。(5-50)を解けば、四つの固有値 p_i (i=1, 2, 3, 4) が求められる。

ここでは、解の符号を定めるために Dockner (1985) によって展開された方法を援用しよう。Dockner は、4次の状態、随伴変数をもつ線形化された動学システムの安定性を調べる簡便な方法を与えている。Dockner の方法に従えば、J に関連する以下の諸式を得る。

$$(5-51)\quad tr\,J = \sum_{i=1}^{4} p_i = 2\rho > 0,$$

および

$$(5-52)\quad \det J = \prod_{i=1}^{4} p_i,$$

である。ただし、$tr\,J$ および $\det J$ は、各々、ヤコービ行列のトレースおよび行列式を表す。このうち、$\det J$ は陽表的な形で解けて、

$$(5-53) \quad \det J = A\lambda\left(\rho - \frac{\eta}{\phi}\right)\frac{\eta}{\phi}\left[\rho K - \frac{1}{\lambda}\right] / \left\{A\phi N(G'' - \alpha^2 D'')\right\},$$

となる。システム S の定常状態においては、(5-25) および (5-39) から $\rho K = C = 1/\lambda$ が成り立つので、$\det J$ はゼロになること（すなわち、体系は退化する）ことが分かる。

他方、特性方程式 (5-50) のうち、Λ については

$$(5-54) \quad \Lambda = \begin{vmatrix} \Omega_{1K} - g & \Omega_{1\lambda} \\ \Omega_{3K} & \Omega_{3\lambda} + g \end{vmatrix} + \begin{vmatrix} \Omega_{2N} & \Omega_{2\phi} \\ \Omega_{4N} & \Omega_{4\phi} \end{vmatrix} + 2\begin{vmatrix} \Omega_{1N} & \Omega_{1\phi} \\ \Omega_{3N} & \Omega_{3\phi} \end{vmatrix}$$

となるので、(5-48) と (5-54) を考慮すれば Λ はパラメータ η の2次方程式として陽表的な形で表すことができる。すなわち、

$$(5-55) \quad \Lambda = \Lambda(\eta/\phi) = -\left(\frac{\eta}{\phi}\right)^2 + (\rho + 2\theta_1)\left(\frac{\eta}{\phi}\right) - \theta_1\theta_2,$$

である。ただし、(5-55) の右辺のうち、

$$(5-56) \quad \theta_1 = (\alpha D' - G')^2 / (\alpha D'' - G'') > 0,$$

および

$$(5-57) \quad \theta_2 = \rho - H''N > 0,$$

である。(5-55) については、さらに $\Lambda(0) = -\theta_1\theta_2 < 0$, $\Lambda(\theta_1 + \rho/2) = \Lambda_{\max}$ が成り立つことに注意しよう。

Dockner (1985) は、またシステムの固有値の算出に関して簡便な公式を与えており、それを利用すれば、

$$(5-58) \quad {}^4_3p_1^2 = \frac{\rho}{2} \pm \sqrt{\left(\frac{\rho}{2}\right)^2 - \frac{\Lambda}{2} \pm \frac{1}{2}\sqrt{\Lambda^2 - 4\det J}},$$

を得る。固有値を求めるために、(5-58) において $\det J = 0$ を考慮すれば、

$(5-59) \quad p_1 = 0,$

$(5-60) \quad p_2 = \rho > 0,$

$$(5-61) \quad p_3 = \frac{\rho + \sqrt{\rho^2 - 4\Lambda}}{2},$$

$$(5-62) \quad p_4 = \frac{\rho - \sqrt{\rho^2 - 4\Lambda}}{2},$$

を得る。したがって $p_2 > 0$ であるから、体系 S が完全に安定的でないことは明

らかである[12]。四つの固有値のうち p_3 と p_4 に着目しよう。（5 −55）、（5 −61）および（5 −62）から次の命題（ⅰ）および（ⅱ）を主張できる。すなわち、

(ⅰ) $\rho^2/4 > \Lambda$ の場合には、p_3 および p_4 は複素根ではない。反対に、$\rho^2/4 < \Lambda$ であれば p_3 と p_4 は共に虚部をもつ。
(ⅱ) 次の5つのケースのうちいずれかが成り立つ。
  （ケース1）$\Lambda < 0 \Rightarrow p_3 > 0, p_4 < 0$
  （ケース2）$0 = \Lambda \Rightarrow p_3 = \rho > 0, p_4 = 0$
  （ケース3）$0 < \Lambda < \rho^2/4 \Rightarrow p_3 > 0, p_4 > 0$
  （ケース4）$\rho^2/4 = \Lambda \Rightarrow p_3 = p_4 = \rho/2 > 0$
  （ケース5）$\rho^2/4 < \Lambda \Rightarrow p_3 = \rho + bi, p_4 = \rho - bi$（ただし、$bi$ は虚部を示す）

これらの命題から、鞍点ケースが存在しないこと、システム S はケース1のように Λ が負の場合においてのみ条件付きで安定になることが分かる。このとき、二つの固有値が正となり、他の固有値が負もしくはゼロとなる。**det J = 0** のときシステム S は退化するけれども、社会プランナーによって追及されるべき最適経路は定常状態への収束が保証される。ケース1を除く他のすべてのケースにおいて、システム S の三つの固有値は正の実部をもち、一つの固有値はゼロである。したがって、システムは完全不安定となるので、これらの場合には社会プランナーは定常状態へ向けてコントロール変数 κ および N を調整することはできない。

以上の議論のように、被援助国である開発途上国において、その社会プランナーがアドミッシブルな経路に沿って変数をコントロールすることができるのは Λ が負である場合に限られる。この Λ の負値性に関する条件を幾分詳しく見るために（5 −55）を検討しよう。（5 −55）の右辺について、Λ と η/ϕ の関係に着目すれば図5 − 2のような関係を見いだすことができる。

図5 − 2は、システム S の安定性が所与の ϕ に対する η の大きさに如何に

---

[12] 安定性に関して、Dockner（1985）は **det J = 0** でかつ $K < 0$ の場合についても言及しており、これは、四つの固有値のうち一つがゼロ、他の二つが正（一つは ρ）で、一つが負の固有値となるケース1に対応している。

依存しているかを示している。条件付き安定性は、η が十分に小さいかあるいは十分に大きい場合に保証されることが分かる。

すでに論じたように、η は人々の環境意識の高さを表すパラメータであった。もしも、開発途上国に居住する人々が自然環境保全の必要性を感じ始めたばかりの状態は、この η は十分小さいであろうと考えられる。このような状況が経済成長の初期の過程で生じているならば、社会プランナーは、動学的最適計画にそった変数の制御によってその目標である（5-11）で規定された社会厚生水準の最大化を図ることができる。この場合には、援助国が開発途上国への海外援助水準を増大させることは意味がある。しかしながら、それが事実でないケースでは、社会プランナーは本章で議論したように最適計画を追及することはできない。当該開発途上国の社会プランナーの最適計画が実行可能であるか否かは、自然環境へ向けた人々の意識が大きく関与していると考えられる。

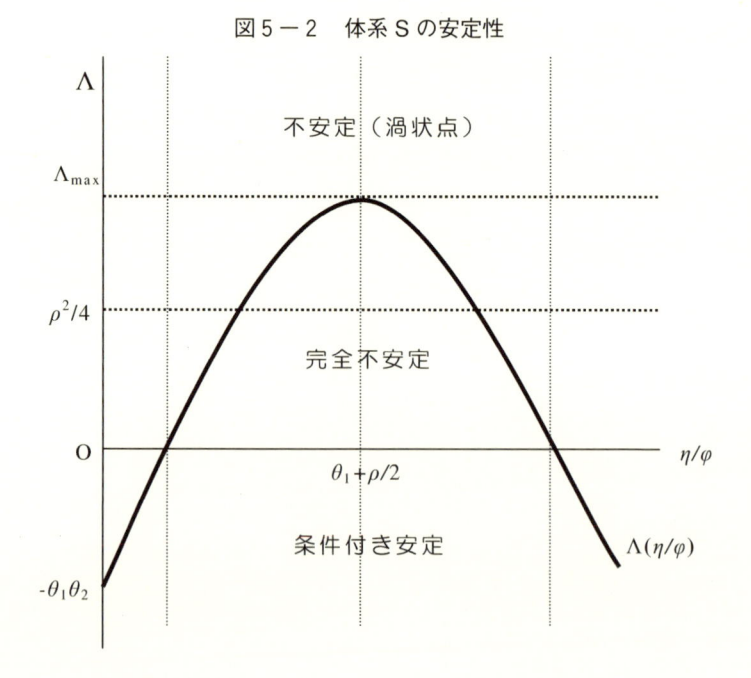

図5-2 体系Sの安定性

不安定（渦状点）

Λ_{max}

$\rho^2/4$

完全不安定

$\theta_1+\rho/2$

η/φ

条件付き安定

$\Lambda(\eta/\varphi)$

$-\theta_1\theta_2$

5.6 おわりに

　本章では、動学的な最適制御問題としての海外援助モデルを構成し、開発途上国における海外援助のあるべき制御のあり方、それを通じての所得成長と環境保全の関連性を検討してきた。ここで考察している海外援助は、被援助国にとってはもとより、援助国側にとってもとりわけ環境保全を通じての地球規模でのコモンプール財の適正な管理・運営に寄与するという意味で双方に便益をもたらすと考えられる。

　従来のように、援助側のマクロ経済効果のみならず環境配慮型の海外援助が望まれるゆえんである。開発途上国における社会計画者は、援助国によって与えられる所与の海外援助の一定割合を（このことは、成長指向型の投資に向かう資金の削減を意味するが）自然環境保全に利用する。それゆえ、社会プランナーはある種の経済成長と環境問題のトレードオフ問題に直面することを余儀なくされる。この問題を動学的に取り扱うために、1人当たり消費水準と自然環境保全への自発的支出割合を制御することが社会プランナーに与えられた課題であると定式化した。

　長期均衡に関しては、自然環境を改善するためにはより環境指向型の開発、そのための人々の環境意識の増大が必要である。このことは、開発途上国における経済成長率を低下させる可能性があるので、援助国は、被援助国における1人当たり所得水準の向上のためにより一層の海外援助を行うべきであることを示唆している。開発途上国における自然環境保全によって地球規模でのコモンプール財の過剰な利用が抑えられ、適正な管理・運営へ向けた協働体制が構築されるためにも、援助国からの援助比率を引き上げることが望まれる。

　現実には、1990年代以降の先進工業国における経済成長の停滞などもあって、DAC 全体の ODA は、1990～1991年平均の548億ドルから2000～2001年平均の530億ドルでほぼ停滞している。他方、被援助国における ODA 比率は低下傾向を示し、被援助国の一人当たり ODA 額は、2000年価格で、1990～1991年の75ドルから2000～2001年の63ドルと実質価値を減少させている。こうした問題は、被援助国のみならず援助国である先進工業国にあっても、依然として環境

保全と経済成長の間のトレードオフ問題が存在することを意味している。

一方、体系の安定性については、社会プランナーによる最適計画の実行可能性や有効性についても、結局のところ、開発途上国の人々が如何に環境配慮志向的であるかに依存していることが示された。しばしば、ODAなどの海外援助は要請主義に基づくべきであるとする主張がある。しかし、被援助国側では、所得向上にのみに主眼が置かれた援助の配分がなされる可能性はある。

特に自然環境は、コモンプール財として地球規模で援助国と被援助国が一体となった管理・運営が必要であるという視点からすれば、国際組織を通じた、あるいは2国間の海外援助であっても共同性が求められているのである。1985年のOECDによるODA実施の環境アセスメントをさらに進め、1990年設立の世界銀行GEF（地球環境ファシリティ）の拡充や国際機関を通じた援助国、被援助国一体となった協力体制を構築することが望まれる。

5．補論

ここでは、動学モデル体系におけるケインズ・ラムゼールール、ハートウィック（Hartwick）ルール、純貯蓄と持続可能性について説明しよう。最適化問題を単純な定式化

(5A-1) $\max \to \int_0^\infty U(C)e^{-\rho t}dt,\ subject\ to\ \dot{S}=-R, \dot{K}=F(K,R)-C-f(R),$

で与えよう。ここで、Sは再生不能資源のストック、Rは再生不能資源の採掘量、Kは人工資本ストック、ならびに$f(R)$を再生不能資源への支出関数としよう。他方、消費Cからの効用$U(C)$については、

(5A-2) $U=U(C), U'>0, U''<0,$

を仮定しよう。政府は、制御変数である資源投入量Rを制御することで、厚生水準を最大化する計画を立てる。経常値ハミルトニアン$\mathbf{H}$は、

(5A-3) $\mathbf{H}=U(C)+\lambda[F(K,R)-C-f(R)]-\mu R,$

で定義される。最適化の必要条件については、静学的条件は、

(5A−4) $\partial H/\partial C = 0 \Rightarrow U_c = \lambda$
　　　　$\partial H/\partial R = 0 \Rightarrow \lambda[F_R - f_R] = \mu$,

であり、動学的条件は

(5A−5) $\dot{\lambda} = \rho\lambda - \partial H/\partial K \Rightarrow \dot{\lambda} = \lambda[\rho - F_K]$
　　　　$\dot{\mu} = \rho\mu - \partial H/\partial S \Rightarrow \dot{\mu} = \rho\mu$,

である。(5A−4)と(5A−5)をあわせて考えると、

(5A−6) $\hat{\lambda} + \{d[F_R - f_R]/dt\}/[F_R - f_R] = \rho$
　　　　$\hat{\lambda} + F_K = \rho$　,

を得る。そして、両式の関係から

(5A−7) $\{d[F_R - f_R]/dt\}/[F_R - f_R] = F_K$,

が得られる。競争均衡では、人工資本の限界生産力 F_K は利子率に等しく、資源の限界生産力 F_R は再生不能資源のレント(価格)に等しい。したがって(5A−7)は、再生不能資源のレントの上昇率((5A−7)の左辺)が利子率に等しいことを示している。これは、再生不能資源に関するホテリング(Hotelling)のルールにほかならない。

　一方、(5A−4)、(5A−5)で示される関係より容易に

(5A−8)　$F_K = \rho - \hat{\lambda} = \rho - \dot{U}_c/U_c$,

を得る。他方、$\varepsilon(C) \equiv -U_{cc}C/U_c$ と定義(=効用の消費弾力性)すれば、(5A−8)は

(5A−9)　$F_K = \rho - \dfrac{U_{cc}C}{U_{cc}}\dfrac{\dot{C}}{C} = \rho + \varepsilon(C)\hat{C}$,

となる。

(5A−9)は、経済が動学的最適経路上にあれば、利子率が時間選好率と効用弾力性で評価された消費の成長率の和に等しいことを意味している。これが動学体系における「ケインズ・ラムゼールール」と呼ばれている関係であり、次のように解釈できる。消費の成長率 $\hat{C}$ が正の場合、限界効用逓減によって限界効用は低下する。ところで、限界効用の低下率は、限界効用の弾力性に消費の成長率を乗じたものに等しい。なぜなら前者は、消費1%の増大がもたらす限界効用の減少率であり、これに消費の減少率を乗じれば全体の限界効用の減少が計算できるからである。他方、消費への支出を耐える(延期する)こと

で得られる収益が利子率であるから、均衡では両者は一致しなければならない。これが、「ケインズ・ラムゼールール」の意味することである。

これに関連して、GNNP（Green NNP）とハートウィックルールの関連性について記しておこう。GNNP は、ここでは最適経路上で実現される厚生水準ハミルトニアン H^* を消費の限界効用（この場合には、人工資本のシャドウプライス λ）で評価した値として定義される。すなわち、

(5A-10) $\quad GNNP \equiv \dfrac{H^*}{U_c^*} = C^* + \dot{K}^* + [F_R - f_R]\dot{S}^* \equiv C^* + $ 純貯蓄（GS）

である。(5A-10) において

(5A-11) $\quad \dot{K} = -[F_R - f_R]\dot{S} + \phi,$

とおけば、GS≧0 であることは ϕ≧0 と同値であることが分かる。(5A-11) の両辺を時間で微分すれば、

(5A-12) $\quad \ddot{K} = -\{d(F_R - f_R)/dt/[F_R - f_R]\}\dot{S} - [F_R - f_R]\ddot{S}$

を得る。一方、人工資本ストックの変化式から

(5A-13) $\quad \dot{C} = F_K \dot{K} + F_R \dot{R} - f_R \dot{R} - \ddot{K},$

が成り立つ。(5A-12) と (5A-13) から

(5A-14) $\quad \dot{C} = F_K \dot{K} + F_R \dot{R} - f_R \dot{R} + \{d(F_R - f_R)/dt/[F_R - f_R]\}\dot{S} + [F_R - f_R]\ddot{S}$

を得る。(5A-14) に (5A-11) を代入すれば、

(5A-15) $\quad \dot{C} = F_K[-\{F_R - f_R\}\dot{S} + \phi] + \{F_R - f_R\}\dot{R} +$
$\quad\quad\quad \{d(F_R - f_R)/dt/[F_R - f_R]\}\dot{S} + [F_R - f_R]\ddot{S}$

を得る。ホテリングのルールにより、(5A-15) の右辺第3項の係数は F_K にほかならない。また、$\dot{S} = -R$ の関係から、(5A-15) は、

(5A-16) $\quad \dot{C} = -F_K\{F_R - f_R\}\dot{S} + F_K \dot{S} + F_K \phi$

となる。効用関数の定義から $\dot{U} = U_c \dot{C}$ であるから、(5A-5) と (5A-16) を代入すれば、

(5A-17) $\quad \dot{U} = \lambda[-F_K\{F_R - f_R\}\dot{S} - F_K \dot{S} + F_K \phi]$

を得る。このことから、$\dot{S} = -R < 0$ に対して ϕ≧0（したがって GS≧0）のとき、$\dot{U}$≧0 となることが分かる（逆は言えない）。すなわち、ハートウィックルールは、純貯蓄（GS）が正の場合に将来世代の効用が非減少であることを保証するものであり、持続可能な成長のための十分条件を与えるものである。

第6章

コモンプール財とエコツーリズム
Eco-Tourism and Common Pool Resources

冬の美山町（京都府）
由良川沿い、自然景観と茅葺きの民家が調和する日本の原風景。
悠久の時間は流れ、旅人に心の安らぎとふれあいを実感させる。
懐かしさがこみ上げてくる。

（筆者撮影）

6.1 はじめに

　本章の目的は、エコツーリズムの概念整理を行った上で、それを含む簡単な地域モデルを構成することによって地域における環境政策としてのエコツーリズムの有効性と可能性を論じることにある。

　近年、エコツーリズム（あるいはグリーンツーリズム）への関心が国内外を問わず高まりつつある[1]。エコツーリズムというサービス産業について、これを国際的な視野で見れば、主として、消費者＝高所得国の人々、供給者＝中・低所得国で文化的、自然的価値を保有する国の人々、ということであり、他方国内では、消費者＝都市住民、供給者＝農村、漁村あるいは山間部で文化的、自然的価値を保全する人々、という図式で把握されることが多い。

　いずれも、消費者が供給地へ移動（トラベル）することによって消費が完結する。この限りにおいては、従来型の観光、例えば自然豊かな大規模リゾート保養施設へと都市住民が向かい、ゴルフに興じるといった図式と変わるところはない[2]。しかし、このような巨大プロジェクト型の開発が必らずしも成功したとは言いがたい点や、むしろ環境破壊の代名詞のようにさえなっている感のある現在、特に実行可能でかつ環境志向的な新たな枠組みが求められるのは当然の経緯であろう。

　このように、エコツーリズムといった施策が登場する背景には、地域の広狭に関わりなく、これら地域間の経済的格差拡大の問題と同時に供給者サイド（あるいは地域全体）における自然環境保全の困難性といった問題がある。他方、それが消費者から供給者への所得移転を促すと同時に地域の環境保全を維持することで、いわゆる持続可能な成長が図れるのではないかという期待がある。さらに、消費者たる都市部の居住者が、都市化、過密化の中で自然を破壊して自然環境を享受する機会を喪失しつつある現状から見て、自然環境の価値を再確認し、自然環境保全への支出拡大が準備されつつあるという事情も考えられる。

　2000年12月に農林水産省構造改善局が公表した「エコツーリズムの展開方向」によれば、需要者である都市住民ニーズの高まりの背景には「ゆとり」、「やす

らぎ」または「自然の希求」をキーワードとして農業や林業体験への志向が高まっており、また供給者である農村地域においては「就業や副収入機会」の創出、ならびに「所得の向上」といった要求が高まっているという。

2002年の小中学校での週休２日制の実施なども、物理的な環境整備に寄与すると考えられる。このような、エコツーリズムに関わるサービスの需給両面からの量的拡大傾向を政策的に支える施策の端緒は、1994年に制定された「農山漁村滞在型余暇活動のための基盤整備の促進に関する法律」(いわゆるグリーンツーリズム法) に遡る[3]。また、2000年３月に閣議決定された「食料・農業・農村基本計画」においても、都市と農村の交流促進を通じた農村振興施策が謳われており、エコツーリズム政策の重要性が主張されている。

しかしながら、エコツーリズムの理念を、このような都市・農村における経済的格差解消といった限定的なものに矮小化させることはできない。エコツーリズムの論調は、むしろ農村（あるいは自然資源国）における過剰な自然資源の利用による自然環境の悪化に対して、自然保全を行うことによって自然環境の価値を再確認しようとするものである（例えば、Chapman [1999] や

---

(1) エコツーリズムの定義ならびに用語法は多岐にわたっている。諸外国では「エコツーリズム」という表現が多く、「ルーラルツーリズム」や「アグロツーリズム」といった語法もある。わが国では、「グリーンツーリズム」という言葉が使われることが多い。

(2) もっとも、供給者が自然環境保全主体でかつ開発主体であったかというとそうではない。従来型のリゾート開発にあっては、必ずしも供給者＝農村や山村の居住者（自治体）というものではなく、都市の巨大資本＝デベロッパーという図式が成り立つ場合が多い。第３セクター方式で自治体が関与したケースでも、開発にあたっての企画や事業予測については大都市部の調査研究会社が行うケースがあり、いずれも地域住民による自発的・主体的開発とは言いがたい。エコツーリズムのアプローチはこれとはまったく異なり、いわば地域における開発主体と地域環境保全の一体化によるコモンズ（コモンプール財の管理・運営主体）の形成を企図するものでなければならない。このような視点から見れば、エコツーリズムの開発は、巨大経営・長期収支均衡型ではなく比較的零細な経営による短期収支均衡をめざすものとなろう。

(3) このような計画は、本来、地域の独自性を反映して自生的、内発的に生じてくるべきものである。その意味では、計画策定と遂行にあたっては、地方分権のあり方そのものが問われることになると思われる。それにも関わらず、残念ながら旧来の「国土計画→地域計画」という天下り的な性格は必ずしも払拭されていない。法律では、都道府県知事ならびに市町村によるエコツーリズム促進の計画策定を通じて農家民宿などの整備事業の展開を図ることを目指しているが、自然環境を通じた交流や連携を目指すためには、むしろ従来の行政の枠内を超えた施策が必要になると考えられる。

Hussen［2000］を参照）[4]。

　したがって、エコツーリズム政策の基本的理念は、第一義的には、農村を含む地域全体の環境保全と地域における一定水準の所得確保を両立させ、地域の持続可能な成長を可能ならしめることであり、エコツーリズムの進展が地域の環境破壊をもたらすことがあるとすれば、そうした政策自体は本末転倒と言わざるを得ない。

　本章では、以上の基本的視座に立ってエコツーリズムの理論モデルを構成し、エコツーリズムを推進するための最適な地域の管理・運営政策のあり方を検討しよう。第2節では、地域における環境財としてのコモンプール財（CPRs）の特性を明確にした上で、その管理・運営の基本的考え方を概説する。第3節では、コモンプール財を軸とした地域経済を都市部と農村部の2地域に分割し、両者の経済的役割、交流関係とエコツーリズムの定式化を行う。第4節では、そのような地域経済圏全体が一つの圏域として機能すると仮定し、そこでの地域プランナーが図るべき最適地域環境政策のあり方を検討する。第5節では、本章の梗概を与えた上でエコツーリズムの将来像を展望する。

6.2　コモンプールの外部性とエコツーリズム

　前節で示したように、エコツーリズムの基本的な図式は、農村部における自然環境資源の供給と都市住民によるそれらの需要によって都市から農村部へと所得が移転すると同時に農村部における自然環境の保全を両立させるというものであった。地域の把握方法としては、例えば都市対農村といった排他的・対抗的関係によるモデル化など様々なアプローチが考えられるであろう。ここでは、地域をコモンプール財の共同利用圏域として把握しよう[5]。

　コモンプール財は公共財とは異なり、当該地域にあって、その地域住民や企業などにとって非排除可能であるが競合性のある財であると考えられる。地域の人々は、「誰のものでもなく皆のものである」という意味で誰もがコモンプール財にアクセス可能であるが、ある人の利用は他の人の利用制限へと導く可

能性がある。具体的には、地域の自然環境を構成する最も基本的な要素である「山野河海」が想起できる。地域住民は、その所有関係に関係なく、日常的に「山野河海」と対峙しその恩恵を受けている。しかし、「誰のものでもない」ことのゆえに、一方で過度に（あるいは不適切に）コモンプール財を利用することが地域の自然破壊（森林破壊、水質汚濁や土壌汚染など）をもたらしてきたこともまた事実である。コモンプール財の過度の利用は、人々の個々の厚生水準を最大化するという意味で合理的行動な行動の結果、地域全体に悪影響を及ぼし、人々の受け取る平均的な収益をかえって減少させてしまうというコモンプールの外部性と呼ばれる事象を帰結させる。このことを**図6－1**によって説明しよう。

図6－1は、地域の人々が横軸で表される（フロー量の）コモンプール財 R を投入することで、一定の実質所得 Y が獲得できる状況（これを $Y = F(R)$ で表そう）を示している。この場合、コモンプール財の価格が r であるとすれば、人々は $r \times R$ に等しいコストを支払って Y を手に入れることになる。社会の厚生水準が所得のみで計られている場合、社会的な最適性は純所得 $Y - (r \times R)$ が最大になる状態で実現され、これは**図6－1**の点 E にほかならない。

しかしながら、当該地域では、点 E を実現させるコモンプール財の利用量 R^* よりも過大な利用を行おうとするインセンティブが常に働く。その理由は、コモンプール財が非排除的であるために追加的な利用に対する排除が不可能であることと、さらに追加的利用者が支払うべき追加的な限界費用（**図6－1**の直線 l の傾き $= r$）がこの利用者が受け取ることのできる限界所得（直線 l^+ の傾き）よりも下回る場合（例えば、R^+ の水準で行われる場合）、追加的な利用を行うことが有利となるからである。このような事情は曲線 $Y = F(R)$ が直線 l^c を上回る限り続くので、結局、コモンプール財は最大で点 E^c に対応する水準

---

(4) Hussenは、コスタリカにおいて最近顕著な展開を見せる「エコツーリズム」が、森林資源の枯渇を招いた従来型の開発とは異なり、十分環境保全的であるとした上で、この新しい産業は「コスタリカにとって最も重要な自然資源である森林地帯やその多様な生産物の持続可能な利用と両立する経済を生み出す潜在的能力をもつように思われる」と述べている（第10章参照）。
(5) 地域環境財としてのコモンプール財の利用については、今泉・藪田・井田（1995）、Imaizumi, Yabuta and Ida（1996）ならびに藪田（2000）参照。

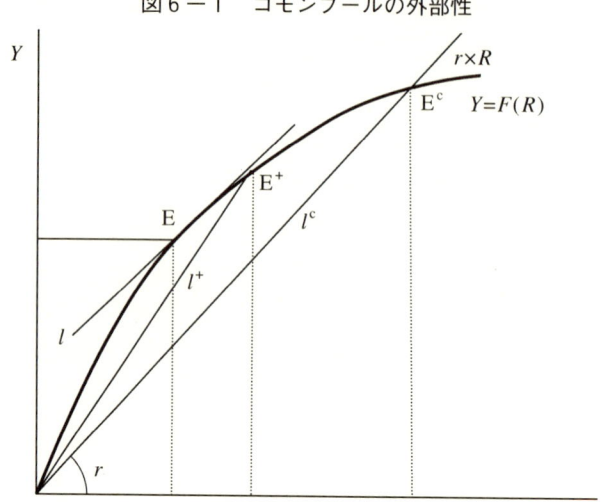

図6−1　コモンプールの外部性

R^c まで利用されることになる。このようにして社会的に効率的な水準以上に過度なコモンプール財の利用が進行し、コモンプールの外部性が発現する。

　地域にあって「山野河海」のような共同の自然資源を利用する場合、人々の行動は互いに独立ではなく影響を及ぼしあっているのである。その意味で、地域におけるコモンプール財の共同管理・運営のルール形成が必要になるという主張は自然な論理的帰結であろう。

　ところで、われわれは第3章で地域＝流域圏としての理解することの重要性と現実性を論じた。流域圏という概念で地域を観察した場合においても、前節で言及した地域（内）格差は深刻である。例えば、わが国にあっては多くの場合、海岸線に面した河口付近すなわち下流域から中流域において都市化＝人口の集積が過度に進む一方で、中流域から上流域についてはむしろ農村・山村地域として過疎化が進行している。工業化、商業化の進む都市部での高所得化に対して、農村・山村地域では、高齢化などの諸問題を抱えながら農業生産力の相対的低下による所得の停滞状況がある。しかしその一方で、都市部ではその代償として様々な都市問題や環境破壊が進行し、農村・山村においても自然環境の悪化が懸念されている。

このように、地域における過度なコモンプール財の利用が地域全体の生存基盤である自然環境の悪化をもたらしているとき、例えば、都市住民の森林税の支払いなどに例示されるように、都市から農村への所得移転によってまず上流域での環境保全からスタートさせようとする方策は共同の管理・運営ルール形成へ向けた第一歩であるように思われる。都市住民の環境保全への支出増大による意識変化とあわせて、農村や山村における所得向上によって雇用が安定的に確保され、創意に満ちた自主的・自発的な地域リーダーの形成が進むことによって地域全体の所得格差解消と自然環境の保全が同時に展望できる可能性があると思われる。

　このように考えてくると、エコツーリズムを促す政策は地域のコモンプール財の管理・運営ルール形成を視野に入れながら、同時に上述のような目的実現のために企図されるべき有力な地域環境政策の一つであると思われる。

6.3　エコツーリズムのモデル分析

　ここでは、流域圏で代表される地域におけるモデルを構成し、そこでの所得格差解消と自然環境保全を目指す施策としてのエコツーリズムを検討しよう。なお、本節で展開されるモデルは、Yabuta（2000）で検討されたモデルに若干の修正を施したものである。

　当該地域内を都市（人口集中地域）と農村地域の二地域に分割できるものと想定し、それぞれの地域における人口を n_1、n_2 とし、当該地域全体の総人口を n としよう。したがって、

（6－1）　$n_1 + n_2 = n$,

である。農村人口と都市人口の比率を δ ($= n_2/n_1$) と定義しよう。都市は、いわゆる生産都市であって、自然資源であるコモンプール財 R を直接に投入財として利用する。都市の生産活動は、自然資源のストックそのものに影響を及ぼすばかりでなく、自然環境に対して悪影響を及ぼしている状況を想定する。他方、単純化のために農村は、農業やエコツーリズムで代表されるように（ア

メニティ利用のように自然資源に直接影響することはないという意味で）自然環境に優しい生産活動を行っているものと想定する。

都市における生産 x_1（工業生産物など）は、コモンプール財 R と労働 n_1 を利用して行われると考え、

(6-2) $\quad x_1 = f^1(n_1, R), \ f^1_1 > 0, \ f^1_{11} < 0, \ f^1_2 > 0, \ f^1_{22} < 0, \ f^1_{12} = f^1_{21} = 0,$

の形で表される生産関数を想定しよう。(6-2) の偏導関数に関する符号条件のうち最後のものは、ある財の追加的投入が他投入財の限界生産力を高めることはないことを意味している。都市での生産が自然資源（したがって、自然環境）に対して一定の悪影響をもたらすことを考慮して

(6-3) $\quad q = q(x_1), \ q > 0, \ q' > 0,$

で示される環境破壊 q を導入しよう。

(6-3) は、都市における環境破壊がその生産活動水準に依存していることを意味している。ところで、通常は人々の環境破壊的な活動に対して環境税などのペナルティが課せられるべきであろうが、(6-3) で示される社会的費用を正確に評価できないために、直接、負担分を生産者に賦課することができないという現実がある。そこでここでは、当該地域における R の利用にあたって、生産規模に応じて比例的に環境税 T を

(6-4) $\quad T = t p_1 x_1,$

の形式で賦課すると考える。都市部の生産において、利潤 π は

(6-5) $\quad \pi = p_1 x_1 - w_1 n_1 - t p_1 x_1 - rR = (1-t) p_1 x_1 - w_1 n_1 - rR,$

となる。ここで、w_1 は都市での名目賃金であり、r は単位資源投入コストである。ここでは、明らかに都市における代表的企業の最適な雇用政策ならびに自然資源投入は

(6-6-1) $\quad w_1/p_1 = (1-t) f^1_1(n_1, R),$

(6-6-2) $\quad r/p_1 = (1-t) f^1_2(n_1, R),$

である[6]。完全競争的な企業のもとで、都市生産物の価格 p_1 は所与であるとしよう。

都市での生産に対する需給均衡は、

(6-7) $\quad p_1 x_1 = x_{10} + (1-\alpha) w_1 n_1 + w_2 n_2,$

で与えられる。都市部の生活者 n_1 は、所得 $w_1 n_1$ の一定割合 $(1-\alpha)$ を都市部

での生産物の購入のために支出し、残りを農村で提供されるエコツーリズムで代表される環境関連サービスの消費にあてる。他方、農村の生産者 n_2 は、その所得 $w_2 n_2$ をすべて工業生産物の消費にあてると考えよう。x_{10} は、当該地域以外の地域への移輸出などの名目独立需要を表している[7]。

ところで、農村地域での主要な生産物は、エコツーリズムなどの環境志向的サービス x_2 の生産であって、

(6-8) $\quad x_2 = f^2(n_2),\ f^{2\prime}(n_2)>0,\ f^{2\prime\prime}(n_2)<0,$

で表されるとしよう。また、エコツーリズムのような環境志向的なサービス部門は、都市部の企業が利潤最大化を行うのとは異なり、平均原理で行動するような NPO タイプの生産主体であると仮定する。したがって、農村部の名目賃金 w_2 の水準は

(6-9) $\quad w_2 = \dfrac{p_2 x_2}{n_2} = \dfrac{p_2 f^2(n_2)}{n_2},$

で与えられる。エコツーリズムのサービスに対する需給均衡条件は、

(6-10) $\quad p_2 x_2 = x_{20} + a w_1 n_1,$

である。ここで (6-10) の右辺第1項 (x_{20}) は、当該地域以外からのエコツーリズムに対する名目独立需要を表し、第2項は都市部からの需要を表している。

両地域の需給均衡条件 (6-7)、(6-10) を適当に変形すれば、人口が (6-1) の形で制約を受けている地域均衡は

(6-11) $\quad \begin{cases} p_1 f^1(n_1, R) = x_{10} + (1-\alpha)(1-t) p_1 f^1_1(n_1, R) n_1 + p_2 f^2(n_2) \\ p_2 f^2(n_2) = x_{20} + \alpha(1-t) p_1 f^1_1(n_1, R) n_1, \end{cases}$

の二つの式に (6-1) を加えた体系の解として均衡解が定まる。方程式の体系を価格決定系として考える場合には、n_1 と n_2 を所与として、均衡価格ベク

---

[6] ここで、都市における代表的企業の生産関数に関して雇用の実質賃金弾力性を $\mu = -(dn_1/dw_1) \times (w_1/n_1)$ と定義すれば、$f^1_1 + n_1 f^1_{11} = w_1(1 - 1/\mu)$ となる。コブダグラス・タイプのような一般的な生産関数では $\mu > 1$ となり、この左辺の値は正値となる。

[7] 都市部の生活者は、その所得 $w_1 n_1$ を所与として、都市生産物 x_1 と農村生産物 x_2 から得られる効用 $U = U(x_1, x_2)$ を最大化するように行動するであろう。ここで、コブ・ダグラス型の効用関数 $U = x_1^{1-\alpha} x_2^{\alpha}$ を仮定すれば、$1-\alpha : \alpha$ がそれぞれの生産物に対する支出割合となる。

トルを含む（p_1^*, p_2^*, R^*）を考えることができる。他方、数量系で考えた場合には、p_1 と p_2 を所与として均衡の（n_1^*, n_2^*, R^*）が決まることになる[8]。

われわれが、本章で想定している地域（＝流域圏）は、わが国全体をマクロ的に把握した場合極めて小さいと思われる。したがって、他地域との財・サービスの生産に関する地域間競争が生じていると考えられ、当該地域が価格決定力をもつとは想定しがたい。このような理由から、ここでは所与の価格ベクトルのもとでの数量系モデルを想定して分析を行おう。

仮に、当該地域で、自然資源 R^* の利用による（物理的な意味だけではなく、外部性への認識がないなどの社会的意味を含めて）環境悪化問題などの制約条件が作用しない場合には、これらの体系は長期の均衡をも表す。このように、地域環境問題が何ら問題になっていない場合、もっぱら地域問題は経済的な格差問題（すなわち、都市と農村間の所得格差）がクローズアップされるであろう。均衡解において（6－6－1）と（6－9）を考慮し、さらに（6－11）の第2式に着目することで両地域の賃金格差 w が、

$$(6-12) \quad w \equiv \frac{w_1}{w_2} = \frac{p\delta(1-\eta)}{\alpha},$$

で表されることが分かる[9]。ここで、$\eta = x_{20}/f^2(n_2) < 1$ であり、当該農村での環境サービス需要の外需依存度を示す。また、$p = p_1/p_2$ は相対価格を表す。

（6－12）より、都市賃金と農村賃金の格差は、農村でのエコツーリズムなどの環境サービスに対する外需依存度が低いほど、都市からの環境サービスに対する支出比率が小さいほど、また農村生産物の価格に比しての都市生産物の相対価格が高いほど大きいことが分かる。例えば、$p=2$、$\delta=0.1$、$\eta=0.4$、$\alpha=0.1$ とすれば $w_1=(6/5)\times w_2$ となり、都市部の賃金は農村部に比して20％高くなることが分かる[10]。

（6－12）式において、賃金格差が解消されるためには p の低下（p_2 の相対的上昇）、または η や α の上昇が必要であることが分かる。このことから、都市と農村の賃金格差に関する限り、これらパラメーターの操作が有効な効果をもつことが期待される。このようなパラメーター操作の政策の内容は明らかであろう。旧来の農産物支持価格制度や農村地域の産業振興に関わる様々な施策、あるいはリゾート開発なども、これらのいずれかのパラメーター変化を企図し

たものであったと考えられる。特に、巨大プロジェクトによるリゾート開発の姿は、政府が火急に η や α を引き上げようとする施策であったと解釈することができる。

　ところで、（6－11）において人口制約がバインドしない場合には、形式上（6－1）を除いて、各時点におけるコモンプール財の利用水準 R を先決変数として与えることでそれに対応した n_1 と n_2（したがって x_1 と x_2）が決定される。つまり、この場合には、当該地域においてコモンプール財のフロー量としての利用が限定されており、この制約下で地域の雇用や所得水準が決まると考えられる。このとき、

（6－13）　　$n_i = n_i(R;\nu),\ dn_i/dR < 0,\ i=1,2,$

であり、

（6－14）　　$w_i = w_i(R;\nu),\ dw_i/dR > 0,\ i=1,2,$

となることが分かる。ここで、ν は $(x_{10}, x_{20}, \alpha, t, p_1, p_2)$ を要素とするパラメーターである[11]。

　（6－13）において他の事情にして等しいとき、地域のコモンプール財の利用増大が各地域における雇用水準を減少させる理由は、まず都市部でのより大き

---

(8) ここでは、生産物市場での需給バランスを考えているが、需給調整はもっぱら雇用調整を通じての生産（数量）調整で行われていると考えている。他方、（6－5）において都市での生産活動にとって投入コストとして計上されている r であるが、この支払いが実際に行われているか否か、また誰に対して支払われるのかは必ずしも明らかではない。その意味では一種のシャドウプライスであると考えられる。ここでは、コモンプール財が本来もっている非排除性の性質を前提として、生産物の需給関係その他に影響しないと仮定している。

(9) （6－6）と（6－9）において w_1 と w_2 の比をとれば、$w_1/w_2 = (1-t)p_1 f'_1 n_2/p_2 f_2$ を得る。（6－11）の第2式を f'_1 で解き、これをこの式に代入し整理することで（6－12）が得られる。

(10) 農村・山村地域の所得（販売農家）を一般の勤労者世帯の所得と比較した場合、一人当たりベースでは、後者は前者に比して約15％程度高い（農水省『我が国における農村地域の位置づけ』平成9年7月、食料・農業・農村基本問題調査会資料による）。

(11) （6－13）と（6－14）については、
$$dn_1/dR = -p_1 p_2 f'_2 f^2_1 / \det A < 0,$$
$$dn_2/dR = -\alpha(1-t_1) p_1^2 f'_2 \left\{ f^1_1 + n_1 f^1_{11} \right\} / \det A < 0,$$
が成り立つ。ここで、$\det A = p_2 f^2_1 \left[\left\{ t - (1-t) n_1 p_1 f^1_{11} \right\} \right] > 0$ である。これより、下記を得る。
$$dw_1/dR = (1-t_1) p_1 f^1_{11} (dn_1/dR) > 0,$$
$$dw_2/dR = (1-t_2) p_2 \left[\left(f^2_1 n_2 - f^2 \right) (dn_2/dR) \right] / n_2^2 > 0.$$

いコモンプール財の利用によって労働との代替が生じ雇用の減少が生じるが、これが都市生産物への需要を減少させると同時にエコツーリズムへの需要を減退させる結果、農村での生産活動が停滞するからである。

一方（6-14）は、都市部で利用されるコモンプール財の投入量 R の拡大によって都市部と農村部両方での賃金上昇がもたらされることを表している。理論的には追加的な R の利用が賃金格差 w にどのように影響するかは確定できないが、地域の発展過程では都市部と農村部との賃金格差がむしろ拡大したという現実を踏まえた場合、$dw_1/dR = w_1' > dw_2/dR = w_2'$ と仮定することは許されるであろう。

（6-13）および（6-14）に関して比較静学分析を行えば、ν の変更（ここでは、各パラメーターの上昇）がもたらす影響は表6-1のようにまとめることができる。表6-1について、まず外生需要の影響や都市生活者の消費パターン変化の影響は通常期待される通りであろう。都市住民がよりエコツーリズム志向的な消費パターンをもつことによって農村での生産拡大が生じ、雇用が増大する。環境税の強化は両地域での就業人口、したがって生産水準を減少させる効果をもつ。また、農村におけるエコツーリズムのサービス価格の上昇は都市人口へは影響せず、実質需要の減退によって農村における就業人口を減少させる。一方、都市生産物価格の上昇の影響は都市人口自体を減少させるものの、農村人口に関しては ad hoc には定まらない。p_1 の上昇は、都市生活者の農村向けの名目支出額を増大させるものの、それに関わる需要人口が減少するからである。

次に、両地域の名目賃金へ及ぼす影響については、両地域への影響パターンが大きく異なっている点に注意する必要がある。外生需要の増大は、都市賃金を上昇させる反面、農村賃金を低下させる。都市生活者の消費パターンが、よりエコツーリズム志向的となっても農村賃金の上昇へとは結びつかない。環境税の引き上げの効果は、都市賃金の低下と農村賃金の上昇というように相反する効果をもつことが分かる。農村における生産関数（6-8）は R を陽表的に含まないけれども、例えば都市における R の投入が増大すれば都市の生産水準が変化し、間接的に農村のサービス生産活動に影響することを（6-13）や（6-14）の各式は示している。

表6－1　パラメーター変化の影響

	x_{10}	x_{20}	α	t	p_1	p_2
n_1	＋	＋	－	－		0
n_2	＋	＋	＋	－	－＋	－
w_1	＋	＋	－	－	＋	0
w_2	－	－	－	＋	＋－	＋

　ところで、自然資源投入 R の増大は、それ自身が生産を増大させる直接効果のほかに労働の自然資源への要素代替によって生産を減少させる間接効果がある。(6－2) において、

(6－15)　$x_1 = f^1(n_1(R), R) = x_1(R)$

となる。以下では、自然資源の投入増大は最終的に生産増大をもたらすと考えた方が現実的であると考えられることから、下記を想定しよう。

(6－16)　$dx_1/dR = f^1_1(dn_1/dR) + f^1_2 > 0$

(6－15) は、都市と農村における生産に関して投入財としての労働と環境財が互いに代替関係にあることを示している。(6－14) は (6－13) を (6－6－1) と (6－9) の各式に代入することによって得られるが、自然資源の投入量を増加させる限り両地域で得られる実質賃金水準が増大することを意味する。重要なことは、両地域でそれぞれ所得水準の向上を目指すためには、一方で自然資源をより多く投入しなければならないという事実である。

　こうして、当該地域におけるコモンプール財の長期的に最適な管理・運営政策にあっては、生活水準の向上と環境保全のトレードオフ問題が内在化することになる。

6.4　エコツーリズムとコモンプールの最適管理政策

　前節のモデルは、(6－11) で示されるように数量調整モデルとして (n_1, n_2, R) を内生変数とする体系として表された。したがって、各地域の経済発

展の中で成長制約となりうるのは「人口」および「環境」である。人口制約を考えることも重要な課題ではあろうが、環境問題を検討する本章の目的からして、以下では「環境制約」に問題点を絞ろう。それゆえ、ここでの問題は人口の変動（n_1+n_2 の総和の変動）を認めた上で、最適なコモンプール財の生み出すフロー量（＝幸）R の利用量を求めることである。

当該地域における環境制約を考えよう。地域環境ストックの水準を N とし、環境自身の自然的再生条件を再生関数 $F(N)$ で表そう。しかし、環境ストックは、生産のための「幸」である R の利用などによって疲弊する。そこで、N の状態的変化を

(6-17) $\quad \dot{N} = F(N) - q(x_1) - R + \beta T, \ \beta > 0$

で表そう。(6-17) 式右辺の最後の項は、環境税収入を原資として自然ストックの保全が行われる効果（すなわち、社会的費用負担による環境改善効果）を考慮したものである。以下では、単純化のために上に凸なベル型の二次関数、

(6-18) $\quad F(N) = a(N_0 - N)N, \ F'(N) = a(N_0 - 2N), \ a > 0$

で表される再生関数を仮定しよう[12]。

ところで、当該地域において最適化されるべき目的関数はどのようなものであろうか。目的関数それ自体は、地域ごとに、その歴史的、文化的および政治的状況、地理的制約条件、ならびに国土計画を上位計画とする計画序列の体系に依存して様々なものが考えられるであろう。以下では、当該地域における地域プランナーが、都市と農村における各住民の厚生水準を最大化するような功利主義タイプの目的関数を想定しよう。当該地域での一人当たり効用指標を

(6-19) $\quad u = u(w_1(R), w_2(R), N) \equiv u(R, N) = [w_1^\varphi w_2^{1-\varphi} + \psi N], \ 1 > \varphi > 0, \ \psi > 0$

で表そう。準線型効用関数の形が想定された (6-19) において、例えば $\phi = 1$ の場合、農村生活者の所得で計った厚生は無視され、都市生活に関わる厚生水準のみが考慮され、逆に $\phi = 0$ の場合には、農村生活者の厚生水準のみが考慮されて計画立案が行われることになる。また、ψ は人々の環境重視の態度に関するウエイトを表しており、$\psi = 0$ の場合にはまったく環境への配慮が行われないまま計画立案が行われることになる。(6-19) は、結局のところ人々が各地域で生活するにあたって、所得水準と環境水準のいずれもがより良好な状態を望んでいることを示唆している。

このとき地域プランナーの目的関数は、

(6−20)　$\max_R \to W = \int_0^\infty [u(w_1, w_2, N)] e^{-\rho t} dt$

となる。ここで、$\rho(>0)$ は社会的割引率である[13]。

他方で、最適化問題を規定する状態変数の変動を表す（6−17）については、

(6−21)　$\dot{N} = F(N) - R - Q(R)$

と書くことができる。ここで、

(6−22)　$Q(R) = q(x_1(R)) - \beta t x_1(R)$

であり、$Q(R)$ は、当該地域における都市部での経済活動に関してコモンプール財の利用がもたらす間接的な環境への純負荷を意味している。単純化のために、$Q(R)$ を R に関して線形近似した

(6−23)　$Q(R) \cong [(q' - \beta t) dx_1/dR] R \equiv h(t, \beta) R > 0,\ h_1 < 0,\ h_2 < 0$

を想定しよう。（6−18）および（6−23）の各式より、（6−18）は、

(6−24)　$\dot{N} = a(N_0 - N)N - (1 + h(t, \beta))R$

と書くことができる[14]。（6−24）において $h > 0$ の場合には、当該地域でのコモンプール財利用の自然環境への純負荷がプラスであることを示している（$h < 0$ のときは逆）。もちろん、環境税の強化や社会的費用負担の効果増大などは h の値そのものを低下させるであろう。

こうして、エコツーリズムを含む地域環境政策問題は、

(6−25)
$$\max \to W = \int_0^\infty u(w_1(R), w_2(R), N) e^{-\rho t} dt$$
$$\text{subject to}\quad \dot{N} = a(N_0 - N)N - (1 + h)R,$$
$$N(0) = N_0,\ \lim_{t \to \infty} N(t) > 0$$

---

[12] 一般に再生可能資源に関しては、特に森林や水産資源に適用されるケースが多い。この点に関しては、例えば、宇沢（2000）を参照。

[13] （6−21）は、地域プランナーの目標設定に関する一つの定式化にすぎないことに注意すべきである。仮に、都市と農村における賃金格差の最小化を目指すことのみが目標とされれば、おのずと（6−20）とは異なる定式化が必要となり、例えば、$\min_R \to W = \int_0^\infty (w_1 - w_2)^2 e^{-\rho t} dt$（6−20）'のような目標設定となるであろう。

[14] このような分析上の仮定は必ずしも便宜的なものではなく、例えば、Rauscher（1994）、Barbier and Rauscher（1994）をはじめとして広く一般的に想定されるタイプの純再生関数である。

に集約される。結局、当該地域の地域プランナーは、（6 −25）においてコモンプール財のストック制約を受けながら、そのフローの利用量 R を毎期最適に制御していくという最適制御政策を実行することが要求される。

地域最適化問題である（6 −25）を解こう。経常値ハミルトニアン H は、

(6 −26) $\quad H = u(w_1(R), w_2(R), N) + \lambda[a(N_0 - N)N - (1+h)R]$

である。これより、内点解の存在を仮定すれば、最適化の必要条件として

(6 −27) $\quad \dfrac{\partial H}{\partial R} = [u_1 w_1' + u_2 w_2'] - \lambda(1+h) = 0$

(6 −28) $\quad \dot{\lambda} = -\dfrac{\partial H}{\partial N} + \rho\lambda = \lambda[\rho - a(N_0 - 2N)] - \varphi$

を得る[15]。ただし、

(6 −29) $\quad u_1 w_1' + u_2 w_2' = \phi\left(\dfrac{w_1}{w_2}\right)^{\phi-1} w_1' + (1-\phi)\left(\dfrac{w_1}{w_2}\right)^{\phi} w_2' \equiv u_R(w;\phi) > 0, \ u_{RR} < 0$

である。(6 −27) において λ はシャドウプライスを表し、1単位の自然資源投入がもたらす自然資源ストックの限界的喪失（限界費用）が、それによって実現される賃金上昇のもたらす限界的厚生の増加（限界便益）に等しいことを意味している。(6 −29) において、前節の仮定を考慮すれば、

(6 −30) $\quad u_R(w;0) = w_2' < w_1' = u_R(w;1)$,

となることに注意しよう。このことは、都市と農村部の賃金格差があるときには、都市での生産に利用されるコモンプールの利用増大による所得増がもたらす地域の厚生水準拡大の限界効果は、地域プランナーが都市住民の厚生のみを重視するケースの方がその逆のケースに比してより大きいことを意味している。

(6 −27) を λ で整理して時間で全微分し、これを (6 −28) に代入すれば R に関する微分方程式に集約できて

(6 −31) $\quad \dot{R} = \dfrac{u_R}{u_{RR}}\left[\rho - a(N_0 - 2N) - (1+h)\dfrac{\varphi}{u_R}\right]$

と書くことができる。(6 −31) と状態方程式 (6 −24) の二つ式が、(N, R) 平面における動学方程式を構成する。

図6 −2 は、(6 −24) と (6 −31) 式で与えられるシステムがもたらす動学経路と均衡を表している。これらの動学経路のうち横断性条件を満たすもの

第6章　コモンプール財とエコツーリズム　139

は、以下で与えられる均衡 (N^*, R^*) へと向かう解経路である[16]。図6－2の位相的特性を明らかにしよう。(6－24) ならびに (6－31) により

$$(6-32)\quad \frac{dR}{dN}\Big|_{\dot{R}=0} = -\frac{u_R^2}{\varphi u_{RR}}\left(\frac{2a}{1+h}\right) > 0,\quad \frac{dR}{dN}\Big|_{\dot{N}=0} = \frac{a(N_0-2N)}{1+h}$$

をえる。一方、

$$(6-33)\quad \dot{R} = 0 \Leftrightarrow \rho - a(N_0-2N) - (1+h)\varphi/u_R = 0$$

であることから、$R \to 0$ のとき $u_R \to \infty$ を仮定すれば $N \to N^{**} = N_0/2 - \rho/2a$ となる。したがって、$\dot{R}=0$ 曲線は、図6－2にあるように $R \to 0$ につれて漸近的に $(0, N^{**})$ に接近する形状を示す[17]。

次に均衡点が鞍点になることを示そう。(6－24) と (6－31) からなるシステムを均衡点で評価したヤコービ行列式 D を計算すれば、

$$(6-34)\quad D = (1+h)\frac{u_R}{u_{RR}}\left[a(N_0-2N)\frac{\varphi u_{RR}}{u_R^2} + 2a\right] < 0 \quad \text{for } N > N_0/2$$

となる。D はヤコービ行列の固有値の積にほかならないので、(6－34) より二つの固有値は異符号であり均衡点が鞍点であることが分かる[18]。

体系の均衡点は、$\dot{N} = \dot{R} = 0$ のときに与えられる。したがって、均衡は、

---

[15] 最適化の十分性は、ハミルトニアン H が、N と R に関して2回連続微分可能な凹関数となることである。R については、$\partial^2 H/\partial R^2 = u_{RR} = [u_{11}w_1' + u_{12}w_2']w_1' + u_{11}w_1'' + [u_{21}w_1' + u_{22}w_2']w_2' + u_2w_2'' < 0$ である。以下、この条件を仮定する。

[16] この動学経路に関する横断性条件は、まず、通常のハミルトニアン H^* とその随伴変数 λ^* に関して、$t \to \infty$ のとき、$\lambda^* \to 0$ となることである。これは、$(1+h)\lambda^* = u_R e^{-\rho t}$ において、u_R は有界でありことから成り立つことが分かる。また、H^* の定義から、$t \to \infty$ のとき $H^* \to 0$ であることも容易に分かる。

[17] (6－31) と (6－32) から、容易に、$R^* = R^{msy} - \frac{(MRS_{RN} - \rho)^2}{4a(1+h)} \leq R^{msy}$, $R^{msy} = \frac{N_0^2}{4(1+h)}$, を得る。ここで、$R^{msy}$ は、所与の再生関数のもとで持続可能な最大資源投入量 (maximum sustainable input) を意味する。$R^* = R^{msy}$ となるのは、$MRS_{RN} = \rho$ のときに限られる。

[18] (6－34) 式において $N > N_0/2$ は、(6－18) が示すように $F'(N) < 0$ を意味する。したがって、$F'(N) < 0$ は均衡が鞍点となるための十分条件である。このことは、(6－35) を考慮した場合、この条件は明らかに $(1+h)MRS_{RN} - \rho > 0$ であることと同値である。これは、自然環境への純負荷の環境ストックに対する限界代替率が、社会的割引率よりも大きいことを示している。以下では、この条件の成立するケースのみに限定して分析を行う。

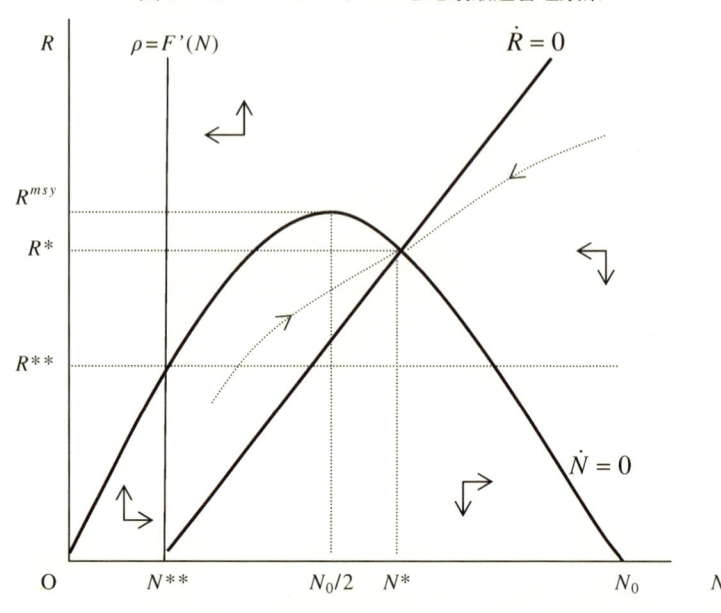

図6－2　エコツーリズムと地域最適管理政策

(6 −24) と (6 −31) 両式の左辺＝0 と置くことによって、

$$(6-35) \quad N^* = \frac{1}{2}N_0 + \frac{1}{2a}((1+h)MRS_{RN} - \rho)$$

$$(6-36) \quad R^* = \frac{a}{(1+h)}(N_0 - N^*)N^*$$

を満たす (N^*, R^*) となる。ただし、MRS_{RN} $(=\varphi/u_R)$ は、自然資源の投入 R によって得られる、所得で計った（環境財である）コモンプール財のストック量 N の限界代替率である。言うまでもなく、MRS_{RN} がより大きいほど当該地域において自然環境がより重要視されていると考えられる。(6 −30) を考慮した場合、地域プランナーの政策スタンスが都市本位であるケースでは u_R が大きくなり MRS_{RN} は小さくなる。このように、当該地域における自然環境保全へ向けた行動パターンは、地域プランナーの政策スタンスが都市部重視的であるか否かに依存している。

地域の最適管理計画に関連して、地域プランナーが将来世代の厚生をどのよ

うに評価するかは重要である。(6 − 31) において社会的割引率 ρ が大きいほど（つまり、将来世代の厚生を軽視すればするほど）自然資源ストック N は減じられ、反対に ρ が小さく将来世代へ向けた配慮が大きいほど大きくなることが分かる。

6.5 地域環境政策としてのエコツーリズム

　前節で展開された地域モデルから得られる政策的インプリケーションは、どのようなものであろうか。理論モデルの限界性を認めた上で、以下ではコモンプール財の最適管理政策とエコツーリズム政策のインプリケーションをまとめておこう。

　本章では、当該地域にあって生活者の厚生水準の最大化を目指す地域プランナーが存在すると仮定した。地域プランナーは、与えられた環境ストックの初期水準にあって、特に都市部での生産活動で必要とされる適切な資源投入 R のフロー量を制御・管理することによって長期的に厚生水準を最大化しながら、なおかつ均衡の環境ストック水準 N^* へと導くような誘導型のコモンプール利用量 R の管理を実行することが可能である。この解経路が、コモンプール財の最適な管理・運営政策にほかならない。

　一方、長期均衡が実現されたとしても、均衡においての都市部と農村部との経済的格差が問題となり得る。つまり、(6 − 12) ならびに (6 − 14) で定められる $w(R^*)$ が 1 よりも十分大きい場合が生じる。この場合、賃金格差解消策として次のような施策が考えられる。

❶都市住民のエコツーリズムへのサービス支出割合の拡大。
❷当該地域に対する域外からのエコツーリズム需要の拡大。
❸エコツーリズム価格の（都市生産物に比しての）相対的支持政策。
❹都市部におけるコモンプール利用に関する環境税の引き上げ。
❺環境税を原資とする効率的かつ改善的な課環境保全へ向けた支出政策。

このうち❶から❸が有効であることはすでに（6-12）のところで検討した。他方、より大きなコモンプール財利用が、農村賃金に比して都市賃金をより拡大させるという仮定のもとでは、均衡でのコモンプールの利用量 R^* を減少に導く施策も重要なものとなり得る。（6-23）、（6-35）ならびに（6-36）を考慮すれば、このための付随的な施策として h の上昇をもたらすような施策が❹および❺で掲げたものに他ならない。

ところで、エコツーリズムに関する具体的な政府の政策スタンスを検討する上で、すでに第1節で言及した農林水産省の「グリーンツーリズムの展開方向」が参考になる。この中で、エコツーリズムを活性化する施策として、①政策目標に基づくエコツーリズム人口の増加、②都市住民への情報提供、③農業・農村の受け入れ体制の整備、④これらを結びつける全国的な体制の整備、などが列挙されており、これらの拡充のための予算措置（平成13年度は10億円程度）を図ることが明記されている。

これらの政策は、理論上は先に列挙した❶から❸に対応している。しかし現実には、リゾート開発期に見受けられたような地域の環境破壊へとつながるケースが、エコツーリズムの展開時にも十分生起しうる可能性がある点を銘記すべきであろう。そのような危険性がある場合には、むしろ❹や❺などの施策もあわせて遂行する必要があると思われる。

本章では、地域プランナーの存在を仮定した。この仮定は、本章で考察したような流域圏あるいは共同のコモンプール財の利用とストックの圏域において共同の管理・運営ルールが形成され、遂行されていることを意味している。したがって、このような管理・運営ルールが有効に形成されている状況下では当該地域がエコツーリズム政策を内生的・自発的に企画・立案するというスタンスがあり、行政がそれを積極的にバックアップするという姿が望ましいもののように思われる。

いずれにしても、余暇の時代、地方の時代にあって、環境保全と両立する限りにおいて、エコツーリズムをめぐる環境整備などの推進が今後一層望まれるところである。

第7章

エコツーリズムと地域開発

Eco-Tourism and Regional Development

座喜味城跡(沖縄読谷村)

1420年に有力な按司、護佐丸によって築かれたグスク(城)。
東シナ海を見晴らす展望は素晴らしく、琉球の歴史を感じる。
沖縄の九つの世界遺産の一つ。

(筆者撮影)

7.1 はじめに

　前章では、現代の地域開発にとって配慮すべき最重要課題の一つであると考えられる環境保全との両立問題について、エコツーリズムという環境重視型の地域開発の視点から検討を加えた。また、都市－非都市（農村）の経済連関を記述するに地域モデルの構成とその静学的・動学的分析を通じて、エコツーリズムに関わる最適地域管理政策を論じた。このトピックスについて、本章ではエコツーリズムのミクロ経済的基礎を与えた上で、想定されるある特定の地域に関して地域開発と環境保全の両立可能性を論じよう。

　言うまでもなく、現在では、環境保全に言及することなく地域開発を論じることは不見識であるように思われる。これにはもちろん、環境問題の先鋭化自身が現実の経済成長を抑制せざるを得ない事態に至っているという理由のほかに、このような事態が将来世代にとって脅威になっているという危機感がある。したがって、経済成長志向的な地域開発といえども、経済成長に対して何らかの環境制約を課す必要性があるという論調が支配的であるように思われる。

　先進工業国では、少なからず伝統的な農村地域での疲弊が続いている。前章でも論じたように、地域観光業の展開によって地域経済の停滞を打破しようという企図が高まりつつある。地域観光業主導による地域開発が、環境保全と地域経済を停滞から救う数少ない方途として期待されつつあると考えられる。とりわけ「エコツーリズム」という言葉は、最近の持続可能な地域開発のためのキャッチワードとなっている[1]。

　本章では、適切な地域管理・運営システムのもとで、自然環境の悪化を伴うことのない地域開発を実現可能な手段としてのエコツーリズムについての分析を行う。一般に、エコツーリズムは、主として環境やそれよって育まれた文化に対する理解、畏敬の念あるいは保全に対する理解を深めるために地域の自然環境を経験することに主眼を置く地域の持続可能な観光化戦略である[2]。しかしながら、注意しなければならないのは、現代の観光業が少なからず自然環境に対してネガティブな影響を及ぼす危険性があることに留意すべきである。それゆえ、観光開発がもつ自然環境資源の利用に由来する負の効果を考慮する必

要があるだろう。

本章で構成される動学的最適化モデルは、Rauscher (1994) や Wirl (1999-a)、さらに前章のモデルに依拠している。ここでは、観光サービスに対する需要がどのように自然環境資源と関わっているかを明示するために、エコツーリズムの静学的市場構造を分析する。次に、地域の最適管理モデルを構築しその動学的性質を検討し、地域の所得増大には一定の寄与をするが、自然環境にはマイナスの効果をもつ「環境阻害要因」の最適管理を考える。

第2節では、本章で対象とする地域についてエコツーリズムと地域開発の関連を説明する。第3節では、エコツーリズムの市場を定式化し、短期均衡を分析する。続いて第4節では地域開発のための簡便な動学モデルを構成し、第5節において定常状態への移行動学プロセスを示し比較動学分析を行う。

7.2 エコツーリズムと地域開発の関連性

エコツーリズムに関する簡単な略史、概念ならびに政策的展開については前章で幾分詳しく論じた。要約すれば次のようになる。

地域が環境や文化などの保全と両立する観光業を志向することによって、持続可能なツーリズムとしてのエコツーリズムが成立する。他方で、地域の雇用や所得の水準を拡大する主役として、エコツーリズムに大きな期待がかかっていることもまた事実である。エコツーリズムが、ある特定地域の人的、人工的ならびに自然資源を活用することで成り立つために、とりわけ地域の自然や文化環境に悪影響を及ぼす危険性を常にはらんでいる。それゆえ、こうした地域観光資源の利用については地域の持続可能性が維持できるような厳密な配慮が求められる。

---

(1) 例えば、Straaten (1997) は、持続可能性なツーリズムとその政策的含意に関して明確な説明を与えている。
(2) 国際連合 (UN) は、2002年を国際エコツーリズム年 (International Year of Ecotourism (IYE, 2002)) として、各国、各地域において、地域間組織や NGO が協力して、環境保全に結びついた施策を推進するように提案した。

日本では、1980年代後半のバブル経済期に致命的とも思われる地域観光開発が行われた。巨大ホテルやゴルフ場の建設などを伴う画一的なリゾート開発は地域の健全な発展をもたらすことはなく、むしろバブル崩壊後は地域発展の足枷にさえなっている状況がある。いわゆる、政府の失敗が生起したのである。こうした反省に立って政府は政策スタンスの変更を余儀なくされ、例えば1994年に制定された「グリーンツーリズム法」のもとで、地域自然環境の保全と両立可能な地域発展の施策方向が打ち出され、その後エコツーリズムに対する需要の喚起や供給条件の整備などが行われつつある。

　本章の分析課題は、地域開発と環境保全を両立させるエコツーリズムの可能性についてモデル分析を行い、地域の自然や文化財などの観光資源の適正な管理・運営を考えることにある。これらの地域観光資源をコモンプール財と考えたとき、その適正な利用を図るための施策は基本的に二つの途があると考えられる。一つは、コモンプール財の利用に際して適正な利用料金を課する方法であり、他方は、直接的に資源の利用量を適正水準に制限するルールを課するというものである。

　言うまでもなく、両者は排他的な手段ではなく、むしろ補完的な手段として有効に機能している例がある[3]。本章での分析は、しかるに、地域観光資源ストックの保全に関して、第1章で言及した Ostrom et al (1990) の言うルール化（境界ルール、配分ルール、モニタリングルールなど）を検討することに主眼を置いており、したがって地域観光資源の適正な管理・運営ルールの検討に注意を集中する。

　ここで、本章を書くにあたって念頭に置いた特定の地域について解説しておこう。その意味では、本章でのエコツーリズムに関する議論は、モデル分析の一般適用可能性にも関わらず極めて限定的な地域特性を反映したものになっている。エコツーリズムが地域開発の新たな可能性として最も注目されるべき地域——それは、地域経済の停滞が著しく、かつ自然環境や文化的な地域資源を生かした形での観光サービス供給の可能性を多く残している地域である。

　沖縄県が本章でのモデル定式において念頭に置いた分析対象であり[4]、その設定動機は以下の三つである。

❶環境問題と地域開発の両立が厳しく求められている。

❷地域経済において所得停滞と高失業率問題がある。
❸地域の経済発展に関して、いわば外生的要因である基地問題がある。

　さらに、こうした状況の中で、環境保全と所得・雇用の改善を共存可能な施策としてエコツーリズムの展開に期待が集まっている事実がある[5]。

　沖縄県では、観光資源の開発に関して、450万人の観光客数で4,159億円（県外受け取りの約25％）の支出によって、81,575人の雇用創出、3,954億円の所得波及効果ならびに110億円の税収効果があるという実証データがある[6]。沖縄県では、軍事関係の県外受け取り、財政の経常移転がそれぞれ全体の約7.9％と55％程度であるのに対して観光収入は約20％を占めている（沖縄県観光要覧平成12年度版による）。そして現在、沖縄県での基地見直し論議と観光立県としての期待が高まる中で、エコツーリズムへの期待がますます高まりつつある。

　ここで、後のモデル展開で必要となる重要な概念である「環境阻害要因」について言及しておこう。環境阻害要因（B）は、公共投資や軍事支出などのように、その支出が一方で雇用増や所得増を通じて経済的厚生水準を高めるものの、他方で自然環境ストックなどへの負荷を高めるために、総じて地域の厚生水準を低める効果をもつ要因の総体であると定義される。図7－1のように、環境阻害要因に影響される地域厚生水準 V については、$V=V(B)$, $V'>0\ for\ 0<B<B_0$, $V'<0\ for\ B_0<B$, $V''<0$ であるようなベル状関数を仮定している。環境阻害要因

---

(3) 例えば、漁業組合が行っている季節的な入漁制限や貝掘りなどへの入場料の課金はその好例である。その他、東京都の法定外目的税としてのホテル税（bed tax）、あるいは沖縄県竹富島で議論されている入島税などは料金課金の例であるが、多くは資源利用に関して何らかのルール化が併用されていることもまた事実である。

(4) 本章の作成は、大学院博士課程の院生である伊佐良次氏（沖縄県出身）との議論に動機づけられた。記して感謝したい。

(5) ①については、騒音、大気汚染や軍事演習による地形変形などの基地公害、年間県人口の3倍程度の入込み客数がもたらすごみ処理増大、農地の開発がもたらす赤土汚染による魚場、珊瑚礁など自然環境への影響がある。②については、全国で最も低位な県民所得水準（1997年度で全国比68％）、全国一高い失業率（2000年度で約8％）であり、特に若年労働者の失業率の高さが目立つ。また、③については、沖縄県の空域70％、施設面積11％を占め、事故、災害の多発、自然環境保全の阻害、油流出・汚染、基地内外の社会問題、青少年への悪影響などが問題視されている（沖縄社会経済要覧［1995］参照）。

(6) JTBによる観光の波及効果調査（2002）を参照。

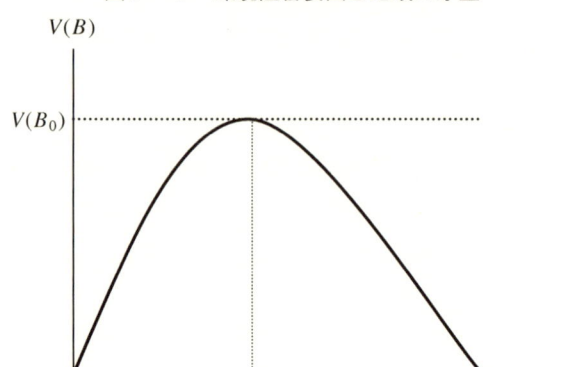

図7－1 環境阻害要因と地域の厚生

縦軸: $V(B)$、$V(B_0)$
横軸: O, B_0, B^{max}, B

が低位な段階では、地域の自然環境などへの影響が小さく所得効果が凌駕しているが、それが大規模になり、**図7－1**のようにある水準 B_0 を超えると地域への限界純便益はマイナスとなることが想定されている。すなわち、環境阻害要因は、このような支出のもつ本来の経済効果に外部不経済を考慮した概念である。

結局、対応する外部不経済（社会的限界費用）の逓増によって社会的限界純便益の減少がもたらされるのである。環境阻害要因は、理論的にアドホックな仮定ではあるが、本章では地域の観光資源ストックを最適に管理・運営するためのコントロール変数として極めて重要な役割を演じる。

7.3 エコツーリズム市場

7.3.1 エコツーリズムに対する需要

通常人々が居住地を離れて彼の地へ旅行するのは、そこで非日常的な体験、異なる環境や文化を理解することができると期待するからであろう。それゆえ、旅行サービスへの需要を決定する要因の中で、如何に当該観光地が顧客に対して十分な環境、文化資源を提供できるかが最も重要な要素となる。しかし一方

で、顧客がいかほどに旅行サービスへの需要を行うかについては、顧客の支出能力（所得）に強く制約されていることもまた事実であろう。

p_i を地域 i で供給される旅行サービスの価格としよう。議論の単純化のために、$i=1$ の場合を分析対象とする観光地、$i=2$ をその他の観光地とする。第2地域の居住者の所得を I とし、その一定割合 α を域内旅行と域外旅行（この場合第1地域への旅行）へ支出すると考えよう。この場合、第2地域の代表的消費者の所得制約は

（7－1） $\alpha I = (1+t)\{p_1 y_1 + p_2 y_2\}$,

で与えられる。ただし y_i は、第2地域居住者の第 i 地域の観光サービスへの需要である。また、t は旅行サービスに課せられる税である。

他方、当該消費者の効用関数については、コブ・ダグラス型を仮定し、

（7－2） $U = U(y_1, y_2) = y_1^\theta y_2^{1-\theta}$,

で与えよう。ここで $0<\theta<1$ は、第2地域の消費者にとって域外旅行が如何に重要であるかを示すパラメーターである。実際には、多くの要因がこのウエイト付けに関わっていると考えられる。第1地域の観光地としての魅力が高まるほど、第2地域の消費者の支出は第1地域へと向かうであろうが、そうした魅力は、観光地としての比類なき文化や自然環境をどれほど提供できるかという点に依存していることは明らかである。旅行者には、一般に異なる非日常的な環境や文化への希求がある。こうした現実は、観光地の魅力 θ に関する以下のような想定を可能にするように思われる。

（7－3） $\theta = \theta(N),\ \theta' > 0,\ \theta(0) = 0$,

ここで N は、第1地域の自然環境（あるいは文化的資源）の地域資源ストックを意味する。**図7－2**では、（7－3）が (N_0, θ_0) で変曲点をもつように描かれている。つまり、魅力度は自然環境などの地域資源ストックに対して収穫逓増から収穫逓減的に向かうことが仮定されている。

地域1にとっては域外からの観光客である地域2の消費者は、結局、所得制約（7－1）のもとで（7－2）で与えられる効用水準を最大化するように行動する。これより、地域1にとっての域外観光需要 y_1 は、

（7－4） $y_1 = \dfrac{\alpha I}{(1+t)p_1}\theta(N) \equiv \dfrac{A}{p_1}\theta(N)$,

図7－2　地域の魅力度関数

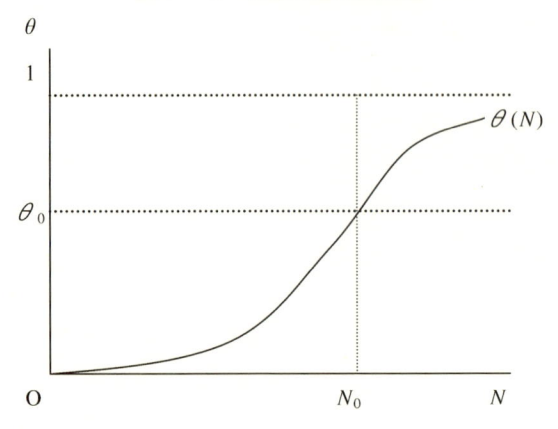

で与えられることが分かる[7]。(7－4) の第3式で定義されたパラメーター $A=\alpha I/(1+t)$ は、地域1の消費者の観光支出の割合ないしは地域2の消費者の所得が高いほど、また観光に賦課される支出税が低いほどより大きくなるパラメーターである。以下では、特に明記する必要のない限り添え字を省略しよう。分析対象としている地域へのエコツーリズムの需要関数は、したがって、

(7－5)　　$y = y(p, N; A), \dfrac{\partial y}{\partial p} < 0, \dfrac{\partial y}{\partial N} > 0, \dfrac{\partial y}{\partial A} > 0,$

で与えられ、これは、**図7－3**のように右下がりの曲線で描くことができる。

7.3.2　エコツーリズムの供給

　当該地域で観光業を営む企業を考えよう。地域間の観光サービスを考える場合、現実には、出発地の観光エージェント業、さらに観光実現のための様々な財の供給者、並びに交通サービス供給者が介在し、入り込み地域では、やはりそこでの交通サービス供給者、ホテル・飲食店、遊興施設などの各種サービスがすべて含まれる。観光客の支払う料金は、こうしたすべての関係するサービスの対価として支払われる。ここでは、先の第2地域から第1地域へ向かう消費者（観光客）の支出は第1地域における観光サービス供給の対価として支払われたものと仮定しよう。このとき、当該地域における代表的な観光サービス企業の生産関数を、

第 7 章 エコツーリズムと地域開発　151

(7−6)　$y^S = f(R, n)$, $f_R >$, $f_n > 0$, $f_{RR} < 0$, $f_{nn} < 0$,

と想定する。(7−6) は、観光サービス供給が、一定の労働投入 n と地域の文化や自然環境資源を用いて行われることを示している。R は、そうした地域観光資源ストックのフローの減耗部分を意味する[8]。

　観光サービス企業の利潤は

(7−7)　$\pi = f(R, n) - \dfrac{w}{p} n - rR,$

となる。ここで、w は賃金率、r は地域観光資源の減価の単位当たり費用である。しかしながら、とりわけ自然資源のように、地域コモンプール財の特性を保有する場合、観光客の自由なアクセスを排除できない上に、正確にその減耗分を補てんさせる手段に乏しいに自然環境への社会的費用が十分に負担されない可能性が大きい。すでに論じたように、コモンプール財は生産のための投入財としてはどの企業でも利用可能であり、適切な管理・運営システムがない場合にはその維持管理費用が過少に負担される傾向をもつ。このような事情を考慮した場合、企業は生産時において (7−7) の変数のうち唯一雇用水準のみがコントロールできると想定される[9]。主体の均衡条件は

(7−8)　$f_n(R, n) = \dfrac{w}{p},$

---

[7] 当然ながら、当該地域の観光需要が「域外需要」と「域内需要」の和であることは言うまでもない。しかし、少なくとも観光地を重要な産業として位置づける地域では、多くの場合、自地域以外の地域から広く観光客を迎えており、その意味で、対象地域全体から見れば極めて小さな圏域にすぎない。したがってここでは、当該地域にとっての「域外」からの観光客が決定的に重要である。こうした点を踏まえ、以下の議論では域外観光客需要のみを取り扱う。

[8] 例えば、美しい海岸を「売り」にするホテルでは、ホテルサービスの生産はマナーの良い接客係と美しい海岸を用いて行われると考えられる。宿泊客が海岸で様々な遊びに興じることで、海岸の手入れが必要になる。また、観光客による史跡探訪もまた同様に、維持管理なしにはその姿を持続させることはできないであろう。このように、自然資源ストックや文化財は観光によって減耗するのである。

[9] 代表的企業が利潤最大化のために二つの投入財の量を制御可能であると仮定すれば、均衡条件、$f_n(R^*, N^*) = w/p$ および $f_R(R^*, N^*) = r$ を解いて、均衡投入量 (R^*, N^*) ならびに均衡生産量 $y^{S*} = f(R^*, n^*)$ を得る。それゆえ、エコツーリズムの需要水準とは無関係に供給水準が決定され、需要量の変化は単にエコツーリズムの価格に影響するにすぎない。

となる、あるいはより明示的に書けば

(7-9)　$n = n(p, R; w), \quad \dfrac{\partial n}{\partial R} = -\dfrac{f_{nR}}{f_{nn}} > 0, \quad \dfrac{\partial n}{\partial p} = -\dfrac{w}{p^2 f_{nn}} > 0, \quad \dfrac{\partial n}{\partial w} = \dfrac{1}{p f_{nn}} < 0.$

を得る。(7-9) を (7-6) に代入すれば、

(7-10)　$y^S = f(R, n(p, R; w)) = y^S(p, R; w),$

となる。ただし、$y^S_p = f_n \dfrac{\partial n}{\partial p} > 0, \ y^S_R = f_R + f_n \dfrac{\partial n}{\partial R} < 0, \ y^S_w = f_n \dfrac{\partial n}{\partial w} < 0$ である。

　また、以下では地域資源投入に関して収穫逓減が作用すると考え、$y^S_{RR} < 0$ を仮定する。地域の観光資源ストックは、エコツーリズムの供給関数には含まれないので $y^S_{RN} = 0$ であることに留意する必要がある。こうして、エコツーリズムの供給曲線を図7-3の右上がりの曲線によって描くことができる。

7.3.3　エコツーリズム市場の一時的均衡

　エコツーリズム市場の一時的均衡は需要（7-5）と供給（7-10）の均衡によって定まり、図7-3の交点Eで与えられる。ここで対象としている観光地は、世界の観光市場から見れば極めて局所的であって、価格支配力をもち得ないと考えられる。したがって、当該地域にとっては価格は所与であり $p = p^*$ と考えよう。この場合、

(7-11)　$R = \phi(N; A), \ \phi_A > 0,$

であり、$N = 0$ のとき $R = 0$ である。(7-11) の関数 Φ については、以下の条件（7-12）および（7-13）が成り立つことは容易に分かる。

(7-12)　$\dfrac{dR}{dN} \equiv \phi_N = \dfrac{A \theta'(N)}{p^* y^S_R} > 0,$

(7-13)　$\dfrac{d^2 R}{dN^2} \equiv \phi_{NN} = \dfrac{A[\theta''(N) y^S_R - \theta' y^S_{RR} \phi_N]}{p^* y^{S\,2}_R} > 0.$

　(7-11) は、エコツーリズムのサービス価格が所与の場合、サービスの供給は主として地域の魅力によって規定される需要水準に依存して決まる。仮に、地域資源ストックの悪化によって地域の魅力が衰退すれば、当該地域へのエコツーリズム需要は減少し、サービス供給のための資源投入は減少する。この様子は、図7-3によって描かれている。図7-3の需要曲線の d_1 から d_2 への

図7-3 エコツーリズムの短期均衡

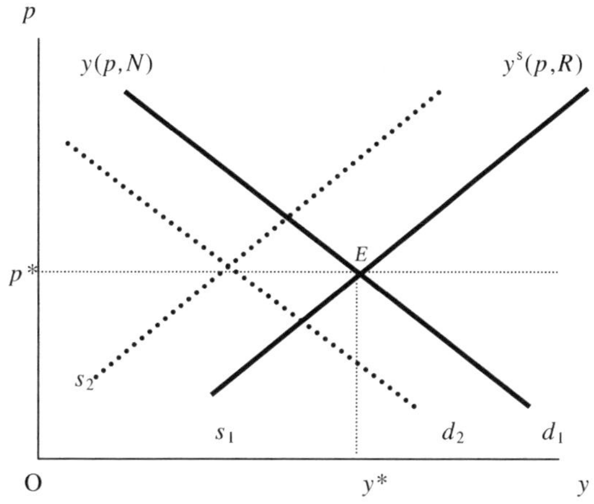

シフトは、エコツーリズムのサービス価格を引き下げるように作用するが、これが供給者の利潤減少と供給削減をもたらし、サービス供給に必要となる労働や地域観光資源などの投入を削減させる（**図7-3**では、供給曲線 s_1 の s_2 へのシフトで示されている）。

7.4 エコツーリズムと地域厚生

7.4.1 エコツーリズムと地域の最適管理・運営問題

図7-3の描くように、短期的に所与である観光資源ストック N とその「幸」である投入 R によって、エコツーリズムの需要ならびに供給水準、そして両者の均衡として最適なサービス水準が決まる。次のステップは、両者の動学的調整における関連性をどのように考えるかである。

ところで、当該地域における厚生水準については二つの構成要素があると考える。一つは、(7-7) で与えられるエコツーリズムのサービス企業の利潤である。(7-9)、(7-10) および (7-11) を (7-7) に代入すれば、地域観光資源ストックに関連づけられた利潤関数、

$$(7-12) \quad \pi = f\left(\phi(N;A), n\left(p^*, \phi(N;A); w\right)\right) - \frac{w}{p^*} n\left(p^*, \phi(N;A); w\right) - r\phi(N;A)$$
$$\equiv \pi(N;A),$$

を得る。当該企業がすでに指摘したように、コモンプール財である地域資源投入に対して適切な負担を行っていないために、その限界生産性が限界費用を上回っていると考えることができる。つまり、

$$(7-13) \quad \frac{\partial \pi}{\partial N} \equiv \pi_N = \phi_N [f_R - r] > 0,$$

である。第二の構成要素は、すでに言及した「環境阻害要因」に起因するものである。これらをあわせて考慮したものが当該地域における社会的便益 (U) であり、それは

$$(7-14) \quad U \equiv U(N,B;A) = \pi(N;A) + V(B),$$

で表すことができる。

　他方、地域観光資源ストックは、その利用と環境阻害要因のもたらす社会的費用によって変化し、その変動過程は状態方程式、

$$(7-15) \quad \dot{N} = h(N) - R - gB = h(N) - \phi(N;A) - gB,$$

によって記述される。(7-15) の右辺第1項の関数 h は、地域観光資源のもつ自己維持・再生力を反映する関数（自然環境資源の場合には「再生関数」と呼ばれる）である。h に関しては、狭義凹で $h(0) = h(N_{max}) = 0$, $h(N) > 0$ for $0 < N < N_{max}$ を仮定しよう。(7-15) は、これから、ストックの利用部分である R と環境阻害要因の社会的限界費用 $g \times B$ を差し引いたものが観光資源ストックの純変動であることを表している。定常状態は、それゆえ $h(N^*) - \phi(N^*; v) = gB^*$ を満たす (N^*, B^*) である。

　当該地域の社会的な最適管理・運営は、(7-15) のもとで (7-14) を最大化するように行われなければならない。したがって、問題 (RP) は、

$$\text{Maximize}_{(B)} \int_0^\infty U(N,B;A)e^{-\rho t}dt$$

(RP) Subject to $\dot{N} = h(N) - \phi(N;A) - gB,$

$0 \leq B(t), N(0) = N_0$ given,

で定式化され、地域の環境阻害要因を最適にコントロールすることが課題とな

る。ただし、ρ は社会的割引率である。言うまでもなく、問題（RP）についての最適経路を求めることが、同時に地域のエコツーリズムに求められる最適生産になっている[10]。

7.4.2 地域環境阻害要因の最適管理

（RP）で与えられる地域の課題を解こう。(RP) に関する経常値ハミルトニアン H は、

$(7-16) \quad H = \pi(N;A) + V(B) + \lambda\left[h(N) - \phi(N;A) - gB\right],$

である。ただし、λ は随伴変数であり、ラグランジェアン L は $L = H + \mu B$（ただし、μ は B の制約に関するクーン・タッカー（Kuhn-Tucker）乗数である。ハミルトニアンの右辺第1項、第2項は、調整された環境阻害要因に対応する地域の経常厚生水準である。シャドウプライス λ を含む第3項は、環境阻害要因に対応する地域観光資源価値の変化率を表している。ハミルトニアンの凹性は、$\partial^2 H/\partial B^2 = V''(B) < 0$ によって保証されていることが分かる。

H を最大化する N、B および λ が課題（RP）の解を与える。最適性の必要条件は

$(7-17) \quad V'(B) - g\lambda + \mu = 0,$

$(7-18) \quad \dot{\lambda} = -\pi_N(N;A) + \lambda\left[\rho - h'(N) + \phi_N(N;A)\right]$

ならびに状態変数の動学方程式（7-15）で与えられる。解の収束性に関する横断性条件は、

$(7-19) \quad \lim_{t\to\infty} N(t)\lambda(t)e^{-\rho t} = 0$

で与えられる。さらに、クーン・タッカー条件は

$(7-20) \quad \mu \geq 0;\ B \geq 0;\ \mu B = 0$

である。（7-17）および（7-20）より

---

[10] 当該地域のエコツーリズムサービスの供給企業にとっての主たる関心は、もちろん（7-12）における利潤の最大化にある。そのため、企業の求める最適生産量（ナッシュ均衡）は、一般に社会の求める最適生産量と異なっていると考えられる。通常、両者の乖離を埋める施策として、企業へのインセンティブ政策である課税や補助金政策が検討される。しかしながら本章の課題は、企業を含めた地域社会の構成員がどのように地域観光資源を最適に管理・運営するかに関するルールを求めることにあることから、こうした点をあえて分析視野からはずしている。

$$(7-21) \quad B = \begin{cases} 0 & if\ V'(0) < g\lambda \\ B^* & if\ V'(B) = g\lambda, \end{cases}$$

を得る。

ここで、関連するコントロールに関して内点解の存在を仮定すれば $\mu=0$ と置くことができて、通常の動学分析に従うことができる。（7-17）を時間で微分し、（7-18）を考慮すれば、

$$(7-22) \quad \dot{B} = \frac{-g\pi_N(N;A) + V'(B)[\rho - h'(N) + \phi_N(N;A)]}{V''(B)},$$

を得る。（7-15）と（7-22）が、解経路を決める微分方程式を構成する。$B-N$ 空間での位相図を求めよう。そのために、まず方程式（7-15）において $\dot{N}=0$ を満たす曲線を求めよう。これは、

$$(7-23) \quad B = \frac{h(N) - \phi(N;A)}{g},$$

を満たす。（7-23）は、その社会的限界費用が十分高い場合には、環境阻害要因は、地域の観光資源ストックを維持するために十分小さくなければならないことを示している。（7-23）から、$\dot{N}=0$ 曲線の勾配は、

$$(7-24) \quad \frac{dB}{dN}\bigg|_{\dot{N}=0} = \frac{h'(N) - \phi_N(N;A)}{g},$$

で与えられる。また、（7-23）の右辺の分子は、$N=0$ もしくは $N=N'$ ($0 < N' < N_{max} < N_0$) のときゼロであることに注意しよう。以前に課した h および Φ の仮定から $\dot{N}=0$ 曲線は、**図7-4**で描かれているようにベル状を示す。

$\dot{B}=0$ 曲線については、（7-22）の右辺をゼロと置けば、

$$(7-25) \quad V'(B)[\rho - h'(N) + \phi_N(N;A)] = g\pi_N(N;A),$$

を満たし、その勾配は

$$(7-26) \quad \frac{dB}{dN}\bigg|_{\dot{B}=0} = \frac{g\pi_{NN}(N;A) - V'(B)[-h''(N) + \phi_{NN}(N;A)]}{V''(B)[\rho - h'(N) + \phi_N(N;A)]},$$

となることが分かる。$\dot{B}=0$ 曲線の形状は、残念ながら（7-26）の右辺の分子ならびに分母の符号がアドホックに定まらないために確定しない。（7-25）の左辺をゼロに等しくする N を N_ρ としよう。$0 < N < N_\rho$ となる N に対して、（7-25）の左辺の [ ] の符号は負となり、また $V'(B)$ は負値となるので、

B は B_0 を上回る。他方、$N>N_\rho$ の場合には、反対に B は B_0 を下回る。それゆえ、N–B 空間上に原点を (N_ρ, B_0) にとると、$\dot{B}=0$ 曲線は第 2 象限および第 4 象限に含まれた不連続な二つの曲線に分割される。

図 7 − 4 で描かれているように、この場合、N–B 空間には三つの均衡点が存在することが分かる。このような $\dot{B}=0$ 曲線の不連続性自体は、環境阻害要因の社会的限界費用 g の大きさとは無関係であるが、他方で g が十分小さな場合には唯一の均衡点が存在する。均衡が一意に定まるケースは、図 7 − 5 で描かれている。

動学的性質を探る前に、複数均衡をもつ体系の可能性と条件を吟味しよう。このために、$0<N<N_\rho$ かつ $B>B_0$ のケースに限定して考える。（7 − 23）の B を（7 − 25）に代入すれば、

$$(7-27) \quad \Gamma(N;g) \equiv -g\pi_N(N;A) + V'\left(\frac{h(N)-\phi(N;A)}{g}\right)[\rho - h'(N) - \phi_N(N;A)],$$

を得る。この場合、$\Gamma(0;g)<-g\pi_N(0;A)<0$ ならびに $\Gamma(N_\rho;g)=-g\pi_N(N_\rho)<0$ が成り立つ。十分大きな $g=g^\infty$ に対して $\Gamma(N;g^\infty)$ は負となるが、十分小さな $g=g_0$ については、$\Gamma(N;g^0)$ はある N^*（ただし、$0<N^*<N_\rho$）に対して正となる。特に、後者については、

$$(7-28) \quad g^0 < \frac{1}{\pi_N(N^*;A)}\left\{V'\left(\frac{h(N^*)-\phi(N^*;A)}{g^0}\right)[\rho - h'(N^*) - \phi_N(N;A)]\right\},$$

が満たされる場合に成り立つ。$\Gamma(N;g)$ が N と g に関して連続であることから、中間値の定理より $\exists N^* \in (0, N_\rho)$ である N^* に対して $\Gamma(N^*;g^*)=0$ を満たす g^* が存在する。このことから、もしも g が十分に大きく $\forall N \in (0, N_\rho)$ に対して $\Gamma(N;g)<0$ であれば、図 7 − 4 で描かれているように領域 $(N_\rho, N_{\max})$ において少なくとも一つの定常状態が存在する。

まず、図 7 − 4 における二つの均衡点、(N_1, B_1) と (N_2, B_2) を検討しよう。(7 − 15) と (7 − 22) によって構成される体系のヤコービ行列は、

$$(7-29) \quad J = \begin{bmatrix} h' - \phi_N & -g \\ (-g\pi_{NN} + V'(-h''+\phi_{NN}))/V'' & [\rho - h' + \phi_N] \end{bmatrix},$$

である。これよりヤコービ行列式（$|J|$）は、

図7－4　複数均衡のケース

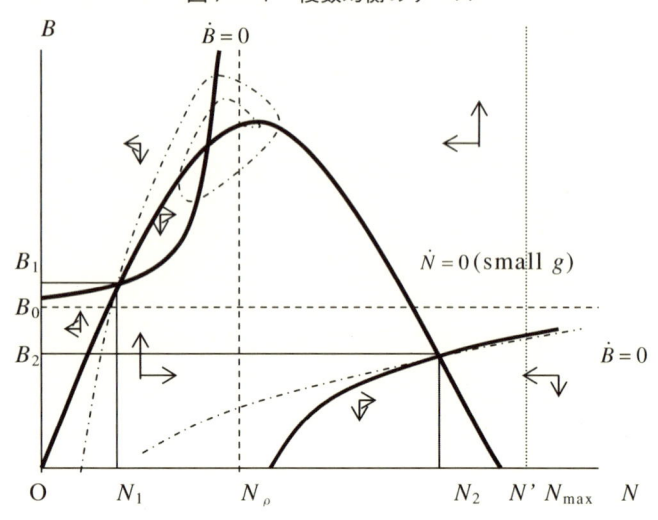

(7-30) $|J|=(h'-\phi_N)[\rho-h'+\phi_N]+g\{-g\pi_{NN}+V'(-h''+\phi_{NN})\}\dfrac{1}{V'}$,

となる。ヤコービ行列式の符号を確証するために、(7-30) の右辺の各項の符号を検討しよう。点 (N_1, B_1) については、$\rho-h'+\phi_N<0$ であることと、(7-24) で与えられる正の $\dot{N}=0$ 曲線の勾配が (7-26) で与えられる正の $\dot{B}=0$ 曲線の勾配に比してより大きいことから、負の符号をとることが理解できる。他方、点 (N_2, B_2) についても $\rho-h'+\phi_N>0$ ではあるが、$\dot{N}=0$ 曲線の勾配が負でありかつ $\dot{B}=0$ 曲線の勾配に比してより小さくなるから、$|J|$ が負値をとることが分かる。したがって、これら二つの均衡点は共に鞍点均衡であることが示された。

図7－4もしくは図7－5が描くように、多くの経路の中から地域プランナーは定常状態に収束する最適経路を選ばなくてはならない。このうち図7－4では、二つの候補とある経路が存在する。一つは、(N_1, B_1) へ収束する経路であり、もう一つは (N_2, B_2) へと収束する経路である。地域プランナーは、さらにそれらのうちから一つを選ばなくてはならない。この選択問題を考えるためには、Skiba (1978)、Brock and Starrett (1999) ならびに Rondeau (2001) の議論が有用である[11]。まず、ハミルトニアン・ヤコービ方程式 (Hamiltonian-

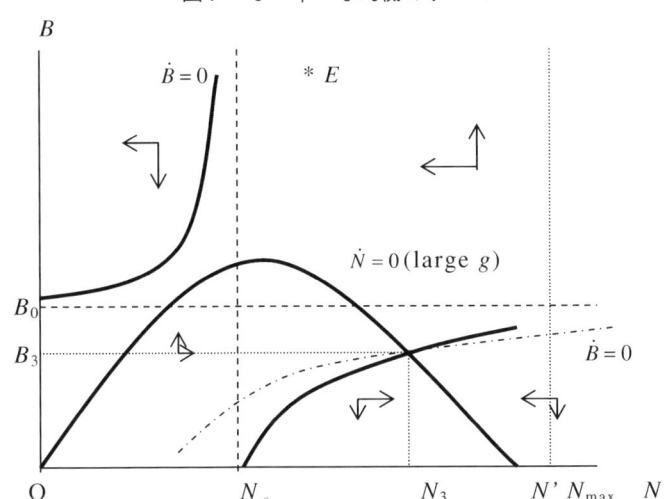

図7－5　単一な均衡のケース

Jacobi equation）から候補となる次の評価関数を考える。すなわち、

$$W^* \equiv \int_0^\infty \tilde{U}(N, B^*; A)e^{-\rho t}dt = \frac{H(N, B^*)}{\rho}$$

(7-31)
$$= \frac{1}{\rho}\left\{\pi(N;A) + V(B^*) + \frac{V'(B^*)}{g}\big(h(N) - \phi(N;A) - gB^*\big)\right\},$$

ここで B^* は、選ばれた初期のコントロールである[12]。W^* を B^* について偏微分すれば、

(7-32) $\quad \dfrac{\partial W^*}{\partial B^*} = \dfrac{V''(B^*)}{\rho g}\big[h(N^*) - \phi(N^*;A) - gB^*\big]\begin{cases}<0 & \text{if below } N-\text{isocline}\\ =0 & \text{if on } N-\text{isocline}\\ >0 & \text{if above } N-\text{isocline}\end{cases}$

を得る。（7－32）は、図7－4における定常状態（N_2, B_2）へ向かう解経路が有効な最適計画になることを示している。こうして、均衡の一意性に関わりなく、地域が選ぶべき最適経路は図7－4での鞍形点（N_2, B_2）、あるいは図

---

[11] 図7－4に関する限り、（N_1, B_1）に向かう渦状経路は大域的に最適な経路ではないことが分かる。この点については Rondeau (2001) を参照.

[12] （7－31）に関する最適性の必要条件は Skiba (1978) の命題2で与えられている。通常の必要条件に加えて $\lim_{t\to\infty}\lambda(t)\big[h(N) - \phi(N, A) - gB^*\big]e^{-\rho t} = 0$ を仮定する。

7-5での鞍形点（N_3, B_3）へ向かう経路であることが示された。

　図7-5において、当該地域の環境阻害要因の最適管理が行われる初期の状態が点 E であるとしよう[13]。点 E での環境阻害要因の水準は極めて高いので、後には漸増的調整が必要になるとはいえ初期の段階では大幅な調整が必要となる。こうした調整を提案することは、地域の特定の利害関係者の反対を受けるために困難を伴うことにあるであろう。しかしながら、環境阻害要因が少なくとも図7-1で仮定したようなベル状を示すのであれば、環境阻害要因の調整が必ずしもそれがもたらす便益 $V(B)$ の減少をもたらすとは限らない点に注意する必要がある。点 E のように、環境阻害要因のレベルが高いがゆえにそれから受け取る社会便益の水準が低い場合には、地域での構成員がその削減案を受け入れる可能性は高いと考えられる。

7.5　地域開発とエコツーリズムの有効性

7.5.1　政策に関するオルターナティブ

　ここでは、エコツーリズム市場に影響を及ぼすと考えられる幾つかのパラメーター変化の影響を検討しよう。特に図7-4における均衡点（N_2, B_2）に及ぼす効果を分析の対象とする。

　こうした分析は、地域計画者が鞍点へ向かう経路を経て定常状態に到達した後に地域管理をできるだけ有効なものにするために、政策変数を調整する必要が生じる場合に重要であろうと思われる。

　（7-23）および（7-25）を各々全微分することによって、次のような比較静学のための連立方程式体系を得る[14]。

$$(7-33)\quad \begin{bmatrix} h' - \phi_N & -g \\ V'(-h' - \phi_{NN} - g\pi_{NN}) & V''(\rho - h' - \phi_N) \end{bmatrix} \begin{bmatrix} dN \\ dB \end{bmatrix} = \begin{bmatrix} \phi_A \\ V'\phi_{NA} - g\pi_{NA} \end{bmatrix} dA.$$

これより、パラメーター A の均衡点（N_2, B_2）へ及ぼす効果は、

$$(7-34)\quad \frac{dN}{dA} = \frac{\phi_A V''(\rho - h' - \phi_N) + g(V'\phi_{NA} - g\pi_{NA})}{\Psi},$$

第7章 エコツーリズムと地域開発　161

$$(7-35) \quad \frac{dB}{dA} = \frac{(h'-\phi_N)(V'\phi_{NA}-g\pi_{NA})+\phi_A\{V'(h''+\phi_{NN})+g\pi_{NN}\}}{\Psi},$$

の各式で表される。ただし、$\Psi=(h'-\phi_N)V''(\rho-h'-\phi_N)+g\{V'(-h''-\phi_{NN})-g\pi_{NN}\}>0$ である[15]。（7-34）の分子第1項は負であるが、第2項の符号は確定しない。さらに（7-35）の分子第2項は負であるが、第1項の符号は定まらない。もし、π_{NA} が負であれば（注14参照）dB/dA は負となるが、dN/dA の符号は依然として確定しない。この符号は、明らかに環境阻害要因の社会的限界費用 g の大きさに依存している。g が十分大きいときには（7-34）の分子は正となり、A の上昇は定常状態での地域観光資源ストック N は増大する。しかしながら、逆に g が相対的に小さいケースでは、それは均衡での N の水準を減じることになる。

　こうした事実は、とりわけ地域の課税政策を考えるときに重要なインプリケーションをもつと思われる。パラメーター A の上昇は、定義により租税政策に関して言えばエコツーリズムサービスへ賦課される税率の引き下げを意味する。定常状態で、仮に地域プランナーがエコツーリズムサービスへの需要を拡大しようとして減税政策を行った場合、その目標は実現される。言うまでもなく、これは環境阻害要因の社会的限界費用が十分高い場合であって、dN/dA、それゆえ $\frac{dR}{dA}=\phi_N\frac{dN}{dA}+\phi_A$ が正となる場合に生じうるが、このことは、地域プランナーが当該地域において定常状態でのエコツーリズムサービスの生産と雇用水準を共に増大しうる可能性を示唆している。

---

(13) 点 E のような状況を想定することは現実的かもしれない。先述した沖縄の場合、地域計画者が地域の総便益をできる限り損なわないように、環境阻害要因をドラスティックに減じる必要があると考えられる。

(14) ここで、$\dot{N}=0$ 曲線は、$\frac{\partial B}{\partial A}|_N=-\frac{\phi_A}{g}<0$（ただし、$\phi_A=\theta/(p^*y^s_R)>0$）であることから、下方シフトすることが分かる。他方、$\dot{B}=0$ 曲線のシフトについては不確定である。（7-25）より、$\frac{\partial B}{\partial A}|_B=-\frac{V'\phi_{NA}-g\pi_{NA}}{V''(\rho-h'+\phi_N)}$、ただし、$\phi_{NA}=\frac{\theta'(y^s_R-y^s_{RR})}{p^*y^{s^2}_R}>0$ かつ $\pi_{NA}=\phi_{NA}(f_R-r)+\phi_N\phi_A f_{RR}$ なる関係を得る。後者の符号は確定しない。資源投入の限界生産力がその限界費用に十分近い場合には $\partial B/\partial A|_B>0$ となるので、$\dot{B}=0$ 曲線は、パラメーターAの上昇につれて上方シフトするであろう。

(15) ここでは、$\pi_{NN}=\phi_{NN}(f_R-r)+\phi_N^2 f_{RR}<0$ を仮定している。

当該地域を訪れるエコツーリズムサービスの潜在的消費者にとって、消費を決意させる最も重要な前提条件は、当該地域が安全で、自由でかつ平和であるという点であろう。しかしながら、とりわけ現実に負の影響が生じた場合に、エコツーリズムサービスへの需要に直接的効果を及ぼす幾つかの環境阻害要因が存在する。例えば、破壊的な交通事故やテロリズムあるいは他の社会的事件や自然的災害は、観光客の旅行願望を強く閉ざしてしまう場合が多い。

これらのエコツーリズムサービスへのインパクトは、もちろん地理的自然的条件に依存して地域ごとに異なっている。悲惨な航空機事故は飛行機を利用する旅行者の観光意欲を減退させ、軍事施設などへのテロ行為は近隣のレジャー施設への行楽を妨げるであろう。本章が念頭に置いている沖縄県の場合、飛行機のアクセスに頼らざるを得ない状況や軍関連施設の多さによって過去に大きな痛手を被ってきた。

こうした点を踏まえて、ある偶発事件によって地域の魅力度を示すパラメーター θ が一時的に低下した状況を考えてみよう。(7－4)の形から、θ のシフトは A のシフトと同方向であることが分かる。したがって、上記の事故や事件の発生は A を低下させることと同様の効果をもたらすと考えられる。ここから、仮に環境阻害要因の社会的限界費用が十分に大きい場合、地域における最適な地域の観光資源ストックを減少させ、環境阻害要因を増大させる効果をもつ。このことは、当該地域の観光資源ストックを減じることでエコツーリズムサービスへの需要を減少させる代わりに、環境阻害要因から受ける純便益が増大することを意味している。それゆえ、地域プランナーの意図と最適地域管理政策を追求する場合の帰結との間で矛盾が生じる可能性がある。

7.5.2 地域開発と雇用

前節において、定常状態へ単調に収束する解経路が望ましいということを示した。この結果に対して直感的な説明を与えておこう。地域の社会厚生水準は（7－14）の形で与えられ、エコツーリズム部門の利潤、環境阻害要因がもたらす公共投資や軍事支出などの純便益を含んでいるものの、社会状況が影響を受ける他の多くの要因が存在するに違いない。すでに論じたように、地域プランナーがエコツーリズムを地域の開発政策に組み入れる主たる理由は、開発と

環境保全が両立しないという現実があるからである。仮に、社会的便益が（7-14）に代えて

（7-14）′ $\quad W' = \pi(N;A) + V(B) + \Lambda n(\phi(N;A))$,

で与えられているとしよう。ただし、Λ は当該地域の雇用を厚生水準へ転換させる係数である。地域プランナーが、地域の雇用水準をより重要であると考えるほど Λ は大きくなる。この場合、（7-31）の評価関数において $H(N_1, B_1)$ と $H(N_2, B_2)$ を比較すれば、十分大きな Λ に対しては $n(\phi(N_1;A)) < n(\phi(N_2;A))$ であるから、$V^*(N_1, B_1) < V^*(N_2, B_2)$ が成り立つ[16]。これに関連して**図7-6**は、(N_2, B_2) に向かう解経路 l_2 が、(N_1, B_1) に向かう解経路 l_1 に比してより効率的であることを示している。

図7-6の第1象限は基本的に**図7-4**と同じものであるが、それに加えて第2象限で環境阻害要因の純便益関数 $V(B)$ を、また第4象限は、競争的なエコツーリズムサービスの市場価格が一定である場合、自然環境などの観光資源ストック N とその投入水準 R の関係である（7-11）を描いている。第3象限は、これら三つの象限の関係から導出され、解経路に沿ったエコツーリズムへの資源投入と環境阻害要因の純便益の関係を示している。

図7-6から分かるように、解経路 l_2 に沿った管理・運営では、地域は豊富な地域観光資源を保ちながらエコツーリズムへの資源投入をより多く供給する可能性をもつ上に、より高い雇用水準を維持できる。この場合、地域プランナーが行うべきことは、地域経済がより豊富な地域の文化的、自然的資源ストックを維持できる定常状態に地域を導くことである。このことは、仮に初期に環境阻害要因がかなり高い水準であっても、地域プランナーはそれを大幅に縮小させる手段を通じて最適経路を選択すべきであるということを示唆している。そのような手段を講じた後、地域の最適管理・運営は地域観光資源の回復とエコツーリズムの需要増大をもたらし、さらに当該地域での雇用水準の改善を帰結しうるのである。

---

[16] この場合、（7-31）は

$$V^* = \frac{1}{\rho}\left\{\pi(N^*;A) + V(B^*) + \Lambda n(\phi(N^*;A)) + \frac{V'(B^*)}{g}\left(h(N^*) - \phi(N^*;A) - gB^*\right)\right\}$$ で表される。

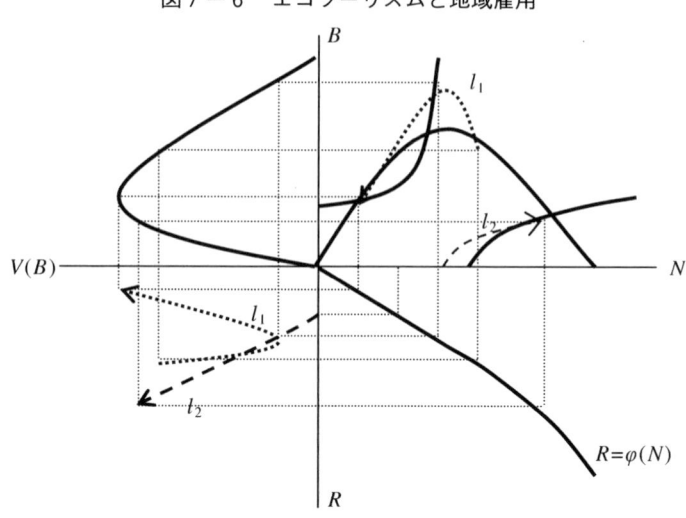

図7-6　エコツーリズムと地域雇用

B

l_1

l_2

$V(B)$　　　　　　　　　　　　　　　　　　N

l_1

t_2

$R=\varphi(N)$

R

7.6　おわりに

　本章では、地域観光資源を地域における非排除的かつ競合的性質から見てコモンプール財であると考え、その適切な管理・運営の手段と方法を検討した。本章で示された重要な帰結は以下のように要約できるだろう。

　まず、エコツーリズムの短期の需要、供給関数を導出し、エコツーリズムの市場での一時均衡を分析した。そのサービス価格が世界市場との競争関係によって所与で固定的なものである場合、エコツーリズムのサービス水準は、基本的に地域の文化財や自然環境などの観光資源ストックとそれらの資源投入の大きさによって定まる。しかし、そのような地域観光資源量は、利用される資源投入の量のみならず、地域にとって重要な意味をもつ「環境阻害要因」（公共投資のように、それ自体地域に経済的便益をもたらすものの自然環境の破壊などを通じて負の限界便益をもたらす要因）の社会的限界費用に依存してそのストックの量を削減させる。明示的にこのような関係を分析する必要から、動学

的最適計画によるモデル分析を行った。

地域プランナーの問題は、如何にして、当該地域の環境阻害要因をコントロールするかという点に絞られる。この環境阻害要因の純便益関数の形状と、その社会的限界費用の大きさに応じて複数均衡が生じる可能性を示した。定常状態へ収束する最適経路において地域プランナーは、初期において環境阻害要因がどのように大きくても、それをまず減少させる手段を講じるべきである。政策パラメーターについては、例えば、エコツーリズムサービスに賦課される税率の軽減は地域でのサービス供給と雇用の増大をもたらすとはいえ、このことは環境阻害要因の社会的限界費用の大きさに依存している。

本章のモデルフレームワークでは、地域の環境阻害要因という仮説的に規定された概念が重要な役割を演じた。地域プランナーは、観光資源保全のためにそれをドラスティックに調整する必要がある。地域にあっては、そうした環境阻害要因の調整なしには経済成長と環境保全のトレードオフを排除することはできないように思われる。それゆえ、環境阻害要因が地域において現実にどのような社会的限界費用をもっているかについて知る必要がある。

環境阻害要因に依存することなく、地域のエコツーリズムの潜在能力を高めること（すなわち、地域の貴重な文化財や自然環境などの観光資源を保全し回復させること）が、エコツーリズムに期待を寄せる地域の望ましい姿であるように思われる。しかし、こうした方向での挑戦はいまだ途上である。

第8章

地域の環境保全と開発政策

Regional Environmetal Preservation and Development Policy

奥多摩湖と森林（東京都奥多摩町）
多摩川上流、1957年完成の小河内ダムがつくる人造湖。
貴重な東京都の水源であり、
季節ごとにその色を変える豊かな森。

(筆者撮影)

8.1　はじめに

　本章では、地域環境財であるコモンプール財の最適管理・運営方法について、主として多摩川流域の自然資源を保全しつつ、自然資源を活用したエコツーリズムの振興を通じた地域の持続的発展を実現させるための方策を探る[1]。

　流域圏での自然環境保全と地域開発の両立をめぐっては、多くの先進的事例がある。地域連携の可能性の中で、連携の理論的分析とあわせてそうした事例との比較検討を行う。特に、多摩川流域圏における環境保全の問題と開発の課題を明確にして、あるべき管理・運営システムの方途を考察する。エコツーリズムに関しては、奥多摩の自然資源の環境価値の計測によって問題を定量的に把握し、具体的な対策を検討しよう。

　全国一級河川（109水系）の一つである多摩川は、流域が東京都、山梨県、神奈川県にまたがり、延長138km、流域面積が1,240km²に及んでいる。流域面積の3分の2を上流部（奥多摩）が占め、そのほとんどが山地である。

　奥多摩は、豊かな森林資源と水資源に恵まれ、また江戸と甲州とを結ぶ要衝の一つとして栄えた。近年は、1957年に小河内ダムが完成して以降、東京都の主要な水源の一つとして重視され、また秩父多摩甲斐国立公園の一部を形成する観光地でもある。しかし、林業が衰退する一方、これを補う産業に乏しく経済は停滞し、人口の減少と高齢化が進んでいる。このままでは、奥多摩の森林や水などの自然資源は荒廃し、多摩川中・下流域との経済格差も一層拡大する恐れがある。他方、自然資源の荒廃は、これに依存する中・下流域の都市住民の生活基盤をも揺るがしかねない。奥多摩の自然資源を守ることは、多摩川に関わりを有する多くの住民が共有すべき課題である。

　奥多摩の自然資源を保全するためには、これを可能にする地域経済の再生が不可欠である。奥多摩に存在する自然資源を活用できる数少ない有望産業はエコツーリズムであるが、まだ産業としての成長力に欠ける。観光資源の開発・整備、散策路や宿泊施設などのインフラの整備、自然環境の魅力をアピールする広報などの施策に対して奥多摩を含む多摩川流域の総合力を十分発揮し切れていないからである。

この問題の解決の糸口は、まずそこにある自然資源の価値を客観的に把握するところに見いだすことができよう。自然資源の需要者・供給者が資源の価値を再認識し、その利用を促進させる必要がある。奥多摩が自然資源を保全しつつ、自然と調和した観光、すなわちエコツーリズムを振興させることができるならば、多摩川は流域の住民にとってこれまで以上に重要な存在となるだろう。

　本章では、こうした観点から奥多摩における自然環境の現況ならびに産業の展開を概観した上で奥多摩の自然環境の保全と地域開発の両立可能性を探り、その展開方向の一つとして奥多摩におけるエコツーリズムの可能性と課題を検証する。

　本章の構成は次のようである。第2節では奥多摩の自然環境を概観し、水源地と同時に「緑」の果たすべき役割が如何に大きいかを示す。第3節では、奥多摩の人口、産業の動向を概観し、林業の再興やエコツーリズムに代表される新たな産業展開の可能性を論じる。さらに第4節では、こうした産業展開と環境保全に関する奥多摩地域における自治体や住民の取り組みの現状と施策方向を考察する。また第5節では、特にエコツーリズムの展開可能性とそのために必須とされる施策を検討するための調査として、今回奥多摩で実際に行った仮想評価法（CVM：Contingent Valuation Method）の概要とそれらが示唆する施策について検討を加える。本章のまとめとして第6節では、奥多摩における環境保全と地域開発のあり方に関する総括を与える。

8.2　奥多摩の自然環境

　多摩川流域圏が古来より流域住民の生活の基盤であったことは、縄文時代の遺跡が物語っている。源流の山梨県塩山市の板橋遺跡、奥多摩町の上高地平遺

---

(1) 本章は、基本的に薮田研究室の共同作業の成果である。盛夏のCVM調査並びに政策論議に関しては、特に、中村光毅、山西靖人、伊佐良次（中央大学大学院経済学研究科博士課程）および小澤卓、望月暁、千葉公一郎（同公共経済専攻修士課程）の諸氏に感謝したい。

跡をはじめ大田区の千鳥窪遺跡など、上流から下流に至って60余りの遺跡が発見されている。

　東京都における多摩川流域圏の用途別土地利用は**図8-1**で示されている。中でも奥多摩地域における青梅市、奥多摩町、檜原村の森林面積の占める割合が大きいことが分かる。それぞれ森林の占める割合は67.4％、95.1％ならびに95.5％であり、人口の集積した世田谷区や府中市などの中下流域では0.5％、1.1％と極端に少ない。都市部でも、上流域に近い八王子市では48.5％の森林が保たれている点は注目に値する。奥多摩町や檜原村における森林面積は、ここ100年近くの間ほとんど変わっていない[(2)]のに対して、とりわけ多摩ニュータウンで知られる多摩市では1915年にはおよそ55％であったものが、住宅開発の結果、現在ではわずかに5.1％にすぎない事例も見られる。

　他方、**表8-1**は、多摩川流域圏に属する東京都下にあって森林面積の大きい上位6自治体を示したものである。全体で75,930haの森林のうち、奥多摩町と檜原村のみで全体の約4割を占めている。特に、奥多摩町では21,058haと広大で天然林の占める割合が約5割、他方、都や町の公有林は4割にすぎず、私有林が全体の6割となっている。なお、山梨県丹波山村、小菅村、塩山市ならびに東京都奥多摩町には、1910年頃に成立した約21,600haに及ぶ東京都水道局を管理主体とする東京都水道局水源林がある。

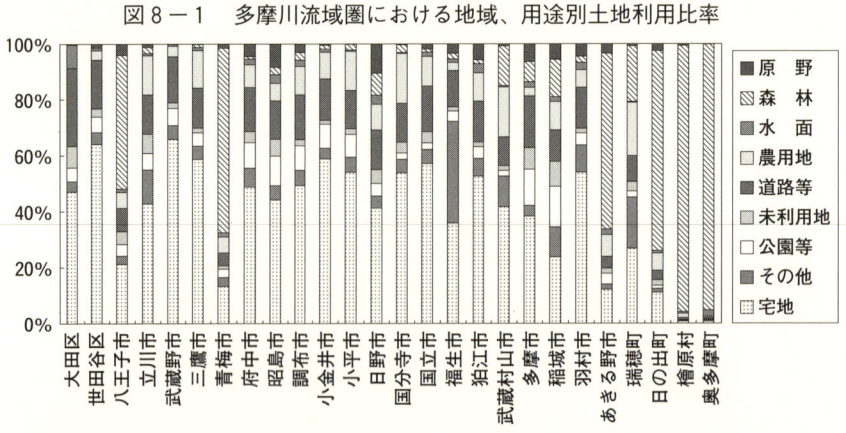

図8-1　多摩川流域圏における地域、用途別土地利用比率

土地利用現況）東京都都市計画局地域計画部土地利用計画「東京の土地利用」
　　　　　　平成8年（9年多摩地区）

表 8 − 1　多摩川流域圏上流域における森林の構成

	森林面積 ha	天然林	人工林	国　有	公　有	私　有
奥 多 摩 町	21,058	10,349	10,709	0	8,608	12,450
檜 原 村	9,765	3,282	6,483	0	1,291	8,474
八 王 子 市	8,582	2,778	5,049	1,169	797	6,616
青 梅 市	6,550	1,735	4,772	7	88	6,455
あきる野市	4,424	1,066	3,355	0	974	3,450
日 の 出 町	1,919	337	1,582	0	269	1,650

　森林経理方式の特徴としては、①経営目的としての水源涵養機能発揮があること、②水源涵養上望ましい森林像として生態系の視点を導入していること、③天然林については施業せず人工林について複層林作業等を行うこと、などがあるとされている[3]。

　1日当たり約600万m³といわれる東京都の水源量にあって、利根川・荒川水系の占める割合は77％と大きく、多摩川水系の占める割合はわずかに20％弱にすぎない。しかし、利根川水系は不安定であり、先に見たように多摩川水系のもつ流域圏に及ぼす歴史的価値が大きい点、また、わが国最大級である小河内ダムの完成（有効貯水量では1億8,540万m³でわが国第11位、コンクリート堤体積では第3位）によって安定的な水源としの機能を維持している点を鑑みても多摩川水系の果たす役割は大きい。言うまでもなく、奥多摩地域における森林保全は、その水源涵養機能のみならず、治山、治水さらには希少性生物保全や地球温暖化防止機能など自然環境の母体としての役割も大きい[4]。

　しかるに、奥多摩の森林が置かれた状況は極めて厳しいと言わざるを得ない。

---

(2) 国土交通省〈新多摩川誌〉平成13年の別巻統計資料による（なお、特に断らない限りは当該資料による）。
(3) 泉「東京都・神奈川県における水源林について」（第1回多摩川流域圏研究会報告2002年9月による）を参照。また、泉（2004）参照。
(4) よく知られた日本学術会議の年間70兆3,000億円（平成13年『林業白書』参照）という森林全体の多面的価値を援用すれば、奥多摩町、檜原村の2自治体の森林だけで844億円（全体の約3/25,000）あるいは東京都水源林だけでも約590億円の価値を毎年産出していることになる。

わが国全体として見た場合、森林環境の保全問題は、もっぱら林業経営の衰退とそれによる森林の適正な維持・管理の喪失をめぐる課題に集約されるように思われる。単線的な図式で課題を整理することはできないが、問題の把握のためには少なくとも以下の事実認識が重要であると思われる。まず、①天然林は比較的少なく、広葉樹から松、杉、檜といった針葉樹を中心とした人工林の拡大傾向が見受けられること、②南洋のラワン材や北米の米ツガなどの外材と杉、檜など国内材の価格問題については、相対的に安価な外材の輸入→国内材から外材への代替→国内林業の不振、という単純な図式が必ずしも成立せず、林産物の規格不備や非合理的な流通形態もあわせて問題であること、さらに、③趨勢的に林業、製材業への就業者が減少しており、これらの部門での就業者の年齢構成は高く、他産業に比して賃金が低いこと、また、④国産材の生産縮小に伴う売り上げの減少と共に総コストが増大して林業の純所得が減少していること、などである[5]。

　奥多摩も例外ではない。経営状況の悪化からとりわけ人工林の疲弊化が進行し、森林のいわゆる公益的機能を果たし得ないばかりか、水土保全や林業自身の衰退を招く結果となっている。零細な森林所有者の高齢化と世代交代による関心の低下が、そうした疲弊傾向に拍車をかけているのが現状である。木材価格の低迷、労賃などの経費の上昇により林業の採算性は大幅に低下を続け、20ha以上を保有する林家の年間林業所得は36万円程度（＝全国）であり、小規模の森林所有者を中心に林業への意欲や関心が減退している。

　全域が依然として豊かな自然環境の宝庫として秩父多摩甲斐国立公園に指定されており、同時に水源林としての機能を果たすべき奥多摩の森林が衰退することは、奥多摩地域の住民はもとより多摩川流域圏に暮らす人々や、ひいてはわが国の自然環境全体にとって致命的となりかねない。このため、「森林資源の循環利用」の推進に関する多面的な施策、すなわち森林区分に応じた森林整備（水土保全林、森林と人との共生林、資源の循環利用林）、長期育成循環施業の導入、間伐の着実な実施、ならびに効率的・安定的に林業経営を行える担い手の育成と森林施業・経営の集約化、就業者の確保・育成等の推進、ニーズに応じた品質・性能の明確な木材製品の安定的な供給、流通の効率化や情報化の促進、地域材の積極的な利用の推進、さらに地域資源を活かしつつ、多様な

就業機会の創出・確保、生活環境の整備や都市との交流活動の促進などを総合的に実施することが基本施策として挙げられている。

例えば、奥多摩町における森林整備の推進方向では次のようなことが謳われている。

❶ 水土の保全と水源涵養機能を高度に発揮する整備林として18,636ha を対象とし、適切な間伐・保育の推進や複層林への誘導・整備のための補助、場合よっては公的関与による森林の整備などの施策。
❷ 森林生態系保全や空間的利用を重視した整備林226ha を対象に、生活環境や保健機能重視の整備や原生的で学術的に貴重な森林の保護や森林景観を重視した施策。
❸ 多摩森林整備・林業振興推進地区を含む2,299ha における木材生産機能の整備。

下流域・中流域を含む広域での木材需要を発掘し、多摩産材の積極的利用を進める努力や、平成14（2002）年度の森林再生プロジェクトの発足、保育・間伐に対する最大9割の補助など、奥多摩の森林整備へ向けた一歩は踏み出されてはいるものの、ほとんどが5ha 以下の零細私有林であることからいまだ実効力のある対応がなされていないのが現状である。

8.3　奥多摩の経済構造

過疎過密の深化が言われてすでに久しい。おおむね上流域＝林業、農業、中下流域＝農業、工業ならびに商業集積という展開からこれら地域間の所得や人口格差の拡大が生じ、このような傾向が若年齢層の都会への移動によって一層進んだわけだが、それはもちろん奥多摩も例外ではない。

図8－2が示しているように、多摩川流域圏の上流域にあたる奥多摩地域では、塩山市を除いて1950年代前半までの増加傾向が転じて以降軒並み低下して

---

(5) この点に関しては本書の第10章を参照。

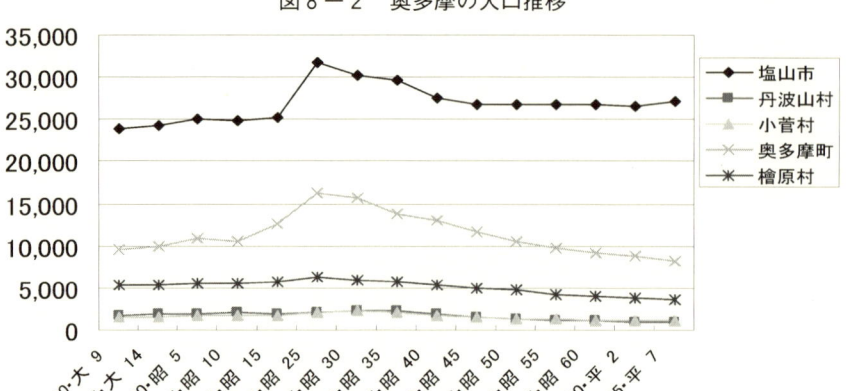

図8－2　奥多摩の人口推移

グラフ：1920(大9)～1995(平7)の人口推移
- 塩山市
- 丹波山村
- 小菅村
- 奥多摩町
- 檜原村

いることが分かる。国勢調査が始まった1920年（大正9年）を基準1にした場合、1995年においては、多摩市では35倍、三鷹市、武蔵野市、昭島市などではおよそ30倍となっており、3倍程度の日の出町という例外などがあるものの、ほとんどの市区町部で人口は増加している。そうした中での、**図8－2**にあるような奥多摩地域での人口増加－反転停滞の傾向は、奥多摩での林業や農業の盛衰を反映していると考えられる。とりわけ、奥多摩町では、ピーク時に人口は16,000人に達したものの今ではおよそ半減しており、直近の国勢調査である2000年までの5年間で600人程度さらに減り、減少傾向に歯止めはかかっていない。

　過疎化の進行の結果は、奥多摩地域における急激な人口高齢化として表れている。**図8－3**は、2000年の国勢調査による東京都全体と、檜原村と奥多摩町の年齢別人口構成比を表したものである。**図8－3**の示すように、奥多摩町にあっては15～35歳の人口構成が極端に低いこと、他方で、50歳以上の人口構成は年齢階級の上昇と共にむしろ上がっていることが容易にうかがい知れよう。

　他方、**図8－4**は、東京都における林産物生産額の1993年以降5年間の推移を示したものである。キノコ類などの売り上げが健闘している反面、軸となるべき素材（丸太）生産額は、わずか5年の間に3分の1にまで激減しているのである。

　ところで、**表8－2**は多摩川流域圏における産業別特化係数を見たものであ

図8-3　奥多摩における年齢階級別人口構成比

図8-4　東京都における林産物生産額の推移

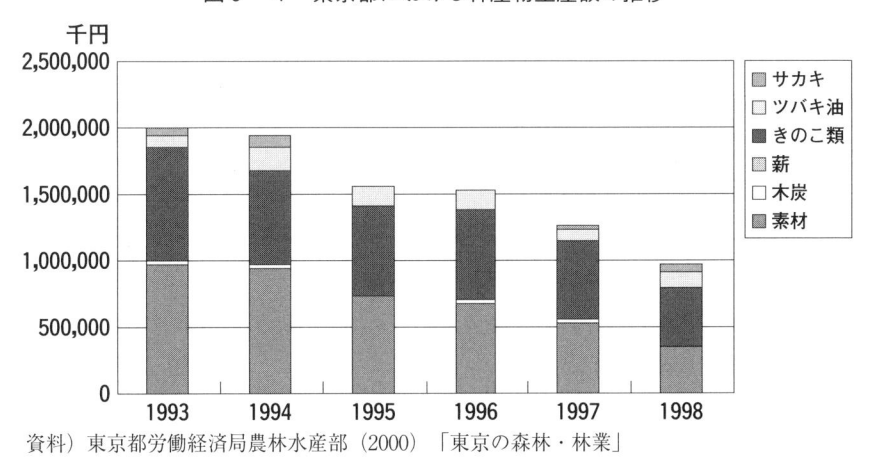

資料）東京都労働経済局農林水産部（2000）「東京の森林・林業」

る。奥多摩町の鉱業（石灰石）を別にすれば、農林業、建設業、公務およびサービス業での特化係数が大きいことが分かる。また、表にはないが、工業特化係数を見れば、食料品（檜原村、奥多摩町それぞれ事業所ベースで3.30、3.30）、木材（42.13、18.06）、家具（7.47、1.12）となっており、製材にあわせて用材の加工・組み立て、あるいは林産品、農業製品を加工するといった産業の姿がうかがえる。

本節の最後に、観光関連の指標を見ておこう。先に言及したように、奥多摩

表8－2　奥多摩における産業特化係数

	檜原村		奥多摩町	
	事業所	従業者	事業所	従業者
農林漁業	4.95	10.79	8.61	10.94
鉱　業	0.00	0.00	48.88	224.60
建設業	2.21	2.24	1.48	2.00
製造業	0.97	0.63	0.64	0.60
電力他	4.42	0.49	2.56	2.54
運輸通信	0.72	0.76	0.69	0.43
商　業	0.75	0.67	0.98	0.75
金融保険	0.00	0.00	0.47	0.29
不動産業	0.06	0.04	0.00	0.00
サービス	1.20	1.35	1.15	1.16
公務他	7.26	2.71	9.01	2.02

　町は秩父多摩甲斐国立公園にあって、奥多摩湖や多摩川上流域の清水、美しい渓谷、日本100名山に数えられる雲取山などの豊かな自然環境に恵まれている。奥多摩町の場合、平成13（2001）年度観光入込み客数はおよそ170万人（平成8［1996］年度との比較で約35万人減）で、そのうち日帰り客が116.3万人と全体の約7割を占め、宿泊観光利用者は16.6万人と10％にも満たない。過半数はマイカーを利用しており、行楽シーズンの道路渋滞が激しいという。

　季節的には、若葉の美しい5月、キャンプ・夏休み行楽の8月、紅葉の11月と比較的旅行目的が明確なように思われる（**図8－5参照**）。なお、入込み客数の統計では、平成8（1996）年度比で大幅な減少となっているが、観光案内所の利用状況を見る限り平成8年の24,043人から平成14年の37,209人へとむしろ増加傾向にある。観光案内所が、どちらかというと初心者が利用する傾向があること、駅に近く駅周りの駐車スペースが狭いことからJR利用者が中心となることを考慮しても両者の乖離には疑問が残る。

　ところで、自動車を中心とした観光ということであったが、**図8－6**が示すように、中央線から分岐し奥多摩へと続く青梅線における幾つかの駅の乗車人員を見れば、奥多摩観光に関係があると考えられる奥多摩駅や鳩の巣駅での乗車人員は、1965年をピークにむしろ漸減傾向にあることに注意する必要があろ

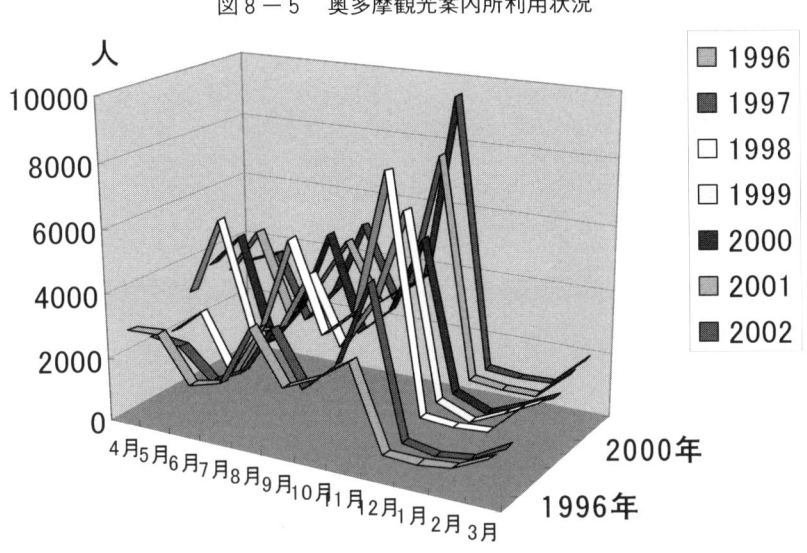

図8-5　奥多摩観光案内所利用状況

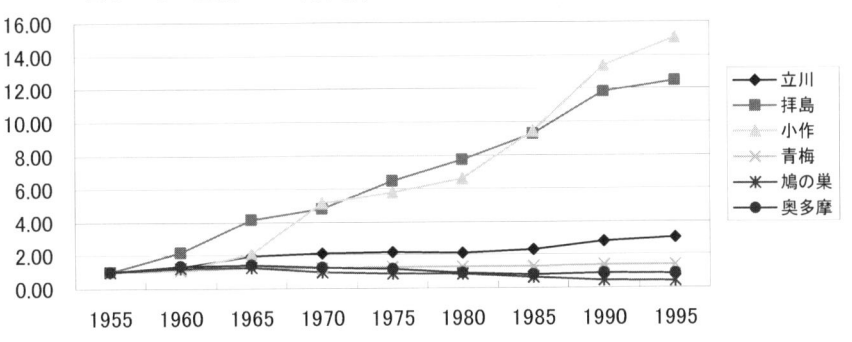

図8-6　国鉄ＪＲ（中央線、青梅線）乗車人員の推移（1995＝1）

う。経済の発展、東京一極集中化の中で、都心への通勤客増などを反映してむしろ奥多摩地域以外の青梅駅や立川駅は微増し、拝島駅や小作駅では大幅な増加となっているのである。明確な時系列データを欠いた状況で断言は禁物ではあるが、現行では観光施策は十分とは言えず、自動車の自然環境への弊害などの社会的費用を考慮すれば、むしろＪＲなどへの交通手段のシフトを目指す必要があると考えられる。

　直接的に観光客の増減を反映しているとは限らないが、**表8-3**によって奥

表 8 － 3　奥多摩における小売業の展開

	1962年			1979年			1999年			2002年		
	商店数	従業者数(人)	販売額*	商店数	従業者数(人)	販売額	商店数	従業者数(人)	販売額	商店数	従業者数(人)	販売額
奥多摩町	165	407	553	175	483	3,715	97	349	3,897	90	304	3,410
単位当り	336**	136	—	2,123	769	—	4,018	1,117	—	3,789	1,122	—
檜原村	72	128	129	80	131	805	45	107	978	46	134	812
単位当り	179	101	—	1,006	615	—	2,173	914	—	1,765	606	—

＊100万円、＊＊万円

多摩町、檜原村の小売業の展開を見ておこう。1962年から1979年にかけては、商店数、従業者数、販売額のどれをとっても増加しているのが分かる。しかし、1999年には、販売額は微増しながらも商店数や従業者は共に大きく減少していることが分かる。ところが2002年には、こうした販売額の伸びは一転してマイナスとなっており、特に、それまで観察できた従業員一人当たり販売額や一店舗当たりの販売額の上昇傾向も反転減少している様子が明確に看取できる（商業統計各年度版による）。

次に、事業所統計（産業中分類）によって、観光との関連が深いと思われる遊興飲食店、宿泊業ならびに娯楽業の推移を見てみよう（表 8 － 4）。全体として、事業所数ベースでも従業者数ベースでも若干の衰退傾向は明らかなように思われるが、特に宿泊業に関しては、檜原村の展開が比較的安定的であるのに比して奥多摩町での落ち込みが厳しいことが分かる。1986年以降15年間で、事業所数ベースでは60軒から44軒へ減少し、従業者数ベースでも約120人程度の減少が生じている。

大多摩観光連盟の委託によるJTBの調査（2002年3月）でも、また今回のわれわれの実態調査でも明らかになったように、奥多摩町での宿泊客の割合は極めて少数である。奥多摩町における宿泊業の衰退状況は、残念ながらそうした状況を明瞭に反映したものとなっている。

これまでの分析から、奥多摩地域の現状として人口や経済の衰退状況が見えてくる。豊かな自然環境の中で、年間200万にも及ぶ人々が訪れて自然を満喫する地域——それが奥多摩地域である。しかし、そこに住む人々は、高齢化の進行と共に不足しがちな人材、林業をめぐる厳しい経済環境、さらに観光業の

表8-4　奥多摩における観光関連業の展開

		事業所数				従業者数			
		1986	1991	1996	2001	1986	1991	1996	2001
奥多摩町	遊興飲食店	14	18	14	14	25	31	21	21
	宿泊業	60	57	51	44	330	254	244	213
	娯楽業	7	8	7	7	49	69	87	60
檜原村	遊興飲食店	1	2	3	2	2	4	8	4
	宿泊業	35	34	37	33	94	115	170	122
	娯楽業	3	4	2	2	7	22	17	9

伸び悩みなどの課題と対峙することが求められている。地域の人々にとって真の厚生増加につながる開発、豊かな自然環境と両立する持続可能な発展とは何か、またどのような施策が必要であるのかがまさに今問われているのである。

8.4　環境保全と地域開発——奥多摩の現状と課題

　本節では、奥多摩における環境保全ならびに地域開発の現状を整理し、行政が把握する問題点と課題の解決方向をまとめておこう。

8.4.1　環境保全の現状

　ここでは、奥多摩町を中心に環境保全の現状を見てみる。奥多摩町における環境保全は、大きく森林整備と、廃棄物処理（ごみ処理）・公共用水域水質保全（下水道対策など）・公害対策・日照確保対策などの環境対策、の二つに分けられる。森林整備について奥多摩町の現状を見ると、森林を「水土保全林」、「森林と人との共生林」、「資源の循環利用林」の三つに区分し、整備を推進している。

　林業労働力については、奥多摩町森林組合が主体となり、東京都や奥多摩町と連携しつつ推進することとしている。さらに、森林組合の育成強化、森林従業者の養成・確保、高性能林業機械などの導入による森林施業の合理化を推進

している。広域的な取り組みとしては、2002年、東京都の水源林を共有する4市町村（塩山市、奥多摩町、丹波山村、小菅村）が「多摩川源流協議会」を設立し、源流域の自然環境の保全と協調体制の確立を目指して行動を開始した。さらに、協議会が主宰する「多摩川源流プロジェクト21」を設置し、自然環境保全についての議論を行うこととしている。

奥多摩町の環境対策を見ると、奥多摩湖の完成により観光ごみが増加したことから、昭和中期からごみ処理を実施している。現在、奥多摩町には、ごみ焼却処理施設、不燃物処理資源化施設、最終処分場を擁する奥多摩町クリーンセンターがあり、自区内処理を行っている。ごみ量は年間約28,000トンである。下水道整備については一部地区で完成しているが、その他の地区では計画段階にある。なお、丹波山村および小菅村の公共下水道の普及率は90％を超えている（2002年3月）。

奥多摩町の公害対策は、自動車交通量の増大に伴う騒音対策などであり、日照確保対策としては、長期にわたる林業不況により杉・檜が伐採されないことによる住宅への日照阻害などへの対策として、支障となる木の伐採費用の助成を行っている。

8.4.2 地域開発の現状

上述の通り、森林整備への取り組みは地道に進められてはいるが、森林を巡る環境があまりにも厳しいことから当初の目的を達成するには至っていない。

一方、観光産業は、林業に代わる地域の数少ない主要産業として振興が図られている。観光産業の現状を奥多摩町について見ると、観光客数は近年は減少傾向にある。観光客の過半数が自動車利用であり、また観光客のうち宿泊客は1割に満たない。丹波山村、小菅村も自然を生かした観光産業の振興を目指している。

8.4.3 行政が把握する問題点と課題

森林整備に関し、行政が把握している問題点を奥多摩町について見ると、一つは、手入れ不足による過密な人工林の増加とこれによる公益機能低下への懸念である。また、森林所有者についても、不在地主の増加、所有者の山離れ・

経営意欲の減退が問題となっている。さらに、国産材原木価格の下落が続いており木材生産業が苦境に立たされている。

このように、森林整備の面でこれまで長期にわたって維持されてきた伐採・造林・保育などのサイクルが機能しなくなってきていることに行政は危惧を抱いている。東京都も東京都自然環境保全審議会などの答申[6]を受けて問題・課題をより明確化し、解決へ向けた具体的行動に着手する方向にある。

奥多摩町の環境対策面の問題は、不法投棄、下水道整備、自動車交通量の増大に伴う騒音などである。また、観光振興についての問題点・課題としては、駐車場、公衆トイレ、案内板などの観光インフラの未整備がある。宿泊客を呼び込むためにも、観光資源の開発がより重要な課題となる。

8.4.4　問題・課題の解決
1.　環境保全

森林整備については、上述の対策を地道に遂行することで問題の解決を図る方向にある。東京都も2002年に「多摩の森林再生事業」をスタートさせた。森林の所有者と都が協定を結び、18,000haの多摩の杉および檜の人工林のうち、間伐を必要とする森林について50年間に4回の間伐を都の事業として行うものである。例えば、2002年度の事業費には3億2,000万円（奥多摩町分1億6,000万円）が計上されている。

奥多摩町における環境問題のうち、不法投棄については広報活動や連絡会の設置などにより監視の目を厳しくしている。また、公共用水域水質保全対策については1987年から合併処理浄化槽の設置を推進し、町民世帯の設置に対する補助金制度を設けている。騒音問題については公害対策審議会を設置して対策を検討しているほか、交通量調査、騒音測定などを実施している。

2.　観光産業の振興

観光インフラの整備については、奥多摩町では用地確保の困難性と多額の建設費用が駐車場整備のネックとなっている。観光客誘致対策として、小菅村で

---

[6]　東京都自然環境保全審議会「多摩の森林再生を推進するために」2002年10月。東京都農林漁業振興対策審議会「21世紀の東京の森林整備のあり方と林業振興の方向」2003年1月。

は1987年から「多摩源流まつり」を開催しており、1994年には日帰り温泉施設（小菅の湯）を開設した。また、2001年には、多摩川源流を生かした流域の地域づくりを進めるために「多摩川源流研究所」を設立した。

奥多摩町は、(財)日本宝くじ協会助成事業による「あらたな地域づくり計画」、すなわち「奥多摩型エコツーリズム」の構築を目指している。奥多摩町は全国第一位の数を誇る巨木林や「日原鍾乳洞」など、エコツーリズムを推進するのにふさわしいすぐれた観光資源を有している。しかし、そのためには、地域と都市住民とが交流できる施設の建設など「集客拠点の整備」と「エコツアーガイド」の育成が急務であるとしている。また奥多摩町では、滞在型観光への移行を目指して1998年に氷川地区に温泉館（もえぎの湯）を設置した。

8.5　エコツーリズムの展開可能性

8.5.1　環境価値測定の意義

　奥多摩の自然に限らず、多くの観光地はその自然特性と非日常的体験・経験を可能ならしめる観光資源（文化財など）を保有している。消費者は、その所得の一定割合を観光費に割り当てるわけだが、同時にどの観光地にどの程度割り当てるのかを決定すると考えられる。単純化して当該代表的家計の所得を M とし、観光費に割り当てられる割合を θ、第 i 観光地への実質サービス支出を x_i $(i=1,2)$ とすれば、

（8－1）　　$\theta M = p_1 x_1 + p_2 x_2,$

となる。θ は、消費者の観光支出を決める諸要素、例えば祝日や夏季休業の多さ、旅行好きの程度などによって決まると思われるが、分析の簡便のために以下では一定であると仮定しよう。

　p_i はそれぞれの財の価格を表している。便宜上、$i=1$ を奥多摩への観光サービス需要であるとしよう。この代表的家計が各財の需要を決定する要因は様々である。ある家計はハワイ好きであるが、他の家計は鄙びた温泉好きであるのは価格水準だけでは説明できない要因が寄与しているのは明らかである。この

ような規定要因は、供給側から需要側に影響を及ぼすというよりは供給に関する情報を既知とした需要者側の要因（所得以外の個人的特性 C）が関与している。消費者行動は、通常、効用水準；

（8－2） $U = U(x_1, x_2, Q_1, Q_2, C),$

を（8－1）の制約のもとで最大化する行動として定式化される。ここで Q_i は、観光地の魅力を決める（自然資源などの）環境財の水準を示している。（8－2）に関して、各財の環境属性については地域間では影響を及ぼさない独立の変数と考える。

　奥多摩へ観光する消費者のサービス需要量は、この問題を解いて、

（8－3） $x_1 = x_1(p_1, p_2, Q_1, Q_2, \theta M, C),$

で表される。このとき間接効用関数は、

（8－4） $V = V(p_1, p_2, Q_1, Q_2, \theta M, C),$

となる。逆に、効用を一定（$U = U_0$）として、（8－1）の右辺で表される支出額を最小化する行動を解けば、

（8－5） $h_1 = h_1(p_1, p_2, Q_1, Q_2, C, U_0),$

を得る。（8－5）の h_1 は、奥多摩観光に関するヒックス補償需要関数である。また、このときに実現される最少支出額 m は、

（8－6） $m = m(p_1, p_2, Q_1, Q_2, C, U_0),$

と書ける。

　ここで、奥多摩の環境財のみの変化を考える。Q_1 が Q_1' へ変化した場合、（8－4）における V の値は変化するであろう。このとき、$V = U_0$ を維持するような所得 θM の補償（CS＝補償余剰）を

（8－7） $V(p_1, p_2, Q_1, Q_2, \theta M, C) = V(p_1, p_2, Q_1', Q_2, \theta M - CS, C) = U_0,$

で定義する。（8－7）において、価格、奥多摩以外の環境水準を一定としよう。奥多摩の環境がより良くなれば効用水準は増大するであろうが、効用を変化前の状態に維持するとすれば消費者の支出はより低く抑えられるであろう。この低く抑えられた部分が補償余剰 CS にほかならない。先の支出額（8－6）を援用すれば以下のようになる。

（8－8） $CS = m(p_1, p_2, Q_1, Q_2, C, U_0) - m(p_1, p_2, Q_1', Q_2, C, U_0).$

　こうして、奥多摩における自然環境の改善がもたらす効果の諸相を判定でき

ることになる。環境財の改善（Q_1 の上昇）は、価格など他の事情にして等しい場合、(8-3) によって $\partial x_1/\partial Q_1$ 分だけ観光サービス需要を増大させ、(8-4) によって効用水準を $\partial V/\partial Q_1$ だけ増加させる。あるいは、(8-8) のように厚生水準を不変に保った状態で支出すべき金額を（CS 分だけ）より小さくする効果をもつ。

8.5.2 環境価値測定の基本的アプローチ

以上の補償余剰と間接効用関数の考え方を敷衍して、本論文での仮想評価法 (CVM) の考え方をまず整理しておこう。調査方法の詳細は次項で論じるが、今回の調査では、①奥多摩の自然改善策のための支払意志額を問うており、基本的に補償需要を尺度とし、②質問上のバイアスをできるだけ減少させるために二項選択モデル（実際には、二段階二項選択モデル）を用いている。

基本的な考え方は次のようである。環境改善のために当該消費者が要求された支払い額（調査における当該消費者への提示額）が T であったとしよう。T は創設される奥多摩環境基金に向けて、当該消費者の可処分所得（旅行支出 θM）の中から支出されると考える。この場合、この支出によって基金が運営され、その結果改善される環境から便益を享受するのは当該消費者自身であるから、当該消費者がこの基金に対して自発的に支払う条件は、(8-7) において、

(8-9) $\quad V(p_1, p_2, Q_1', Q_2, \theta M - T, C) - V(p_1, p_2, Q_1, Q_2, \theta M, C) = \Delta V \geq 0$,

が成り立つ場合であると考えられる。この場合、提示額 T に対する回答は、「yes（支払う）」というものであるから、被験者が「YES」と回答する確率は、

(8-10) $\quad \Pr(yes) = \Pr[V(p_1, p_2, Q_1', Q_2, \theta M - T, C) + \varepsilon' \geq V(p_1, p_2, Q_1, Q_2, \theta M, C) + \varepsilon]$
$\qquad\qquad = \Pr[\Delta V + (\varepsilon' - \varepsilon) \geq 0]$,

となる。Hanemann (1984) により、$\eta = \varepsilon' - \varepsilon$ と定義し、F_η を η の累積密度関数とすれば、(8-10) において $\Pr(yes) = F_\eta(\Delta V)$ となることが分かる。F_η として用いられる分布関数は、プロビット (Probit) モデルの場合、標準正規分布 Φ であり、ロジット (Logit) モデルではロジスティック分布である。それぞれ、

(8-11) $\quad \Pr(YES) = \Phi(\Delta V)$,

(8-12) $\quad \Pr(YES) = 1/[1 + \exp(-\Delta V)]$,

である。これらのモデル推定は最尤推定法で行われる。すなわち、回答者 n 人に対して、対数尤度関数を

$$(8-13) \quad \ln L = \sum_{i=1}^{n} y_i \ln \Pr(\text{YES}) + \sum_{i=1}^{n} (1-y_i) \ln[1-\Pr(\text{YES})]$$

とし、尤度関数を最大にするパラメーターが最尤推定量となる。

以上の推計のもとで、奥多摩の自然環境の貨幣価値は次のように測定される。プロビットモデルやロジットモデルの場合、(8-11) や (8-12) において、

$$(8-14) \quad \Pr(yes) = 0.5,$$

と置いて中央値（median）を推定することができる。その他、支払い意志額の平均値を推計する方法もある。

8.5.3 調査の方法と分析

本調査の主目的は、奥多摩を訪れる人々がどのような目的で来訪し、観光地としての魅力を如何に評価しており、また自然環境保全への期待がどの程度のものであるかを実地調査することで、奥多摩における観光と環境保全の関係、さらにはエコツーリズムの可能性を探ることにある。

1．調査方法

CVM 調査を実行する場合の諸注意、とりわけ調査に付随するバイアスの回避方法については多くの文献で[7]指摘されている。こうした点をすべてクリアできるわけではないが、評価法として簡便でかつ効率的推計が与えられるとされる二段階二項選択法を用いている[8]。調査は面接法[9]で、奥多摩を訪問した人々に面談員が任意に直接アンケートを実施した。

調査場所は、奥多摩を訪れる人々が必ず立ち寄るとされる奥多摩町の奥多摩ダム湖畔の2ヵ所であり、梅雨明けの2003年8月1日（金）から8月3日（日）の間に調査員7人で終日実施した。対象被験者の総数は3日間で427人であった。

---

[7] バイアスの類型については栗山（2000）が詳しい。
[8] 二段階二項選択法の場合、与えられた初期値を回答者が政策の平均的な費用と考えてしまうため、2回目の提示額に対して反対の回答を示しがちになるという下方バイアスが存在することが明らかになっている。詳しくは Cameron and Quiggin（1994）を参照。

被験者に対しては、調査目的と評価対象をできるだけ詳細に明示した上で、奥多摩における3万haの森林のうち6割を占める民有林の管理・運営が不十分であり、将来的に緑の保全が困難になる可能性が高いこと、さらには森の疲弊によって多摩川の水量が減少し水質の悪化が懸念されることを説明した。その上で、こうした奥多摩における森林と水の保全を守るために「奥多摩みどりの基金」(仮称)を創設したと仮定して[10]、「基金」を支払い形態とする支払い意志額(補償余剰)を尋ねた。

表8－5

初 回 提示額	回答数
500円	63
1,000円	66
2,000円	65
3,000円	64
5,000円	61
10,000円	54
20,000円	54
計	427

提示額については、初期値に500円、1,000円、2,000円、3,000円、5,000円、10,000円、20,000円の七種類を用い、第一段階での最小提示額である500円に対しては、「NO」と回答した場合には300円を、最高提示額である20,000円については、「YES」と回答した場合には30,000円を、それぞれ第二段階での提示額とした。それ以外の二段階目の提示額は、一段階目の提示金額の前後の金額を用いた[11]。

2. アンケート結果の概要

アンケートの質問項目と回答の概要については以下の通りである。

問1. 日常の自然との関わり方について
——「非常によく親しむ」と「よく親しむ」を合わせるとおよそ6割を占める。奥多摩を訪れる人は、普段から自然に接することが多いといえる。

問2. 奥多摩の自然についての主観的評価について
——「非常に美しい」と「美しい」を合わせると86.5%に達する。多くの人々が、奥多摩の自然の現状をポジティブに捉えている。

問3. 環境と観光に関する言葉の認知度について
——❶【多摩川流域圏】「知っている」人と「言葉だけ知っている」人を合わせると50.3%で、「知らない」人は49.6%であった。2人に1人はまったく知らなかった。
——❷【森林の公益的機能】「知っている」と答えた人は36.9%であった。問3で尋ねた言葉の中で最もよく知られていた。

——❸【エコツーリズム】「知らない」人は56.3%で、「知っている」人は14.7%であった。エコツーリズムは、あまり認知されていなかった。

問４．水源林などの自然保全が人為的営みの結果であることに対する認知について」

——「知っていた」と答えた人は70.7%と高水準であった。

問５．奥多摩の自然保全への態度

——「思う」と答えた人は98.1%であり、ほとんどの人が奥多摩の自然を保全することを望んでいる。

問６．奥多摩の自然保全への主体的関与の可能性について

——「ぜひとも参加したい」「できれば参加したい」と答えた割合は５割を超えており、２人に１人は保全活動に参加する意志がある。

問７．奥多摩が秩父多摩甲斐国立公園の一部であることの認知について

——およそ７割の人が認知していた。

問８．主目的について

——「奥多摩湖とその周辺」が最も多く、64.3%であった。「その他」が２番目に多く22.0%であったが、山梨などへ行く途中に立ち寄ったという回答も多かった。

問９．奥多摩選択の理由について

——「他と比べて近距離」が最も多く31.4%であった。来訪手段が車やバイク

---

(9) CVMの実施手法にはこの他に個別面接方式、郵送方式、電話方式、インターネット方式などがある。郵送方式は広範囲のサンプルを集めることが可能であるが、設問や仮想的状況を簡略化しなければならず、また回収率も低くなることが知られている。吉田 (1996) は、山梨県道志村のCVM評価において郵送方式を実施した結果、34.4%が有効回答であり、また実際に評価対象について行われている政策の費用情報を同封することで回収率が上がったことを報告している。また、Wills and Garrod (1997) では、電話方式と郵送方式を組み合わせることの有効性が述べられている。

(10) 支払い手段に関し、評価対象と関係する支払い手段を用いてしまうことで回答者がそれを目安に金額を提示する関係バイアスが知られている。Mitchell and Carson (1989) を参照。また、支払い形態の分類と組み合わせについては矢部 (1999) を参照。

(11) これらの設問は、2003年７月上旬にまとめ上げた草稿を小規模なプレテストで最終修正したものである。プレテストは調査員４名で実施され、中央大学多摩校舎近辺において主に中央大学学生と近隣住民を対象に行われた。回答者から、主に基金について質問、疑問を受けたことを明記しておきたい。

が多いことと関連性があると考えられる。「何度も訪問して慣れている」が19.1％であり、リピーターが多いことが分かる。

問10．来訪した主目的について
——半数以上が「ドライブ」と答えたが、「ハイキング」や「温泉」目当ての人もいる。

問11．奥多摩の観光施設の整備度に関する評価について
——❶【宿泊施設】奥多摩の宿泊施設が整備されていると答えた人は1割強にとどまっている。
——❷【レストランおよび土産物店】宿泊施設ほどではないが、およそ4人に1人が整備されていると考えている。
——❸【遊歩道】「思う」と答えた人は、38.1％であった。比較的整備されていると受け取られている。
——❹【公共交通機関】およそ3割の人が、整備されていると考えているにすぎない。
——❺【駐車場】「思う」と答えた人は69.3％であり、比較的整備されていると受け止められている。

問12．過疎化問題解決の施策上生じうる、自然と観光開発のトレードオフの可能性に対する態度について
——「豊かな自然の保全を第一に考え、その限りで地域おこしを図るべきである」と答えた人は75.2％であった。このことは、その言葉の認知度とは別に、エコツーリズムが広く受け入れられる可能性を示唆しているといえよう。

問13．（189ページの「3．CVM分析」を参照）

問14．『奥多摩みどりの基金』による自然環境の保全対策が実行された場合の期待される効果の程度について
——基金の有効性に関しては半数以上が認めた。一方、質問の過程で基金の有効性を仮定すると強調したにもかかわらず、基金の運営上の疑念が多く出され、基金に不信感をもっている人が多かった。

問15．『奥多摩みどりの基金』による自然環境の保全対策が実行された場合の奥多摩の観光業への影響について
——およそ3分の1が基金の創設によって観光が発展するとは言えないと答え

た。環境保全が観光に直接関与するのではなく、環境を保全する一方、別の形で観光を発展させる必要性を示唆している。

なお、問16以下では幾つかの個人属性を問うた。このうち「問19．居住地」については「東京23区以外」、「東京23区」は42.8％、23.9％であり、合わせて7割の人が東京都からの来訪であった。次いで「埼玉」、「神奈川」の順に多かった。「問21．ここ1年の奥多摩への訪問回数について」は、2回以上訪れた割合を合わせると67.6％であり、奥多摩を訪れている人のおよそ7割はリピーターであった。「問22．日帰りか宿泊か」については、「宿泊」が1割に満たなかった。これは居住地が近距離であることや、問11．❶で宿泊施設が充実していると答えた人が少なかったことと関連性があると考えられる。

3．CVM 分析

ここでは、先の二段階二項選択方式の設問（**問13**）の回答データを用いて回帰分析を行う。まず、累積ロジスティック分布を想定するダブルロジットモデルでの分析結果は以下の**図8－7**および**表8－6**のようである。

他方、支払い意志額にワイブル関数を用いたワイブルモデル（Wible Model）では、**図8－8**ならびに**表8－7**のような結果を得る。

両者による推計をまとめれば**表8－8**のようになる。なお、価値総額は支払意志額（WTP）に年間来客数（170万人）を乗じた値であり、奥多摩観光に来訪した人々の奥多摩の自然環境保全への支払い意志総額を表していると考えられる。なお、分析に用いたデータは**表8－9**のようである（わずかではあるが、抵抗回答については除外している）。

次に、WTP に影響を及ぼす回答者の個人属性や環境への保全態度などの要因分析を行おう。ここで利用した関数形は Wible 分布であり、欠落データなどを除外しているために採用されたデータ数は若干少ない358データ[12]である。

---

[12] Mitchell and Carson（1989）では、CVM を政策的に扱うときの必要サンプル数について600が挙げられている。また栗山（2000b）は、二段階二項選択法において支払い意志額の信頼性の確保に必要なサンプル数について400を、二項選択法（シングルバウンド）については600を挙げている。

図8－7　ダブルロジットモデルの結果

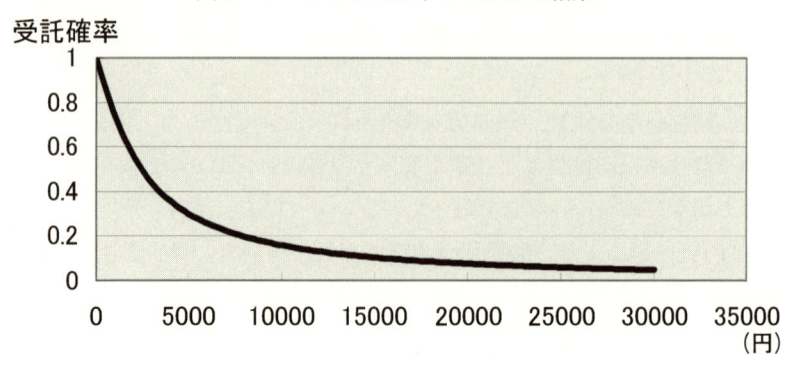

表8－6　推定結果（Logit Model）

変　数	係　数	t 値	p 値
constant	9.1961	16.288	0.000***
ln（Bid）	−1.1798	−16.088	0.000***
n	421		
対数尤度	−635.067		

＊＊＊1％水準

図8－8　ワイプルモデルの結果

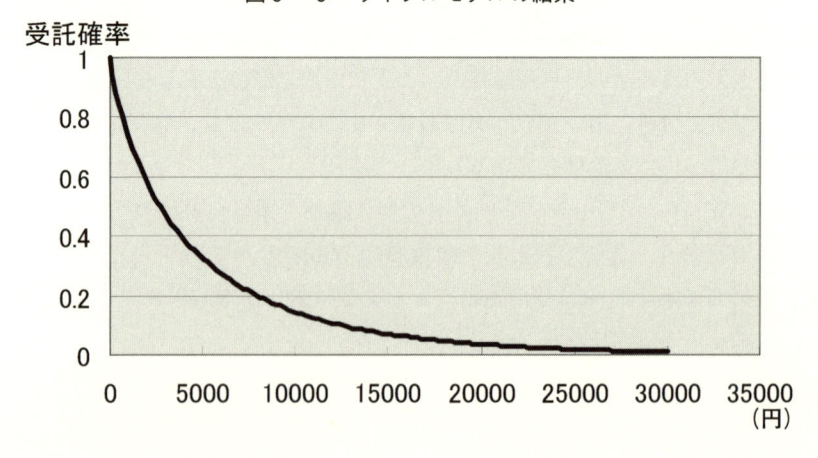

表8－7　推定結果（Wible Model）

変　数	係　数	t値	p値
Location	8.3669	114.623	0.000***
Scale	1.2723	17.991	0.000***
n	421		
対数尤度	−625.709		

＊＊＊1％水準

表8－8　支払意志額（WTP）の推定

Logit Model	WTP（円／世帯／年）	価値総計（円／年）
中　央　値	2427円	—
平　均　値	5498円（最大提示額で打切り）	93億4660万円
Wible Model	WTP（円／世帯／年）	価値総計（円／年）
中　央　値	2699円	—
平　均　値	4855円（最大提示額で打切り）	82億5350万円

表8－9　支払意志額（WTP）の推計に用いた個別支払い意志額の分布

初回提示額	最高提示額	最小提示額	Yes−Yes	Yes−No	No−Yes	No−No
500	1,000	300	21	17	8	16
1,000	2,000	500	23	16	15	12
2,000	3,000	1,000	23	12	16	14
3,000	5,000	2,000	9	15	19	20
5,000	10,000	3,000	6	14	23	16
10,000	20,000	5,000	2	14	17	20
20,000	30,000	10,000	1	4	20	28

表8-10 推計結果

変数名	係数	漸近t値	p値	係数	漸近t値	p値
定数項	8.37	118.00**	0.00	8.37	118.00**	0.00
親自然度状況	0.02	0.33	0.75			
奥多摩の自然評価	−0.09	−1.31	0.19			
多摩川流域圏	−0.06	−0.71	0.48			
公益的機能	0.14	1.64#	0.10	0.09	1.18	0.24
エコツーリズム	0.14	1.67#	0.10	0.09	1.14	0.26
人手による保全実態	−0.10	−1.27	0.20			
ボランティアへの参加意欲	0.40	5.17**	0.00	0.38	5.07**	0.00
国立公園の認知	0.12	1.49	0.14	0.12	1.74#	0.08
観光業への態度	0.20	2.85*	0.00	0.23	3.20**	0.00
基金への期待度	0.23	3.00*	0.00	0.18	2.63**	0.01
基金の観光への効果度	−0.04	−0.50	0.62			
性別	0.00	−0.01	0.99			
年齢(歳)	−0.07	−0.82	0.41			
居住地	0.07	0.91	0.36			
来訪回数(回)	0.04	0.45	0.65			
年収(万円)	−0.08	−1.13	0.26			
対数尤度		−495.25			−499.37	
AIC		1026.5			1014.74	

#10%有意 *5%有意 **1%有意

　また、WTPについても、中央値2,758円、平均値4,879円と若干異なってはいるものの誤差の範囲内である[13]。その推計結果を表8-10で示している。

　表8-10のうち、最初の列は関与すると思われる全項目を用いた推計であって、第2列はそのうち赤池の情報量基準(AIC)を用いて影響力が小さいと思われる変数を除外したものである。各変数の係数がプラスであることは、基本的にはその要素の高まりがWTPを高め、逆にマイナスの場合にはWTPを低めることを意味している。ただし、変数のうち居住地については、東京都(1)、それ以外の地域(0)とダミー化している。また、国立公園としての奥多摩の認知度については、知っている(1)、知らない(0)である。

　第2列の示すように、様々な変数のうちでWTPに統計的に有意に作用すると考えられる変数は少ない。世帯年収の係数が負の値をもつことは従来のCVM研究と必ずしも整合的ではないが、この値自身統計的に有意ではない。また、居住地が東京都以外からの来訪者のWTPが東京都からの来訪者の

WTP に比してより小さいこと、来訪回数の多いものほど、また自然に親しむ機会を多くもつ人ほど WTP はより大きいという傾向も看取できるが、いずれも残念ながら統計的に有意ではない。

「森林の公益的機能」や「エコツーリズム」という用語の認知度については、認知度の高い方が WTP がより高くなることが分かるが、これとあわせて観光業への態度（環境保全を第一とすべき (1)、地域開発を第一とすべき (0)、その他は除外）について見れば、環境保全への志向が強いほど WTP が大きいことが分かる。言うまでもなく、基金への期待度が高いほど基金への WTP も大きいことが理解できる。第2列のモデルでもこうした傾向は強まり、特に国立公園への認知度が高いほど WTP がより大きくなることが分かる。

8.6　おわりに

　最後に、これまでの分析を総括する意味で奥多摩における環境保全ならびに地域開発のあり方を考察し、そのために各主体が果たすべき役割について検討を加えよう。

8.6.1　奥多摩における環境保全ならびに地域開発のあり方

　奥多摩は多摩川流域圏の住民の水源として、また都市近郊の観光地として重要な役割を担っている。このことは、奥多摩への来訪客に対するアンケート調査結果からも見てとれる。しかしながら、奥多摩の豊かな森林の保全と奥多摩の観光産業の振興については、来訪客は必ずしも同時達成が可能であると見てはいない。

---

(13)　ここでは中央値と平均値の乖離が約2,000円となっているが、本論文と同じく多摩川上流域における CVM 調査を東京都民を対象として行った吉田（1997）によれば、抵抗回答を調整した値として多摩川水系住民の支払い意志額は中央値4,572円、平均値7,708円、混合水系住民は中央値6,168円、平均値8,787円となっている。双方共に中央値と平均値の乖離が2,000円から3,000円に収まっている。

来訪客の中には、観光振興に否定的な意見さえある。自然資源を保全し、これを活用した観光振興を図ろうとする地元との意識のズレが見られる。また、地元の観光振興への意図とは裏腹に、来訪客の観光インフラへの評価は厳しい。自然資源が十分活かされ、特色ある観光地になり切れていないために、来訪客の目には奥多摩が近場の観光地の一つにしかすぎないと見られている部分もある。

　奥多摩は、来訪客に対して受身の姿勢すら感じられなくはない。奥多摩が森林の保全と観光の振興の両立を目指す方向性は妥当と言えるが、その実現のためには、奥多摩の美しい森林と清冽な水、起伏に富む丘陵・山岳と四季の景観、多様な野生動植物、素朴で味覚豊かな産物、温泉、そして誇れる歴史と文化などの中から他の観光地に勝る特色を選択し、これを外部に明確に打ち出す必要がある。加えて重要な点は、奥多摩に関わる各主体の役割が十分発揮されることである。各主体の役割とは、具体的には次項の通りである。

1．地元住民・企業の熱意と行動

　奥多摩の自然環境を保全して経済を再生させるにあたって、何よりも地元の住民・企業の果たすべき役割は大きい。この点に関して、奥多摩の各地域の熱意・行動はうかがえる。しかし、人口の減少が続き、森林保全が懸念され、産業の再生も十分でない現状に照らすならば、改めて地域自身のさらに一段の努力が求められるであろう。

2．行政の積極的関与

　人口が少なく、かつ減少が続いている中にあって、自然の保全と地域の活性化は行政が深く関わってこそ実現可能となる。行政に期待されることは、地域のグランドデザインを描き、これを実現させるための制度的な枠組みを整備し、住民・企業の努力を支援するか行政自らが行動することである。例えば、林業の再生に関しては、地元産の木材が優先利用されるよう、キャンペーンをさらに活発化させることや、利用に対するインセンティブの付与などが考えられる。

　また、場合によっては、零細規模の民有林を都が買い上げて保全することも検討に値しよう。観光産業の振興についても、観光客のニーズを正確に把握すると共に不十分なインフラの早急な整備など、ニーズに応える努力を続ける必

要がある。さらに、行政の広域的な取り組みをさらに積極化し、多摩川流域圏の総合力を活用することが有効である。

3．国・都などによる財政的支援

奥多摩の町村の財政力が極めて限られている一方、実施すべき事業の内容はあまりにも大きい。自然の保全とその実現のためのベースとなる地元経済の再生に対する国・都などの財政的支援を一層強化する必要がある。今回の CVM 調査では、奥多摩観光に来訪した人々の奥多摩の自然環境保全への支払い意志総額は83億円～93億円（年間）と推計された。国や都は、奥多摩の自然環境を保全するためにより積極的な財政支援を行う意味が十分存在すると言える。

4．自然保全と地域経済振興に対する観光客や流域圏住民の理解と協力

奥多摩を訪れる観光客や多摩川流域圏の住民は、豊かな自然の恩恵を一方的に享受する権利を有するだけではない。自然を保全し、あるいは自然を保全する地元を支援する責務がある。現在、NPO などの形で自然の保全を支援する行動が見られるが、豊かな自然を守るためにはコストがかかることを認識し、ごみの管理、河川の清掃、森林の整備、あるいは自然保全のための費用の一部負担などを通じて自然保全のために積極的に協力する必要がある。

今回のアンケート調査結果でも、半数以上が奥多摩の自然を守るためにボランティア活動に参加する意志があると回答している。さらに、自然を保全するためには、その費用が労力などの形であれ資金提供の形であれ、どうしても必要であることは言うまでもない。

先に明示した CVM の調査が示すように、人々には自然保全のために十分資金提供をする用意があると考えられる。このような、住民の労力や資金の提供を具現化させる仕組みづくりが重要であろう。実際、「奥多摩みどりの基金」への支払い意志を問う設問のときに、回答者が繰り返し確認しようとした事項に、基金の適正な管理運営の実現可能性に対する疑義が多く見受けられた点から見ても、こうした公的性格の強い制度については高度な透明性と説明責任が重要であることが分かる。人々の行政や公的機関への不信感を払拭する努力もまた必要であろう。

第9章

自然環境と希少性動物保護問題
Natural Environment and Biodiversity Conservation

観光資源としての象（タイ・アユタヤ）
バンコク北部80kmに位置する14世紀来の古都アユタヤ。
戦争で破壊された文化財を含む伝統文化の保全とあわせて、
観光産業を軸とした地域発展が企図されているが、
象の観光資源化は、持続的利用と矛盾するであろうか。

（筆者撮影）

9.1 はじめに

　本章では、自然界における生態系、特に種の保存問題をコモンプールの視点から検討する。地球上に存在する多様な生命体に関わる尊厳のもとで生物多様性の問題を考える場合も、上記のような分析視座が必要であることは言うまでもない。本章では、その具体的な事例として、わが国の関与が特に重要でかつ致命的な影響が危惧されている「象牙」貿易について、最近の国際協定の変化を整理した上で、野性象の保存のためのあるべき施策、総じて希少性動物保護の方向性を検討する。

　自然界の法則下で生息し、種を保存してきた生物——生物界の一員としての人類ではあるが、まさに「人間化した猿」としての存在が、幾多の種を絶滅させまた絶滅の危機に陥れてきたことは厳然たる事実である。

　人間が「自然界」を生産の投入資源として把握したとき、「象」もまた資源となったのである。その存在価値を認めるか否かに関わらず、財・サービス生産の投入財としての野生動物は、すべての利用者にとって非排除的でかつ競合的な性質をもつコモンプール財としての性格を有している。特別な管理・運営システムのない状況下でコモンプール財が過剰に利用される傾向を示すことは、これまでの各章の分析を通じて明らかである。ここでも、コモンプール財としての過剰利用の結果、程度の差はあれ絶滅が危惧されている希少性野生動物を如何に保全するかという問題、すなわちコモンプール財の適切な管理・運営方法は何かが問われているのである。

　今日ほど、自然と人類との関わり方が問われている時代はない。環境問題には、地球温暖化から生物多様性に至る様々な領域が含まれている。もちろん、それらは相互に関連しあっており、その意味で環境問題を考える基本視座は包括的でなければならないし、地球規模から個別地域までを眺望しながら、同時に現在から将来へ向かう時間軸を擁する必要がある。

　ところで、生物（特に動物）の生態系において、捕食と被捕食の関係が大きく変化し、それによって種の保存が著しく損なわれるという事例が数多く引き起こされるようになったのは疑いなく人類史以降のことであろう。希少性資源

として、緊急に保護が望まれるようになった生物の多くは人類の経済的欲求の犠牲であって、その意味で、いまや地球に存在する生物の共通の脅威は「人類」となったのである。

人類は、これまでも自然に働きかけ、自然物を人類にとって有用なものに変える一連の労働を通じてその長期にわたる繁栄を謳歌し、自然界の食物連鎖の頂点に立ってきた。しかし、その活動の結果、多くの生物種が失われ、また現実に危険なレベルにまで個体数を減じられた、いわゆる「希少種」の回復が問題となっている(1)。

このような生物多様性の保全理由については、Turner, Pearce and Bateman (1994) によるまでもなく、生態系がそれ自身生存のための権利をもつとする道徳的主張のほかに、生物多様性が人類全体にもたらすと考えられる潜在的価値の認識深化がある。野生生物保全のための国際条約である「絶滅の恐れのある野生動植物の種の国際取引に関する条約」（CITES＝ワシントン条約）は、その前文で、野生動植物が「現在及び将来の世代のために保護されなければならない地球の自然の系のかけがえのない一部をなすもの」であるとし、芸術上、科学上、文化上、レクリエーション上および経済上の価値を有することを認識した上で、国民や国家が最良の保護者であるべきこと、さらに、それらの一定の種が過度に国際取引に利用されることがないようにすることを目的として、国際協力のもとで適当な措置をとる必要があることを方向づけている。また、生物多様性の保全および持続可能な利用のための国際間、地域間の協力促進を謳った1993年の生物多様性条約においても同様の認識が示されている。

もともと、自然環境を保全する包括概念としては「持続可能な発展 (Sustainable Development：SD)」が知られている。これは、人類の活動の結果得られる厚生水準が、世代内のみならず世代間で公平に実現される状況を指した言葉である。また、ほとんど同義の用語法として「野生生物の持続的利用

---

(1) 1994年のIUCN（国際自然保護連合）のレッドリストカテゴリー（Red List Categories）の基準により、わが国では、絶滅、野生絶滅、絶滅危惧種Ⅰ類、絶滅危惧種Ⅱ類、準絶滅危惧ならびに情報不足、の6カテゴリー分類が行われている。わが国の場合、哺乳類については、評価対象200種のうち23％の47種が絶滅の恐れがある絶滅危惧Ⅰ、Ⅱ種に含まれている。IUCNのレッドリストによれば、1996年から2000年の4年間で絶滅が危惧されている動物種の総数は5,205種から5,435種に増加している。

(Sustainable Use：SU)」がある。国際自然保護連合（IUCN）によれば、すべての個体群の生存可能性が生態系の中で長期的に保証される状態にある場合を「SU」と言い、SUを実現するためには、その利用に関する社会的、経済的動機づけを明らかにした上で情報などの管理制度ならびに法体系を確立させ、生存を保障するための予防原則と安全措置をとる必要があるとしている。

本章では、上に言及した基本的認識に立って、SUに向けた生物資源の適正な管理・運営のあり方と、その問題点を整理し政策的な提言を行う。第2節では、特に緊急の課題となっているアフリカ象の現状と象牙貿易をめぐる最近の動向を整理する。第3節では、象牙貿易に関する輸出国側の状況に関する競争的な市場経済モデルを構成し分析する。続く第4節では、野生生物のSUへ向けた様々な施策について、生産＝輸出国側と消費＝輸入国側に分けてその有効性を考え、野生生物のSUに関する包括的な展望を与える。最後に第5節では、SUやSDの視点をより明確化するために、希少性動物の動学的モデルフレームワークを構成し議論を整理した上で政策的な論点に言及する。

9.2　問題の所在——象牙問題について

およそ、あらゆる生物に関して、生物多様性の観点から見ても、各国や各地域における固有の生物観や生命観の尊重が基本でなければならないことは言うまでもない。すでに論じたように、自然界に能動的に作用する人類の経済活動の多くは、自然資源としての生物そのものの恩恵を受けている。地域におけるSUは、各地域住民が適切に自然資源を管理・運営するようにコモンズを形成しているか否かにかかっている。他方、自然資源が現在のように地球公共財であると認識される時代には、このような管理・運営へ向けたより広範かつ包括的な取り組みが必要になる。これは、象牙の取引をめぐる最近の国際情勢も例外ではない。

まず、象牙の取引をめぐる略史を示しておこう。

1980年代の急激なアフリカ象の個体数の減少は、主として象牙の商業的取引

が原因であるとされ、象牙取引は年間5,000万ドル程度の利益をもたらしたと言われている。問題は、明らかにアフリカ象の個体数が（わずか数千頭にまで減少した虎とは異なり）種の存続にとって危機的な状況になったというよりは、むしろその激減状況が将来必ず危機的な状況をもたらすという点にあった。そのため、世界自然保護基金（WWF）やコンサーベーション・インターナショナル（CI：Conservation International）が中心となったSUに関する研究を契機に、1989年の第7回締約国会議において、アフリカ象をワシントン条約における附属書Ⅰに規定換えする案が提出された。

このとき輸出側には、SUを地域的にある程度うまく実現させていた国々と、必ずしもそうではない国々が混ざり合っていた。ワシントン条約は1973年に締結された国際条約であるが、少なくとも1970年代後半にはアフリカ象は附属書Ⅱに規定されていた。つまりアフリカ象は、基本的に監視されるべき種の対象となっており、原産国の輸出許可のもとで取引が管理されるべきであるとされてきた。そして1985年には、原産国における象牙の輸出割当制度が採用された。

このような国際的規制にも関わらず、先に言及したように、SU以上の象牙の取引が行われ個体数の激減がもたらされたのである。その片方の原因は消費＝輸入国の行動にあり、その主たる当事者が日本であることは言うまでもない。わが国のワシントン条約に関する過去の留保的な態度からの変更によってアフリカ象の附属書Ⅰへの移項が実効あるものになり、非合法のものを除いて象牙の国際的取引は基本的に禁止されたのである。

しかし、象牙問題の本質は、このような完全な取引禁止によって解決されたとは言えないであろう。アフリカ象が原産国の多くの国々にとって有用な自然資源であって、そのSUを目的にした適切な管理・運営システムが構築されているのであれば、そのようなシステムの運用をめぐる効果的な国際間、地域間ネットワークの構築がもたらす正の外部性を享受するためのフレームワークづくりこそが必要であると考えられる[2]。しかし、「完全な禁止」を求めるよりも、実効性ある「利用範囲と量」を策定することの方がずっと困難である。

現実の過程は、むしろこのようなより困難な途を歩んでいる。厳格な規制が続く中、アフリカ象の国際取引問題が常に議論の対象になっている。1997年、ジンバブエで行われた第10回締約国会議（COP10）では、ボツワナ、ナムビ

アならびにジンバブエの南部アフリカ3カ国に生息するアフリカ象の附属書Ⅱ
への移項が認められ、また2000年の第11回締約国会議（COP11、ナイロビ）
では、南アフリカ共和国の附属書Ⅱへの移項が認められている。さらに、
COP10 では、南部アフリカ3ヵ国による在庫象牙の日本への一時的販売が認
められた経緯もあり[3]、象牙取引に関するモニタリングシステムの構築をもと
に、議論は事実上段階的な緩和方向へ向かっているように思われる[4]。

　以上のように最近の議論の動向を見てくると、課題は次の諸点に集約できる。

❶生産＝輸出国側が、地域あるいは国として、SU の観点から適切に自然資源
を管理・運営するシステムを形成しているか、あるいはそのシステム運用能
力を保持しているか、さらに地域間あるいは国家間で自然資源の保全へ向け
た実効性ある情報ネットワークを形成しているか。

❷消費＝輸入国側が、自然資源保全の重要性を十分に理解、認識しているか、
あるいは密輸など非合法的な取引に対して制度的、法的制度を完備している
か、さらに生産＝輸出国側の状況を把握し、それらと連携、交流を図りなが
ら一体となって種の保全を目指す姿勢があるか。

❸上の❶❷を実現するために、広域的なシステム形成を促進、援助する国際的
な取り組みが実効あるものになっているか。

　TRAFFIC が指摘するように、アフリカのカメルーンやコンゴ、アジアのミ
ャンマーやベトナムなどでは依然国内的な象牙取引が活発に行われており、ア
フリカからアジアを経由した非合法な加工物の取引ルートが存在している点か
らも、アフリカ象の個体数、流通ルートの把握、ならびにモニタリングの徹底
が必要になっている。一層の国際協力なしには、こうした状況は打破できない
ように思われる[5]。

　特に、消費＝輸入国であるわが国について言えば、加工業者や流通業者のみ
ならず消費者のワシントン条約についての認識が甘く、希少性動物保護への確
固たる姿勢が弱いと言わざるを得ない。密輸や種の保存法違反による摘発事件
を見るにつけ、非合法を許さないという道徳的側面はもちろんのこと、種の保
存や自然資源の価値を教育や啓蒙活動によって周知徹底する努力が不足してい
るように思われる。言い古されたフレーズではあるが、環境問題が結局は国民

一人ひとりの理解や認識の程度に依存していることから見て、そうした施策が長期的ではあるが最大のモニタリング効果をもたらすように思われる。

しかし他方で、SU に基づく将来の厳格な自然資源の管理を可能ならしめるためには、密輸などの非合法取引を禁じるための短期的な施策が必要であることは言うまでもない[6]。

次章以降では、象牙の国際取引を念頭において、その適正な管理・運営の仕組みを提示可能な簡便な経済モデルを提示し、幾つかの政策提言を試みる。

---

(2) ここで、アフリカ象に限らずタイマイや鯨などの附属書格下げ問題について、初めに SU ありきの議論を展開しているわけではない。SU の本質を理解し、その実現へ向けた調査や科学的根拠などの厳格な援用が必要であることは言うまでもない。しかし、他方で、このような認識のもとで SU を適切に管理・運用していく努力が多くの地域、国々で行われていることもまた事実であり、これらの地域や国々の自然資源を利用する権利は尊重されなければならない。

(3) 1999年2月のワシントン条約の常設委員会を受けて、同年7月にこれら3ヵ国から約50トン（500万米ドル）の象牙が日本に輸入された。しかし、このような一時的な取引を除いてその後象牙の輸入は禁止されている。これに関して、一時的な解禁についてさえもモニタリングや象牙の管理制度に関するわが国の不十分な対応を指摘する報告書もあり、象牙取引の規制緩和については、特にモニタリングシステムの完備化を早急に図るなどの必要があり、より慎重な姿勢が望まれる。

(4) COP10 の有効決議10.10（象の標本取引）のもとで、二つの長期モニタリングシステムが検討されている。象密猟監視（MIKE＝Monitoring Illegal Killing of Elephants）と、象取引情報システム（ETIS＝Elephant Trade Information System）とがあり、現在、共に完備化へ向けて整備が進んでいる。

(5) この点に関しては、Tom Milliken（2000）「アフリカ象と第11回ワシントン条約会議」TRAFFIC 資料を参照。TRAFFIC は、WWF と IUCN の自然保護事業として、不法な野生生物の取引について、調査、モニター、報告を行っている団体である。1976年創立。「野生生物の商業取引の記録を分析する組織」（Trade Records Analysis of Flora and Fauna in Commerce）の頭文字から「TRAFFIC」と称される。

(6) 1997年の象牙取引の一時的解禁が及ぼした象牙市場への影響については、象保護基金の HP 資料である「国際取引再開が日本の象牙市場に与える影響」を参照。それによれば、一時的供給の増大によって象牙価格が低下し象牙需要が刺激され、その結果違法取引が増大していること、また最終消費財の段階での合法か否かの識別が困難であり、管理制度が有効に機能しているとは言えないと主張している。このような視点に立って、厳格な管理システムの運用と改善が早急に必要なことは言うまでもない。

9.3　野生動物の競争的市場モデル

　本章では、先に論じたいわゆる象牙問題に関する政策的な問題点を明示するために、象牙貿易についてのできるだけ単純な経済モデルを展開しよう。
　問題点を際立たせるために、まずワシントン条約などの国際協調的な規制政策が存在せず、各国は自由に象牙貿易を行うことができる状況を想定する。象牙の生産＝輸出国は2ヵ国あり、輸入国はただ1ヵ国（事実上は日本）であるとしよう[7]。また、両国の貨幣は共通の為替水準で測られているものとしよう。象牙の輸入価格 p に対する需要 d は、単純に

（9－1）　　$p = f(d) = a - d \quad a > 0,$

で表されるものとしよう。一方、象牙の生産＝輸出国の代表的業者をそれぞれ添え字の1、2で表し、利潤 π_i ($i = 1, 2$) を、

（9－2）　　$\pi_i = p(s)s_i - C_i(s_1, s_2), \ i = 1, 2,$

と考える。ここで、s_i は第 i 業者の象牙生産量を表しており、均衡では $s = s_1 + s_2 = d$ である。象牙生産の費用関数を、正のパラメーター b_i、c_i を用いて

（9－3）　　$C_i = b_i s_i^2 + c_i s_j, \ i, j = 1, 2, i \neq j,$

で表そう。ここで、各国の象牙輸出量が相互に費用として関係し合う理由（つまり $c_i > 0$ の根拠）は、ある国の象捕獲が生態系に広範に影響を与え、一種の外部性として他国の捕獲に影響すると考えているからである[8]。
　（9－3）において、自国の両国の輸出業者は、（9－1）で示される国際市場に直面し、同一の輸出市場をめぐってクールノー・ナッシュ企業として行動すると考える。このとき、各輸出業者の最適反応関数は、

（9－4）　　$s_i = \dfrac{a - s_j}{2(1 + b_i)}, \ i, j = 1, 2, i \neq j,$

となる。（9－4）に依拠してクールノー・ナッシュ均衡を図示すれば図9－1のようになる。他方、（9－4）の結果より、次の二つの式を得る。

（9－5）　　$s_i^* = \dfrac{a(2(1+b_j)-1)}{4(1+b_1)(1+b_2)-1}, \ i, j = 1, 2, i \neq j,$

（9－6）　　$s^* = s_1^* + s_2^* = \dfrac{2a(1+b_1+b_2)}{4(1+b_1)(1+b_2)-1},$

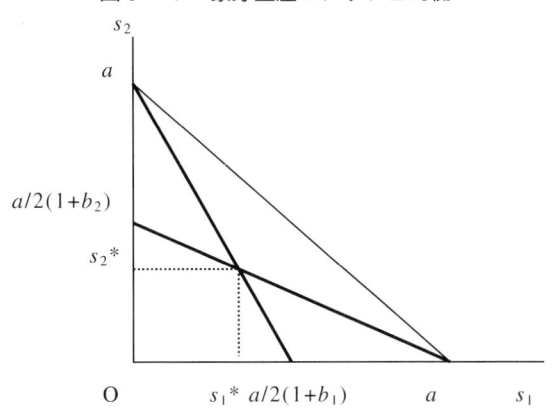

図 9 − 1　象牙生産のナッシュ均衡

各国の象牙生産者がそれぞれ（9 − 5）で与えられる象牙生産を行うために、世界全体の象牙の総供給量は（9 − 6）のようになる。このとき、（9 − 1）の象牙市場に直面して象牙の輸入価格 p^* は

$$(9-7)\quad p^* = \frac{2a[(1+b_1)(1+b_2)+b_1 b_2]}{4(1+b_1)(1+b_2)-1},$$

の水準に決まることが分かる。ここで、少なくとも（9 − 3）の形での費用関数のもとでは、各国が実現する利潤 π_i を除いては象牙生産の負の外部性を示すパラメーター c_i の影響は表れないことに注意しよう。（9 − 5）、（9 − 6）ならびに（9 − 7）より

$$(9-8)\quad \frac{\partial s^*_i}{\partial b_i} < 0,\ \frac{\partial s^*}{\partial b_i} < 0,\ \frac{\partial p^*}{\partial b_i} > 0,\ i=1,2,$$

を得る。このように輸出国側では、象牙の生産に関して費用を増大させる（すなわち b_i を上昇させる）あらゆる行為は、生産水準を減じる効果をもつ。

ところで、両国が競争的ではなく、協力して結合利潤を最大化するよう行動

---

(7) なお、このような二国モデルの構成については、Hoel（1991）ならびに薮田（1999）を参照。
(8) すでに言及したように、このような生態系や流域圏などの一定領域における非排除的かつ競合的性格をもつ財はコモンプール財（CPRs）にほかならない。CPRs の場合には、ある財の追加的利用が、限界捕獲費用を上回る平均利潤を生む限り有利となるので資源の過剰利用傾向が進む。これが「コモンプールの外部性」である。

する場合、以上の帰結はどのような影響を受けることになるであろうか。この場合の問題は、両国の結合利潤（joint profit π）、すなわち

$$(9-9) \quad \pi = \pi_1 + \pi_2 = p(s)s - (C_1 + C_2)$$

を最大化する各国の均衡生産配分量 s_i^{*c} を決定することである。これより、

$$(9-10) \quad s_i^{*c} = \frac{(1+b_j)(a-c_j)-(a-c_i)}{2[(1+b_1)(1+b_2)-1]}, i,j=1,2, i \neq j,$$

となり、世界全体の総供給量 s^{*c} は、

$$(9-11) \quad s^{*c} = \frac{b_1(a-c_1)+b_2(a-c_2)}{2[(1+b_1)(1+b_2)-1]},$$

となる。参考までに、$b_1=b_2=1$, $a=10$, $c_1=c_2$ として c_i の値を変化させた場合の s^* と s^{*c} ならびに π^* と π^{*c} とを比較した関係図を図9-2で示している。図が示すように、両国が協力して結合利潤を最大化する方策を選んだ方が均衡の生産量は小さいものの、反面、総利潤はより大きくなっていることが分かる。

　このような帰結が得られた理由は明らかであろう。両国が互いの外部性を考慮し（したがって、希少性資源の重要性を認識し）、最初からその社会的費用に配慮した生産計画を立てることで、生産量はより低く抑えられるものの費用逓増の影響を回避できると考えられる。この意味で、象牙生産が象牙市場に委ねられる場合でも輸出国同士の協力体制が築き上げられることが有意義であると考えられる。

　次に考えなければならない問題は、先に言及した持続可能な利用（SU）の問題である。モデルの示すように、それぞれのパラメーターの値によって象牙の均衡生産量は変化するが、その場合に、生産者＝輸出国側によって所望された象牙の生産水準が、希少性生物であって公共財的な価値から重要と見なされている象の持続可能な個体数を将来にわたって維持できる捕獲水準 s^{*s} を下回っている（$s^{*c}<s^*<s^{*s}$）かどうかという点である。現実の捕獲水準のもとで個体数が急激な減少を示すようであれば、明らかに捕獲量は最大持続可能捕獲（Maximum Sustainable Yield）を超えていると考えられる[9]。実際には、各国の配慮や国際的な世論もあって生産国側での全面輸出禁止（消費国側の全面輸入禁止）措置がとられたのである[10]。

図9－2
(a) 均衡生産量の比較

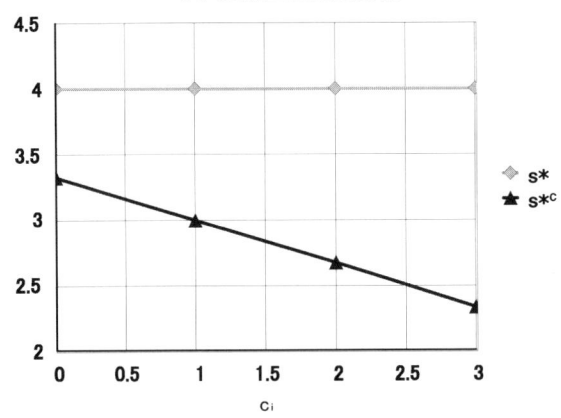

◆ S^*
▲ S^{*c}

(b) 均衡利潤の比較

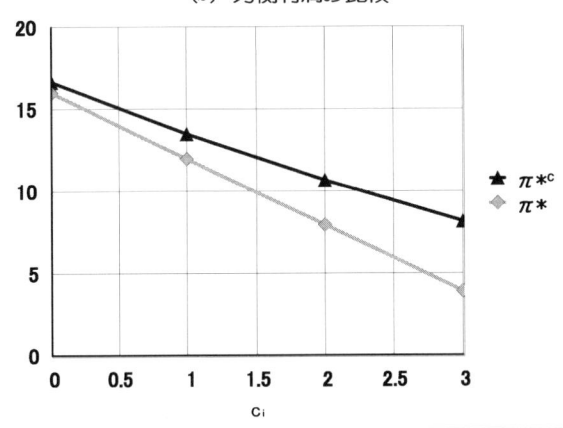

▲ π^{*c}
◆ π^*

(9) 象牙の乱獲によって、アフリカ象の個体数は1970年末からの10年間でおよそ130万頭から60万頭へと半減したと報告されている。ちなみに、20世紀初頭には推定2,000万頭生存していたという。また、WWFによれば、1989年以前の10年間に、持続可能な消費水準が年50万トンであったのに対して毎年770万トンの象牙の消費を行ってきたという。このような種の保存にとっての危機的状況下で、先に言及したように、1989年にはワシントン条約によってアフリカ象についての全面的な取引禁止が決定された。

(10) 現実には、象牙の乱獲がすべての象牙輸出国で行われていたわけではないことに注意する必要がある。ボツワナ、南アフリカ、ならびにジンバブエでは適切な個体数管理が実現されており、その意味からも輸出の一律的全面的禁止については当初一枚岩ではなかったとされる。全面禁止へ向け決定的な役割を演じたのは、むしろ輸入国側である日本であった（これについては、Porter and Brown［1991］の第3章を参照）。

9.4 野生動物の持続的利用可能性

9.4.1 生産＝輸出国側の施策と SU

生産国側での状況に跛行性がある場合は、先の問題をどのように考えたらよいであろうか。前節のモデルで、非協力的な両国が実現する象牙の生産水準は各々（9－5）式で表されている。実際には、各国で象の総個体数（stock）は異なっているため、自ずと SU に対応する捕獲可能数も異なっているであろう。以下では、（9－5）における s_i* の水準が、第1国にとっては過大であるが、第2国にとっては適正に管理されている場合を考えよう。また、適切に現実の取引がモニタリングされており、取引に対する何らかの経済的措置を講じることが可能である場合を想定しよう。

第1国が直接的な規制に乗り出すことも可能であるが、他の方法として、一定の捕獲水準実現へ向けて課税政策をとるか補助金政策をとることも十分可能である。例えば、（9－2）において第1国のみが捕獲1単位に対して t の課税を行うとしよう。このとき、（9－5）および（9－6）は、それぞれ、

$$(9-5)' \quad \begin{cases} s_1*^t = \dfrac{a(2(1+b_2)-1)-2t(1+b_2)}{4(1+b_1)(1+b_2)-1} \\ s_2*^t = \dfrac{a(2(1+b_1)-1)+t}{4(1+b_1)(1+b_2)-1} \end{cases}$$

ならびに

$$(9-6)' \quad s*^t = s_1*^t + s_2*^t = \dfrac{2a(1+b_1+b_2)-t(1+2b_2)}{4(1+b_1)(1+b_2)-1},$$

となる。両者を比較すれば容易に分かるように、第1国が象牙生産の削減へ向けて単独で課税政策を行う場合、自国の生産を削減させる効果をもつ。このため、当該国の引き起こす外部性の減退によって他国の生産水準を増加させるものの、総じて世界全体での削減を期待できる場合がある。

このような事情は、補助金政策をとる場合でも同様である。実際、第1国に対して、SU に対応する捕獲水準に対して、それ以下の捕獲が実現された場合に単位当たり w だけの補助が行われる場合を考えれば、両国の生産＝輸出量は、（9－5）'や（9－6）'において単に t を w で置き換えたものに等しく

なる[11]。

　ただ一つ注意を要するのは、グローバルな持続可能性とローカルなレベルでの持続可能性の概念の相違が、必ずしもこれまで十分議論されてこなかったという点である。実際、第1国での域内での持続可能性は、(9-5)'の第1式に基づいて適切にtを設定することで保証される。しかし、反面、少なくとも生産者として競争的関係にある第2国の生産水準が拡大することも事実である。つまり、他国の削減効果が第2国の生産拡大へとつながり、その結果、他国の持続可能性を脅かす危険性があるのである。生物多様性は、本質的にはグローバルな価値認識に基づくが、その実現へ向けた対応は基本的に地域的な対策に依拠すべきであると考えられている[12]。

　このことは、両国が協調的な路線をとる場合でも重要である。協調的なケースでは、先と同様の課税政策の場合、(9-10)ないし(9-11)は、それぞれ、

(9-10)' $\quad s_i^{*ct} = \dfrac{(1+b_j)(a-c_j)-(a-c_i)-tb_j}{2[(1+b_1)(1+b_2)-1]}, i \neq j,$

(9-11)' $\quad s^{*ct} = \dfrac{b_1(a-c_1)+b_2(a-c_2)-t(s_1+s_2)}{2[(1+b_1)(1+b_2)-1]},$

となる。この場合は、非協力なケースとは異なり両国共に生産量は削減され、全体の生産量も削減される。

9.4.2 消費＝輸入国側の施策とSU

　ところで、すでに言及したように、象の個体数をSUの水準に保持するためには、これまで述べてきたような生産国＝輸出国側のみの努力に依存することはできない。実際に、象牙に関する密輸が行われる背景には、市場経済が教えるように潜在的需要の存在がある[13]。違法な取引が普遍化するのは、大麻や麻

---

[11] この場合、第1国の利潤関数は、(9-2)を
　　$\pi_1 = p(s)s_1 - C_1(s_1, s_2) + w(s_1^{SU} - s_1)$
　　へと修正したものになる。ここで、s_1^{SU}は、SUを保証する第1国の捕獲水準である。
[12] 生物多様性条約第5回締約国会議文書では、エコシステムアプローチの原則が論じられている。エコシステムアプローチは、地域や国家のすべての管理状況を包括する概念であって、そこで指摘されているエコシステムアプローチの原則によれば、分権化による効率性の重視、近隣への配慮、外部性の軽減、SUへ向けた奨励措置、経済的利益の考慮などが必要であるという。

薬と同じように、厳格に輸入国＝消費国での規制が十分でないことによる。以下では、この点をディマンドサイドに立脚した輸入国のモデルを検討することによって明らかにしよう。

輸出国、輸入国が共に完全に $d=s=0$ を宣言したとしよう。この場合、輸入国での規制がまったく行われていない場合には、事実上 $d>0$ となり得る。輸入に際して何らのモニタリングもなく、ペナルティも課せられないのであるから、形式上は密輸ではあるが公然とした取引が行われるであろう。そこで、（事後的に知ることになる）密輸を行う輸入業者に対する罰金が課せられるとしよう。1単位の象牙の密輸に対する限界ペナルティの水準を θa（$\theta>1$）で表そう。ここでも、象牙に対する潜在需要は（9－1）で表されているものとしよう。

一方、輸入国政府のモニタリングによる密輸発見確率 m は、

$$(9-12) \quad m = \frac{e}{a^2}s^2 = m(s),$$

と仮定しよう。（9－12）において、最大発見確率を表すパラメーター e は1よりも小さな値をもち、発見確率は規模に関して収穫逓増であること、また象牙の最高支払意志価格（a）が高いほど小さくなることが仮定されている。このとき、s だけの象牙を密輸した場合に密輸業者が支払うべき潜在価格 P は、

$$(9-13) \quad P = p + m(s)\theta a = (a-s) + \frac{e}{a}\theta s^2 = P(s)$$

となることが分かる。したがって、密輸を抑制させることに成功するか否かは、モニタリングの成功確率密度関数に依存することは明らかである。直感的な理解を助けるために図9－3を描こう。このとき、（9－13）において

$P(0) = a,\ P(a) = ea\theta,$
$P'(0) = -1,\ P'(a/2e\theta) = 0,$

であることに注意しよう。図9－3で描かれているのは、それぞれケース(a)：$\theta=1,\ e=1$、ならびにケース(b)：$\theta=1,\ e=1/4$ の場合を描いたものである。

図9－3において、ケース(a)は密輸による取引量が大きくなれば発見確率が大きくなるので、ある水準を超えれば潜在的に支払うべき価格 P が逓増する場合がありうることを示している。このとき、潜在価格は最小で $P=3a/4$

図9-3 輸入国の潜在的需要関数

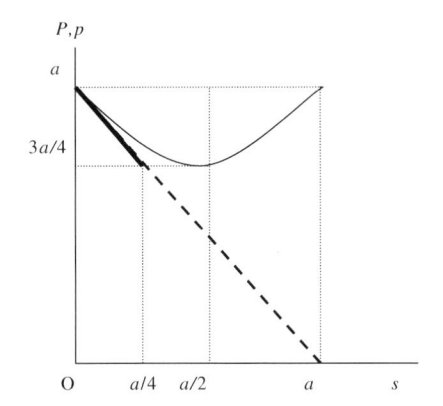

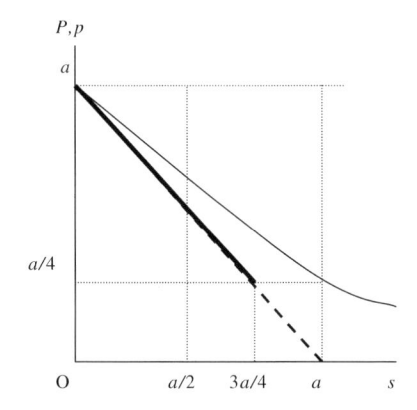

(a) $\theta=1, e=1$ のケース

(b) $\theta=1, e=1/4$ のケース

となる。この場合、$p>3/4a$ 以上の WTP（支払い意志）をもつ消費量は最大で $s=a/4$ となるので、図9-3において需要曲線のうち太線で描かれた部分が需要されることになる。

一方、最大発見確率 e が4分の1にまで低下した場合（ケース(b)）には最小の潜在価格は $P=a/4$ となり、対応する最大消費量は $s=3a/4$ となる。つまり、輸入国側にあっては、モニタリングによる最大発見確率が小さいほど、また限界ペナルティの水準が低いほど潜在的な需要曲線は右下方へ延長され、最大消費量（密輸量）$\max\{s\}$ はより大きくなることが分かる。こういったペナルティの甘さや不徹底なモニタリングによって、密輸などの非合法な取引が生じていると考えられる。

現実には、このような輸入国側の規制水準とあわせて、輸出国側の規制水準によって非合法的な取引水準が決まる。ここで、先に考察したように、生産＝

---

(13) 現在、ワシントン条約において、アフリカ象の個体群を附属書Ⅰから附属書Ⅱへ移すことが懸案事項となっている。簡単に言えば、アフリカ象の個体数を調査し、その管理システムが適切であるかを調査した上で条件つきの象牙取引を認めるか否かということである。保護政策を緩める方向での議論は慎重でなければならないが、一方で、エコシステムアプローチにもあるように、持続的な利用管理のもとで一定の経済的価値が認められる必要がある。しかし、最も重要な問題は、象牙や象の標本の違法取引に関して適切な規制が行われているか、また厳格にモニタリングが行われているかという点である。

輸出国側での適切な規制、管理システムの構築によって各地域、各国でのローカルレベルでの SU に対応する $(s_1(t_1), s_2(t_2))$ が実現されたと想定しよう。このとき、$s(t) = s_1(t_1) + s_2(t_2)$ の水準を超える取引量が非合法的であると見なせる。したがって、(9-13)の代わりに、

(9-13)'　$P = (a-s) + \dfrac{e}{a}\theta(s-s(t))^2 = P(s:t)$,

と定式化できる。このとき、(9-13)' において

$P(s(t)) = a-s(t),\ P(a) = \dfrac{e}{a}\theta(a-s(t))^2,\ P'(s(t)) = -1,\ P'(a/2e\theta + s(t)) = 0$

が成り立つ。

したがって、例えば図9-3のケース(a)と同様、$\theta = 1$, $e = 1$ のケースでは、非合法な取引量は以下の表9-1のように算定できる。

この数値例に関する限り、比較的モニタリングとペナルティのレベルが厳格であるにも関わらず、理論的にはかなりの量の非合法取引が発生しうるのである。それでは、非合法取引を減じるために、輸入当事国あるいはその輸入・利用業者（ときには、象牙製品を購入した消費者）に対して一体どのような施策が必要であろうか。

(9-13)' に着目すれば、正規の合法的な取引量に対する密輸比率 r_c は、

(9-14)　$r_c \equiv \dfrac{s-s(t)}{s(t)} = \dfrac{a}{4s(t)e\theta} \geq \dfrac{a}{4s(t)\theta}$,

となる。したがって(9-14)において $s(t)$, a を所与とすれば、密輸比率を低下させるためには、最大発見確率 e を上げるか、あるいは密輸に対する限界ペナルティ θ を引き上げる必要があることは明らかである。例えば、表9-1のうち $s(t) = a/2$ の場合では、密輸率を10%以下に抑えようとすれば最低で

表9-1　非合法取引量の例示
($\theta = 1$, $e = 1$ のケース)

$s(t)$	max {s}	非合法取引量
$a/8$	$3a/8$	$a/4$
$a/4$	$a/2$	$a/4$
$a/2$	$3a/4$	$a/4$
$3a/4$	$15a/16$	$3a/16$

も θ を 5 に設定しなければならない。言い換えれば、象牙の取引が 1 単位でも行われることを保証する最大 WTP（支払意志）価格の最低でも 5 倍を罰金水準に設定する必要がある[14]。

　ワシントン条約では、国内の象牙取引の規制に関して、輸入から製造、卸売、小売に至る業者の登録制を採用することや、政府関係機関による取引記録、検査手続きの導入を行うこと、またモニタリングについては TRAFFIC による情報の収集、管理ならびに調整が期待されている。しかし、このような努力にも関わらず、国内の非合法取引の回避措置へ向けた毅然とした態度が示されない限り、先に示した密輸比率を減じることは困難であるように思われる。すなわち、モニタリング確率を引き上げる施策とあわせて、限界ペナルティを実効ある懲罰水準となるまで十分に引き上げる措置を同時に行う必要がある。象牙の問題に限らず、野生動物の取引天国とも揶揄されるわが国の現状を転換し、希少性生物の取引に対する国際的な動向に応えるためにも、現行法や管理制度の早急な改善が希求されるところである[15]。

---

[14] 例えば、オーストラリアでは、許可なしに野生動物を輸出しようとした場合の罰金は最高11万AUドル（約770万円）である。単純には言えないが、オーストラリア原産のマツカサトカゲの場合70万円程度で取引されていることから、違法な取引の場合には10倍程度の罰金が必要であるように思われる。幾つかの事例を紹介しよう。①絶滅の恐れのあるチベットアンテロープの毛で織られたシャトゥーシュの違法取引の場合＝1999年の違法業者に対する罰金約500万円と禁固3ヶ月の判決（香港）、2001年のブティック店主に対する罰金2,100万円の判決確定（米国）。②1994年の野生動物保育法（台湾）の場合＝希少種の野生生物の密輸、販売、製品展示者に対して1年以上7年以下の刑および18,870ドル以上94,340ドル以下の罰金。③日本の場合＝条約違反の輸入は、関税法違反ならびに外国為替および外国貿易法違反となり、100万円以下の罰金または1年以下の懲役の罰則。附属書Ⅰの場合には、種の保存法で国内取引が禁止されており、1年以下の懲役又は100万円以下の罰金。具体例では、2000年4月埼玉県で象牙500kgの密輸事件が摘発された（毎日新聞2000.4.26）が、関税法112条違反として略式起訴手続による罰金30万円のみであった。このように、相対的にわが国の希少生物取引に関する懲罰水準は低いように思われる。

[15] WWF は希少性生物であるアフリカ象の保全に関して、①自然生息域の減少に歯止めをかけること、②密猟者や非合法の象牙取引に対する対策を強化すること、③人間と象の関係をよくすること、④調査方法の改善によって象の現況把握を行うこと、さらに、⑤地域管理者の象の保全、管理能力の強化を図ること、が必要であるとしている。

9.5 希少性動物の動学モデル

前節までの各節では、静学的な分析枠組みから希少性野生動物に関するモデルを構成し、短期・火急の施策としてのモニタリングや協調的管理・運営政策のあり方を検討してきた。ところで、希少性野生動物の種の保存という視点、あるいは SD や SU などの視点から見た場合、資源保護・管理問題は、本質的には動学的課題であることは疑い得ない。短期的な施策として、各国の協力体制をモニタリング強化とエンフォースメントに向けて整備するべきであるという点は認めるとしても、それぞれの生物資源がもつ固有の再生産の仕組みを理解し、それに関連する政策面を論じておくことは重要であろう。そこで、本章を締めくくるにあたり、最後に動学的な希少性生物モデルを概観し、持続可能性と制御可能性に関する検討を通じて示唆される政策的論点を検討しよう。

9.5.1 Gordon-Schaeferモデル

まず、生物(特に動物)に関する種の保存と人類による捕獲の関連を動学的に分析した古典的なモデルを検討しよう。こうした分析の先駆的モデルとしては、Gordon (1954) ならびに Schaefer (1957) が知られている。Gordon-Schaefer モデルは、以下のようにまとめることができる。

動物の生息数を x としたとき、標準的なロジスティックタイプの再生関数は、

$$(9-15) \quad G(x) = \gamma x (k-x),$$

で表すことができる。ただし、γ は正の係数であり、k は平衡資源量と名づけられる定数である[16]。一方、捕獲行為による捕獲数 s は動物の生息数に比例すると考えられるが、捕獲のために利用される網や船舶・車両などの機材量 E(これは「捕獲努力」と呼ばれる)にも比例すると仮定して、

$$(9-16) \quad s = qEx,$$

と考える[17]。ここで、q は捕獲効率性を表している。(9-15) と (9-16) の両式から、動物の純再生量は、

$$(9-17) \quad \frac{dx}{dt} = G(x) - s = [\gamma(k-x) - qE]x,$$

となることが分かる。

　捕獲主体である企業の参入と退出については、捕獲動物の価格 p と捕獲費用 c として、

（9－18）　　$\pi = ps - cE = E[pqx - c]$,

で表される純利潤が正のときに参入が起こり、負のときには退出が生じると考えて、

（9－19）　　$\dfrac{dE}{dt} = \phi\pi = \phi E[pqx - c]$, $\phi > 0$,

を想定しよう。（9－17）と（9－19）から構成される体系の安定性については、均衡で評価したヤコービ行列 J が

$$J = \begin{bmatrix} -\gamma x^* & -qx^* \\ \phi E^* pq^2 x^* & 0 \end{bmatrix}, \det J = \phi E^* pq^3 x^{*2} > 0, \operatorname{tr} J = -\gamma x^* < 0,$$

となるので、判別式 $D = (\gamma x)^2 - 4\phi Epq^2$ が正か負に対応して、それぞれ安定な焦点 node か渦状点 spiral point であることが分かる。ただし均衡は、

（9－20）　　$(x^*, E^*) = \left(c/pq, \gamma(kpq - c)/pq^2\right)$,

で与えられる[18]。図9－4は、この体系に関する位相図である。すぐに分かるように、捕獲努力の限界費用が小さくなればなるほど参入に関する利潤動機は強まり、より多くの参入者を招き入れることになるために均衡での生息動物量は小さくなる。

　上で記述されたモデルでは、捕獲者の利潤動機に基づいた参入・退出行動がディスクリプティブな形で想定された。社会がこうした行動に直面した場合、捕獲効率の向上も捕獲の限界費用削減努力も、均衡生息数を減少へと導くという意味において共に種の保存にとって脅威となる。仮に社会が、最大捕獲水準

---

[16]　（8－15）において、$G = dx/dt$、とおけば、$dx/\{x(1-x/k)\} = \gamma k dt$ であるから、$\left[1/x + 1/\{k(1-x/k)\}\right]dx = \gamma k dt$ を得る。これより、$\log x - \log k(1-x/k) = \lambda k t + C$ となる。したがって、$x/k(1-x/k) = e^{\gamma k t}C'$ と書くことができて（C, C' は積分定数）、初期条件 $x = x_0$ について解けば、$x(t) = k/(1 + c_0 e^{-\lambda k t})$、ただし、$c_0 \equiv (k - x_0)/x_0$ を得る。この曲線は、$\lim_{t \to \infty} x(t) = k$ となることから、時間の経過と共に k に漸近するような成長を描くロジスティック成長曲線にほかならない。

[17]　ここでは、分析を容易にするために、捕獲しようとする企業などの主体がそれぞれ1単位の捕獲機材を所有すると仮定している。

[18]　明らかに、均衡での正の捕獲条件は $x^* = c/pq < k$ である。

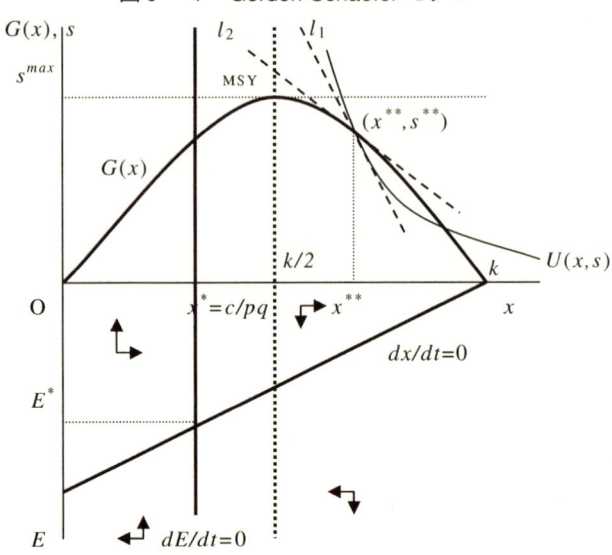

図9－4　Gordon-Schaefer モデル

(MSY) である $x=k/2$ を実現しようとすれば、適切に捕獲動物の価格や限界費用への課税が必要になることは言うまでもない。ここでも、問題は、結局のところ社会が「種の保存」あるいは「野生動物」について、その存在価値や利用価値をどのように考えているかである。

上述の Gordon-Schaefer モデルをより単純化して、(9－16) と (9－17) における捕獲量 s それ自体を制御変数とする次の問題を考えよう。

(9－21) $\quad \max \int_0^\infty U(x,s)e^{-\rho t} dt \text{ subject to } \dot{x} = G(x) - s,$

ここで、$U(x,s)$ は野生動物に関わる社会の厚生関数であり、x, s に関して分離可能 (separable) であると仮定しよう[19]。この場合、捕獲量の最適化の必要条件は、

(9－22) $\quad \dot{s} = \dfrac{1}{U_{ss}}\left[U_s\{\rho - G'(x)\} - U_x\right],$

となる。したがって、均衡点 (x^{**}, s^{**}) では、

(9－23) $\quad G'(x^{**}) = \rho - MRS_{sx}, \quad MRS_{sx} \equiv U_x/U_s,$

が成り立つ[20]。直感的な理解のために、再び図9－4の第1象限を援用しよう。

この場合、(9−23) の右辺は、均衡での「負の直線 l_1 傾き (MRS_{sx})+ρ」にちょうど等しい大きさである「負の直線 l_2 の傾き」で表され、それが再生関数 G の接線の勾配、つまり (9−23) の左辺に等しくなるように描かれている。野生動物のストックと捕獲の間の限界代替率 MRS_{sx} は、社会が野生動物の存在価値をより重視するほどより大きくなると考えられる。このように社会がより大きな均衡ストックを希求する場合には、このパレート均衡を実現するために、すでに言及したように価格あるいは捕獲費用への適正な課税が必要になる。一例として、捕獲努力に対する単位当たりの税 τ を課した場合、オープンアクセスのケースでの均衡ストックは $x^* = (c+\tau)/pq$ となるので、(9−15) のもとでパレート均衡を実現するためには、

$$(9-24) \quad \tau = \left[\frac{\gamma k - \rho + MRS_{sx}}{2\gamma} \right] pq - c,$$

で与えられる水準に課税する必要がある。

9.5.2 Holling-Bulte モデル

ここでは、Bulte (2003) によって示された Holling モデルを幾分修正した形のモデルを検討しよう。その特徴点は、野生動物の生息・再生と、捕獲量の関係を示した点では先の Gordon-Schaefer モデルと同様の記述的モデルではあるが、動物の生存条件を規定する「餌」の条件をより詳細に定式化し、より現実的な解釈を与えるように工夫された点が異なっている。

(9−15) は同じであるが、野生動物の捕獲に関しては、生態学で言う「Holling の typeIII」と呼ばれる捕食 (捕獲) モデルを援用している。この法則によれば、被捕獲者の密度と捕獲率の間には S 字型の関係が存在し、被捕

---

[19] 一般に生物多様性の保全理由は、Turner et al. (2001) の指摘を待つまでもなく、道徳的理由のほかに潜在的価値の認識深化によって、薬品が得られたり農薬保全へ寄与したりすることに関わる直接価値、生態系の保持と食物連鎖の維持などの間接的環境サービス価値、ならびに、もっぱら感性的・美学的な便益である非使用価値 (存在価値) があるという事由による。

[20] (9−23) において、$\partial x^{**}/\partial MRS_{sx} = -1/G''(x^{**}) > 0$ であるから、限界代替率の上昇は、均衡ストック量の増大へと導くことが分かる。図9−4は、MRS_{sx} が十分大きい場合を描いている。

獲者（象）などの密度が低い場合には密度の上昇と共に捕獲率は大きくなるが、それが飽和状態になると捕獲率自身は段階的に上げどまりとなる。したがって、捕獲率 h は、

$$(9-25) \quad h(x) = \frac{x^2}{\alpha^2 + x^2},$$

と書くことができる。ここで、α は飽和の生起に関わる被捕食者水準を示すパラメーターである。最大捕獲水準を β とすれば、捕獲量に関しては、(9-16) に代えて

$$(9-26) \quad s = s(x;t) = \frac{\beta}{t}\frac{x^2}{\alpha^2 + x^2} = \frac{\beta}{t}\frac{\chi^2}{\alpha^2(1+\chi^2)},$$

を想定することができる。β 自身はもっぱら、被捕獲者である野生動物のもたらす収益性（取引価格など）の高まりによって増大するパラメーターであると解釈することができる。ここで、$\chi \equiv x/\alpha$ である[21]。新たに導入したパラメーター t は、前節で論じたような動物の捕獲削減効果をもつ政策パラメーターであり、限界ペナルティやモニタリング確率、あるいは捕獲に対する課税水準などを意味している。

動学方程式は、(9-17) に代えて

$$(9-27) \quad \frac{dx}{dt} = G(x) - s(x;t) = \frac{\beta}{\alpha^2}\left[\frac{\alpha\gamma}{\beta}(k-\alpha\chi) - \frac{\chi^2}{t(1+\chi^2)}\right],$$

となる。単一の微分方程式である (9-27) において、ストック均衡 χ^h は

$$(9-28) \quad \left[t\frac{\alpha\gamma}{\beta}(k-\alpha\chi^h) - \frac{\chi^{h^2}}{(1+\chi^{h^2})}\right] \equiv \left[\Omega_1(\chi^h) - \Omega_2(\chi^h)\right] = 0,$$

の水準に決まる。図9-5では、負の勾配をもつ直線が Ω_1 を、また上方に凸の形をもつ曲線が Ω_2 を描いているが、(9-28) はこれら二つの一意ではない交点が均衡を表していることを意味している。現実の希少性動物などの管理・運営を実効あるものにするためには、Holling-Bulte モデルが示唆するような生態的調整を考慮したものでなければならない。とりわけ、(9-27) が示すストック調整過程には、現実に野性生物に生起しうる重要な現象が組み込まれている。

まず、適当なパラメーターのもとで、(9-28) の [ ] 内の第1項（Ω_1）

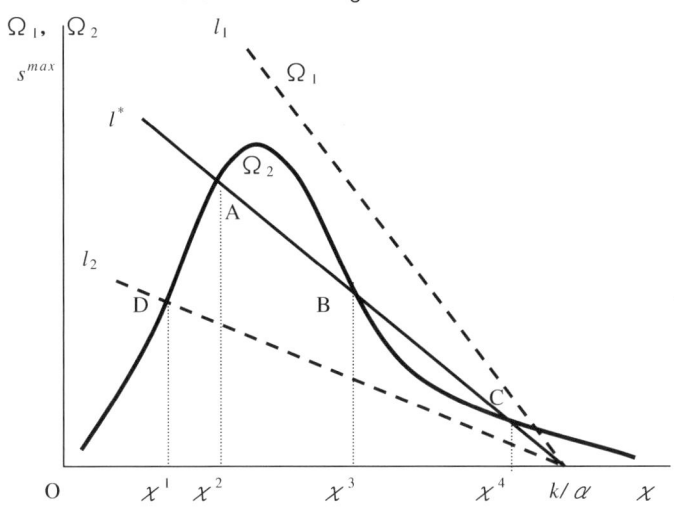

図9－5　Holling-Bulte モデル

が横軸を χ とする直線 l^* で表されていると仮定しよう。このとき、図のように均衡点は三つ存在し、点 A と点 C は安定、点 B は不安定であることが分かる。初期条件に依存するが、初期値 χ^0 が $\chi^3<\chi^0<\chi^4$ であれば、ストック水準は次第に増大しやがて χ^4 に落ち着く。このとき、例えば β の増大が生じると直線 l^* の勾配は小さくなり（l^* から l_2 へ）、その結果、ストック水準の（χ^4 から χ^1 への）急激な減少が生じる。こうしたカタストロフを伴う種の急激な減少の原因は、言うまでもなく当該種の固有の捕食率関数 $h(x)$ の形状と最大捕獲水準 β の変動に起因している。これまでも、毛皮の希少性や薬効の発見などによる突然のブームなどがある特定の野生動物の収益性を急激に高めた結果、種の激減あるいは滅亡を招いた事例には枚挙に暇がない。

このような場合、たとえパラメーターが元の水準に戻ったとしても種のストック水準はせいぜい χ^2 のレベルまでしか復帰しない。種の χ^4 へ向けた回復

---

(21) 捕獲率 h に関して、変曲点は $x=\alpha/\sqrt{3}$ で与えられる。明らかに、α の増大と共に変曲点（それ以降捕獲率の増加率が逓減するストック水準）は大きくなる。この意味で、α は被捕獲者の飽和水準であると考えられる。したがって、$\chi(=x/\alpha)$ は飽和水準に対する被捕獲者の水準を表していると考えられる。

のためには、Ω_1 の勾配を一層急なものとするような政策パラメーターの操作が不可欠であり、すでに言及したように、違法な捕獲に対する限界ペナルティの引き上げやモニタリング確率の向上、あるいは捕獲に対する課税水準の引き上げによる政策パラメーター t の上昇が効果的であると考えられる。

　Gordon-Schaefer モデルでもすでに言及したように、費用要因として捕獲の限界費用が十分小さい場合、また収益要因として価格や捕獲効率性が十分高い場合にはオープンアクセスによる種の絶滅の危険性が生じる。こうした危険性回避のために適切な政策手段の適用が不可欠であるという点は、生態的な動学的調整過程を考慮した Holling-Bulte モデルにおいても変わらない[22]。

9.6　おわりに

　本章では、単に象牙のみならず希少性生物全体の国際取引に関して、貿易管理システムについて不備があり、不完全なモニタリングと軽微なペナルティのもとでは非合法的な取引が横行する事態が予想されることを、簡便なモデル分析によって明らかにした。さらに、動学的な分析を通じて、オープンアクセス回避のために適切な管理・運営が行われる必要があることを論じた。

　生産＝輸出国における SU のよる厳格な管理システム（あるいは、地域管理システムとしてのコモンズ）の構築と、消費＝輸入国における適切かつ種の保存の重要性をめざす断固たる政策スタンスの存在なしには、将来世代へ向けた環境保全の方途は厳しいものになる。わが国が、世界最大の希少性生物の輸入国であること、さらに輸入量全体が増加傾向を示していることを考えれば、少なくとも理論的には非合法的な取引が拡大していることが指摘できる。短期的には、モニタリング確率を上げ、より厳格にペナルティを科すこと、さらにペナルティをより重いものにする施策を通じて、政府が希少性生物の取引に対するスタンスを明示するアナウンスメント効果も期待できる。長期的には、原産国における管理運営システムの形成へ向けた技術、資金ならびに人的援助を推進し、原産国間の情報ネットワークを形成すること、MIKE や ETIS（203ペー

ジの注4を参照）をより実行あるものにすることが必要であり、消費＝輸入国では希少性生物保護の重要性を含む環境教育や啓蒙活動を推進することなどが求められる。

わが国でも、生物多様性国家戦略の見直し（2002年3月）において、①開発や乱獲による種の減少・絶滅、生態系破壊による生息・生息地の減少、②里山里地における自然質の変化により特有の動植物が減少、③移入種による日本固有種への影響、といういわゆる「三つの危機」への危急の対応が必要であることが確認され、国際的にも、オランダ・ハーグでの第6回生物多様性条約締約国会議（2002年4月）において生物多様性保全のための連携強化を図ることが求められている。結局のところ、われわれの希少性動物を含めた生命そのものに対する畏敬の念が問われているのかも知れない。

---

(22) Holling-Bulte モデルでは生態的動学的調整過程が微分方程式によって記述的に分析されているにすぎない。社会が捕獲と種の存在量によって厚生を獲得するという（9-21）の計画を必要とする場合には、依然として均衡点（x^{**}, s^{**}）によって規定される水準への管理・運営が求められることは言うまでもない。なお、Van Kooten and Bulte (2000) の第10章では、希少性動物資源に関する分析が行われている。本書の第1章で展開されたコモンプール財のケース（つまり、オープンアクセスで密漁が生じるケース）に加えて、その発見確率とペナルティを課したケースが分析されている。基本的な動学的性質は、その場合も図1-1で描かれたものと基本的に変わらない。

第10章

森林コモンプール財の保全と経営

Conservation of Forest Common Pool Resources

一ノ瀬渓谷（山梨県塩山市）
笠取山の南懐に多摩川の始まりがある。小さな湧水は
沢や渓谷となり、一ノ瀬川渓谷を流れ下る。水源の森は生命の守、
やがて大河となって子孫永劫に持続可能性を保証する。

（写真提供：多摩源流研究所長　中村文明氏）

10.1　はじめに

　本章では、わが国の森林の置かれた現状と問題点を包括的に検討し指摘した上で、あるべき森林政策を検討しよう。森林という環境財をストックとしての側面とそれがもたらす「幸」としてのフローの両面から整合的に観察し、林業や製材業その他の関連産業の生み出す経済的便益と森林固有の環境価値の両視座から検討する。本質的に森林のもつ環境財としての便益は、すべての人々にとって非排除的で一定の競合的側面をもつためにコモンプール財としての性格をもつと考えられる。コモンプール財の場合、最適な水準を超えて過度な利用が進む可能性があるために、地域などでの管理・運営ルールが必要となる。このような最適管理・運営システムの必要は、当該財がどのような財産権のもとに置かれているかということとは無関係なように思える。

　実際、後述するが、わが国の森林問題について言えば、私有林などのように私的な管理のもとにあって、本来ならば経済メカニズムが作用すると考えられる領域にあってもそれがうまく管理されない状況が存在し、地域（もしくは流域圏）全体で、望ましい造林計画や伐採計画を立案する必要があると考えられる。地域の存在は、広く森林のあり方と無関係ではあり得ないのである。他方で、このような森林コモンプール財の環境財としてのあり様は、その経済財としての機能から切り離して考えることもできない。事実、現在の森林問題は、不十分で低位にしか評価されない経済的価値のもとで管理・運営自体が不適切となり、その結果として森林ストックの持続可能性が危惧されているのである。

　本章は、以上の観点に立ち、森林の経済的価値と環境価値を包括的に理解するための枠組みを与えると共に、あるべき最適な管理・運営政策を提示しようとしている。本章の構成は以下のようである。第2節では、林業や製材業などを軸にわが国の森林をめぐる現状と課題を論じる。第3節では、森林コモンプールのモデル分析を行い、最適植林・育林計画の性質を検討する。さらに第4節では、環境財など森林のもつ公益的機能を考慮して環境問題と森林政策の課題を論じる。最後に、第5節で分析の梗概を与え、政策論的な意義を整理して残された課題を展望する。

10.2　わが国の森林をめぐる現状と課題

　わが国の森林をめぐる問題は、一般的に世界的な視点で問題とされている森林減少の状況とはかなり異なっている。とりわけ、熱帯雨林を中心とした伐採・乱伐による森林面積の急激な減少と対応する先進工業国での森林面積の微増という図式からは先進国と開発途上国との間の交易問題が、さらに開発途上国における林業の農業をはじめとする他産業へ地域代替といった対立軸が読み取れる。

　図10-1は、アジア発展途上国全体の土地利用変化を示したものであるが、農地の増加と森林の減少傾向が観取できる[1]。熱帯雨林地域に関する分析は、例えば、Barbier and Burgess（1997）のように森林と農地の間の異時点間の最適利用問題として把握し、人口や所得に加えて林業生産と農業生産の変化を森林伐採の説明変数とする分析や、最近の Barbier（2001）のサーベイのように、地域による差はあるものの森林面積の減少（deforestation）は基本的に農地への代替に基づいており、当該地域の人口や所得水準の他に穀物生産や農産物輸出などの農業関連の諸変数、ならびに財産権設定などの制度因子によって回帰可能であると考えられる[2]。

　これら熱帯雨林の森林減少の一因として、わが国の輸入が果たした役割は否定し得ないであろう。事実、**図10-2**が示すように、わが国の用材輸入量は1970年代以降急速に拡大しており、それに呼応して、戦後ほぼ100％であった用材自給率はいまや20％以下にまで落ち込んでいる。形式的には、海外の資源利用へ代替させることでわが国の国内森林資源の保全を実現させたように見える。実際、**図10-1**に対比させてわが国の土地利用変化を見れば（**図10-3**）、少なくともわが国の場合には森林面積は相対的によく保存されており、森林の

---

[1] 国別事例では、とりわけタイや中国、インドネシアなどで明確な森林減少と農地拡大傾向が見受けられる。
[2] 森林が希少資源であり、地域や政府が他の主体を支配するシュタッケルベルクゲームの先導者として振る舞う場合には、特に森林減少が生じやすいことが指摘されている。地域や政府の失敗による森林減少の例としては、スマトラやブラジルの経験が挙げられる。こうした地域開発における政策失敗事例は、わが国のケースに関しても示唆に富む。

図10-1　アジア諸国の土地利用変化

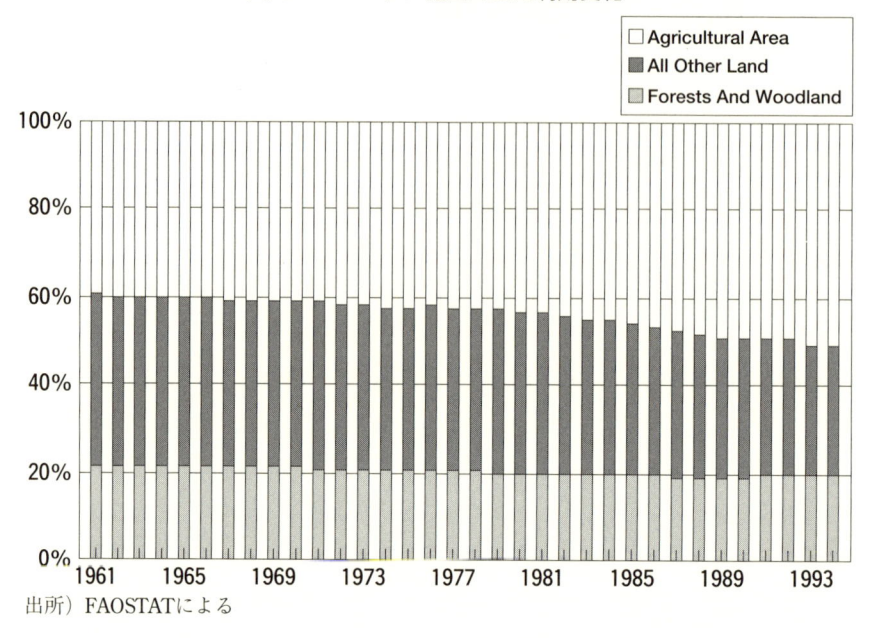

出所）FAOSTATによる

図10-2　わが国における用材構成の推移

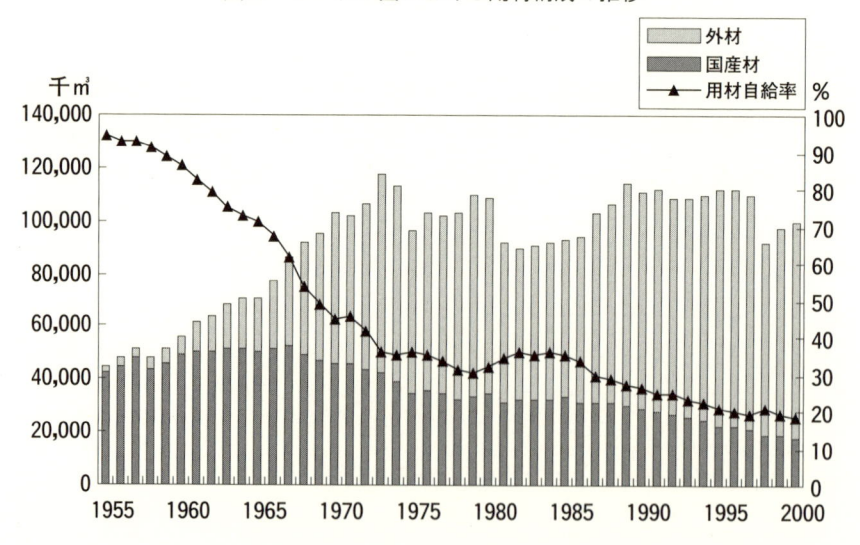

図10−3　わが国の土地利用変化

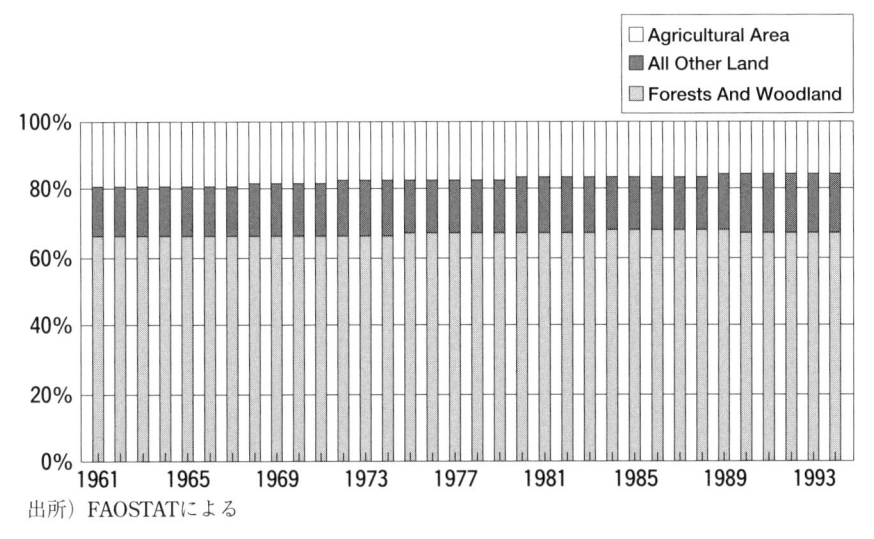

凡例：
- Agricultural Area
- All Other Land
- Forests And Woodland

出所）FAOSTATによる

農地への代替傾向どころか農地面積の一貫した減少すら生じているのである[3]。

　わが国の森林環境の保全問題は、したがって表層的な森林面積減少というよりは、むしろ林業経営の衰退とそれによる森林の適正な維持・管理の喪失をめぐる課題に集約されるように思われる。単線的な図式で課題を整理することはできないが、問題の把握のためには少なくとも以下のファクト・ファインディングが重要であると思われる。

❶天然林は比較的少なく、広葉樹から松、杉、檜といった針葉樹を中心とした人工林の拡大傾向が見受けられること。

❷南洋のラワン材や北米の米ツガなどの外材と杉、檜など国内材の価格問題については、相対的に安価な外材の輸入→国内材から外材への代替→国内林業の不振、という単純な図式が必ずしも成立しないこと。

---

[3] 戦後復興需要増による国内材価格高騰のために、木材供給を拡大することが至上命題となった。1964年の木材貿易完全自由化以前もすでに木材輸入が実現しており、国内材生産能力増強とあわせて輸入拡大路線が引かれたのである。生産能力の倍増と育種限定、生産期間短縮、林道整備をめざして1958年に策定された林力増強計画は、実に1997年までの40年間にわたる長期計画であった。

❸趨勢的に林業、製材業への就業者が減少しており、これらの部門での就業者の年齢構成は高く、他産業に比して賃金が低いこと。
❹国産材の生産縮小に伴う売り上げの減少と共に総コストが増大して林業の純所得が減少していること。

以下、これらを順に検討しよう。

まず人工林の構成は、1980年には、面積比で39％、蓄積量で42％であったものが、1995年にはそれぞれ41％、54％に上昇している。特に、蓄積量ベースでの伸張が著しく、この間、蓄積量全体の針葉樹林の構成比は59.7％から66.4％へと大幅な伸びを示した[4]。他方、所有別に見れば、私有が全体の6割程度を占め、人工林に限ってみれば私有林は面積比で65％、蓄積量では74％を占めている。これらの事実は、用材供給源としての松や杉、檜など針葉樹林の育成によって森林経営をめざそうとする企図を反映したものである（表10－1参照）。

蓄積が進んだ現在、森林資源の有効利用のために生産用材の販路拡大や生産性向上を目指すことは依然として重要な課題であるが、同時に、長伐期化や混交林化による雑木林のもつ生態系保持能力を最大限に引き出す施策が必要であることは言うまでもない。

ところで、わが国の杉や檜に代表される建築用材向けの針葉樹林育林、伐採、搬出および製材といった一連の経営が停滞状況にあったことは図10－2から容易に看取できる。仮に、用材のすべてが国内の民有人工林からのみ供されるとすれば、蓄積量の6％程度の伐採になる。しかし現実には、その5分の1程度にしかすぎず、明らかに潜在的な供給過剰状態にあると考えられる[5]。とりわけ、1970年代以降の急激な外材の輸入増大と国産材の低迷は何が原因であったのであろうか。

1970年代は、言うまでもなく2度の石油危機および輸入インフレを経験した時期であった。輸入物価ならびに国内卸売物価共に急激な上昇を示しているが、そうした加重平均値の急激な変動に比して、輸入材価格はより軽微に、国内材価格はより大きく変化した点は注意に値する。その後、1980年代後半からの価格安定期にも、国内材価格の上昇傾向に同調するかのような輸入材価格の動きが観察できる（図10－4参照）。単純な比較はできないが、立木を伐採して丸

表10-1 森林資源の現況 (面積=1000ha、蓄積量=100万m³)

	総数		人工林				天然林			
	面積	蓄積量	面積		蓄積量		面積		蓄積量	
総面積	25,146	3,483	10,398	41.4%	1,892	54.3%	13,382	53.2%	1,590	45.7%
国有林	7,844	912	2,446	31.2%	292	32.0%	4,738	60.4%	619	67.9%
	31.2%	26.2%	23.5%		15.4%		35.4%		38.9%	
公有林	2,730	359	1,209	44.3%	199	55.4%	1,433	52.5%	160	44.6%
	10.9%	10.3%	11.6%		10.5%		10.7%		10.1%	
私有林	14,572	2,212	6,743	46.3%	1,401	63.3%	7,211	49.5%	811	36.7%
	57.9%	63.5%	64.8%		74.0%		53.9%		51.0%	

(資料:林野庁指導部計画課「森林資源現況」による。「その他」の項を含まない)

太にし、それから製材するという加工パターンを考えよう。

図10-5は、山元立木価格に対する丸太、製材品価格のマークアップの変動を示したものである。これから、少なくとも二つの特徴点を指摘できる。まず、対山元立木価格に対するマークアップ率は1970年代にも比較的安定的であり、これらが急激な木材価格上昇の原因ではない。他方、杉製材のマークアップ率はほぼ一貫して上昇傾向を示しており、1960年代の2.5程度から近年では6を超える値にまで上昇している。

図10-6は山元立木価格の推移を示したものであるが、これから1970年代における国内材の高騰はもっぱら立木価格の上昇によるものであることが分かる。また、1980年代以降はむしろ立木価格が低迷していることから、杉を中心とした製材品のマークアップ上昇が価格変化の主因であると推察できる[6]。

ところで、図10-7は共に主要建築用材である輸入米ツガと国内杉、檜材の変化を表しているが、とりわけ杉と米ツガの価格が拮抗している様子が分かる。重要な点は、図10-4をあわせて考慮すれば、輸入材の国内材に対する相対価格が比較的安定傾向を(あるいは、わずかながら上昇傾向さえ)示しているに

---

(4) 第2次世界大戦前、広葉樹と針葉樹の混交林が大部を占め、雑木が形成した豊かなわが国の自然は、戦時伐採と戦後の人工林化によって大きく林相を変えたと言われている。

(5) 用材の木材総需要に占める割合は約98%であり、用材のうち、42%がパルプ・チップ、41%が製材用、残りが合板その他となっている(2000年)。

(6) なお、国内素材生産量全体の約80%は針葉樹林であり、そのうち、杉が53.5%、檜15.9%、唐松10.8%の順となっている(2000年)。

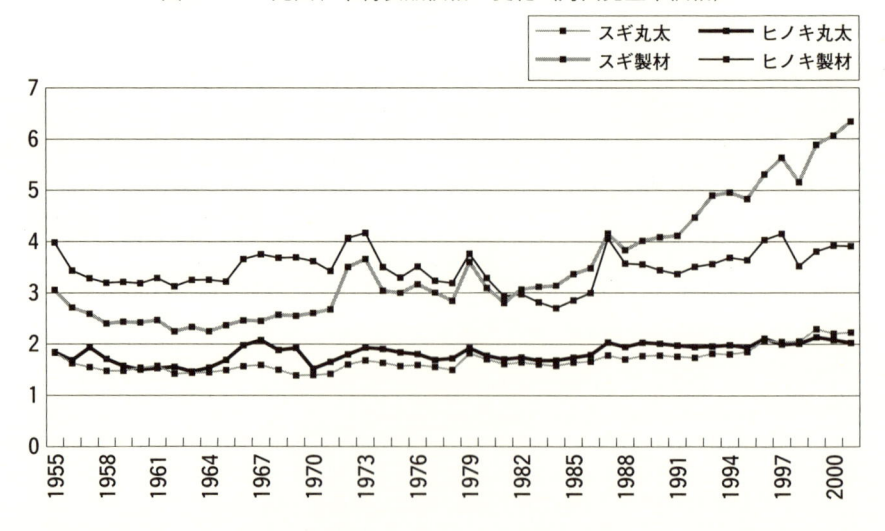

図10－4 木材価格および卸売り物価の推移

1970＝1

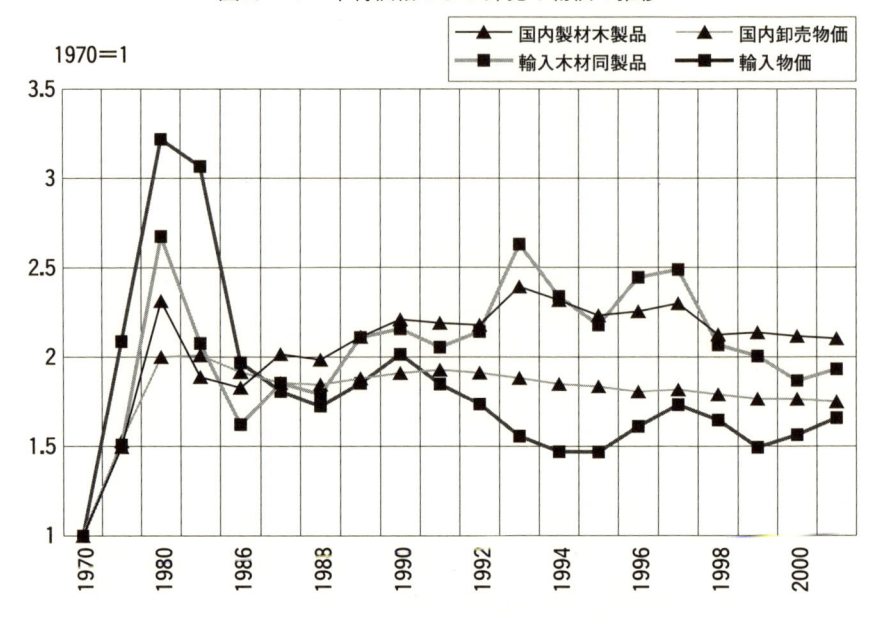

凡例：
- ▲ 国内製材木製品
- ▲ 国内卸売物価
- ■ 輸入木材同製品
- ■ 輸入物価

図10－5 丸太、木材製品価格の変化（対山元立木価格）

凡例：
- スギ丸太
- ヒノキ丸太
- スギ製材
- ヒノキ製材

第10章　森林コモンプール財の保全と経営　231

図10－6　山元立木価格の推移（1970＝1）

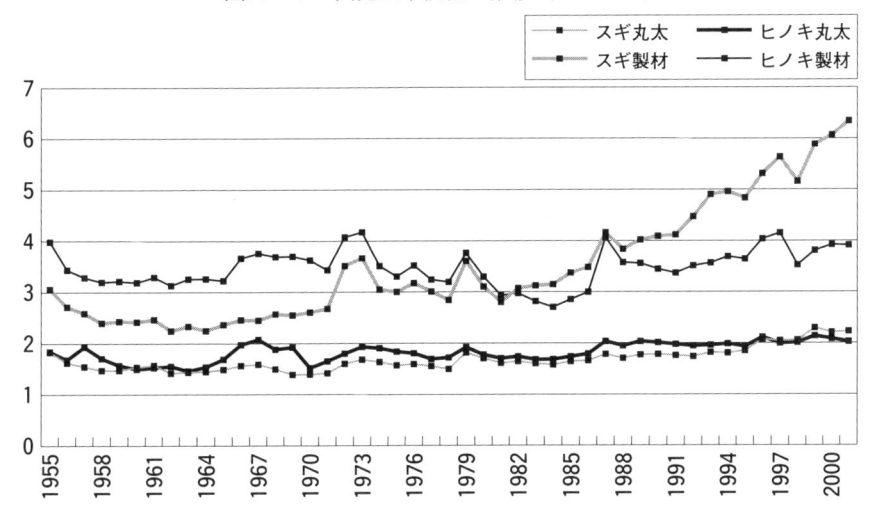

図10－7　製材品価格の推移（円／㎥）

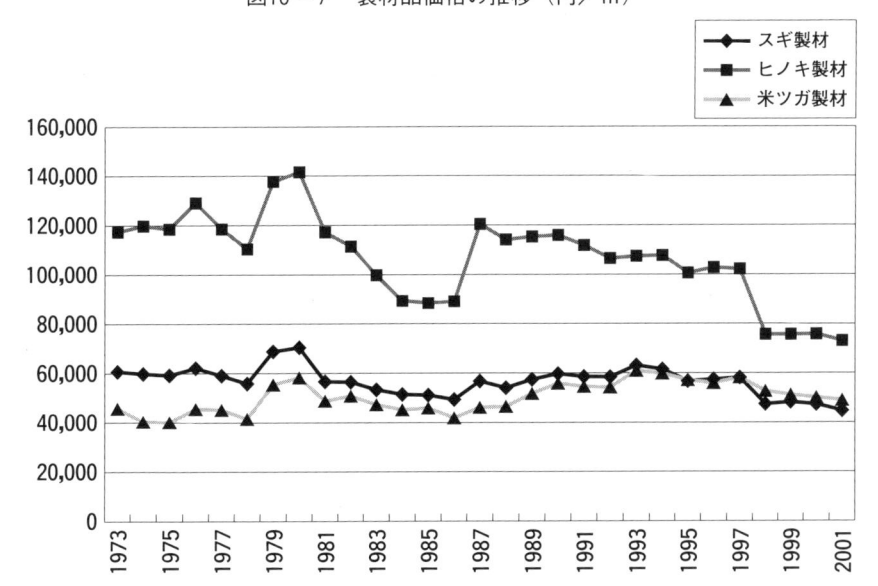

もかかわらず、輸入材の構成比が大幅に増大している点である。言うまでもなく、相対価格が不変であれば、他の事情に等しい限り2財の需要構成比は変わらないはずである。推察されうる要因は、図10-5に描かれたような杉（あるいは1980年以降の檜）に顕著に見られる製材品のマークアップ率の趨勢的上昇である。丸太から製材品をつくるマージンが一定であれば、製材コストの急増が反映しているはずであり、逆に製材コストが安定的であればマージンが上昇していると考えられる。

通常、指摘されるのは、米ツガなど外材の大量輸入量確保、ロットの大きさ、安定した品質の維持、ならびにこれらの条件に対応した新たな建築工法などによる需要拡大があり、国内材は競争力を失ったという点である。国内の製材業は、杉材などの品質確保・向上を図って外材との質的競争に対峙しようとしたために、対乾燥技術導入コストや人的コストの増大が生じ、総じて製材コストが急増したというのである[7]。

実は、川下の木材製品が競争的である場合には、その派生需要に対応する川上の素材生産へ及ぼす影響は大きい。よく利用される輸入モデルを援用しよう。図10-8は、木材製品の外材、国内材が代替的であり、外材価格に引っ張られる形で価格形成が行われている状況を表している。外材の国際価格が上図のP_1である場合、製材の需要・供給曲線に対応して、輸入量がAC、国内材生産量がP_1Aに定まる。このとき、製材需要y_1の派生需要として素材需要が生じ立木価格はP_2に決まる。もし、製材部門で生産性の低下＝生産コストの上昇が生じた場合、供給曲線が上方破線へとシフトするが、価格は国際価格P_1に維持されるために国内材生産のみがy_2へ減少し立木価格はP_3へと低下する。こうして、製材品価格の相対的安定と同時に山元立木価格の下落が起き、両者間のマークアップ比率が上昇する結果となる。

次に問題となるのは、こうして生じる山元立木価格の低下のもたらす影響である[8]。参考までに、立木伐採の合理性を示すファウストマン（Faustmann）式を示せば、

$$pQ'(T) = \delta \frac{pQ(T)-c}{e^{\delta T}-1} + \delta(pQ(T)-c)$$

である[9]。ただし、Tは最適伐採期間、δは割引率、cは限界育林コストであり、

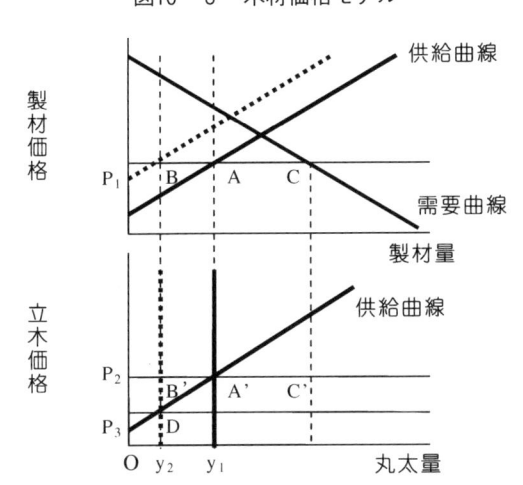

図10−8　木材価格モデル

また、Q は育林関数を表している。これから、$dT/dp<0$, $dT/dc>0$, $dT/d\delta<0$ という関係を得る。したがって、山元立木価格の下落や賃金などの限界育林コストの上昇は、共に林業経営者の将来の利潤期待を減衰させ、最適伐期齢を延長させる効果をもつ。これは必然的に、経営者の再植林や育林の意欲を減退させ、林業衰退のみならず森林の自然環境悪化へと導く。

このように、戦後一貫してドラスティックな経済環境の変化を受け、現在も多くの課題を抱える林業ではあるが、中でも農業と同様に、就業者の衰退、高齢化の進行は最重要の問題である。本節の最後に、この事実確認を行っておこう。

まず、就業者ベースで確認しよう。わが国の場合、ほぼ1975年に Rowthorn

---

(7) このような山元立木価格と製材価格の乖離に関する指摘については、赤井(1989)参照。赤井氏は、とりわけ山元立木価格の実証研究の重要性を指摘した上で、樹齢や搬出などの構成に配慮した統計調査が必要であると論じている。

(8) 育林業に関する経営上の問題指摘は数多い。例えば、飯田(2000)は、杉や唐松の育林業については、多くの場合、すでに造林コストが市場価格を上回っており、育林経営はすでに崩壊していると指摘し、育成林業の不成立と採取林業の成立という言葉で対比させている。

(9) ファウストマンルールは、成長する森林の最適伐採期間を決めるものである。こうした定式化については、例えば、Hanley et al (1997) の第11章や van Kooten and Bulte (2000) の第11章参照。

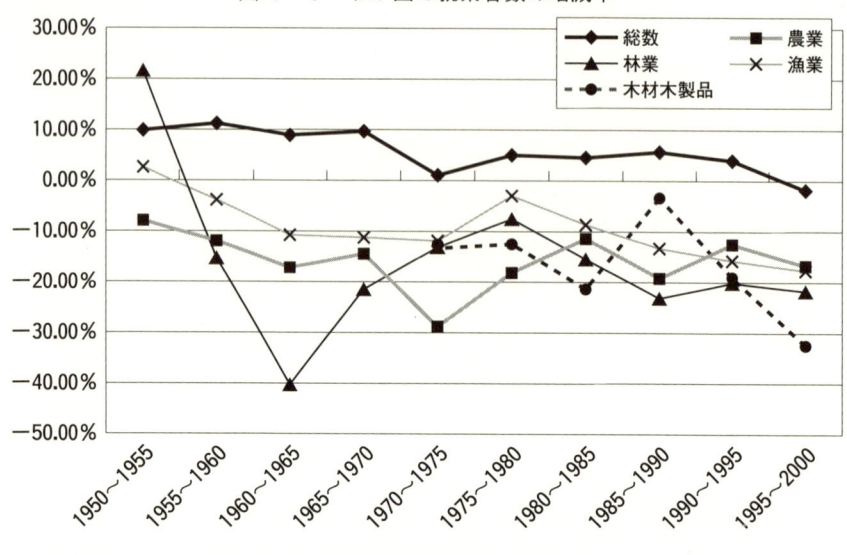

図10−9　わが国の就業者数の増減率

図10−10　年齢階級別産業別就業者構成比
2000年国勢調査による

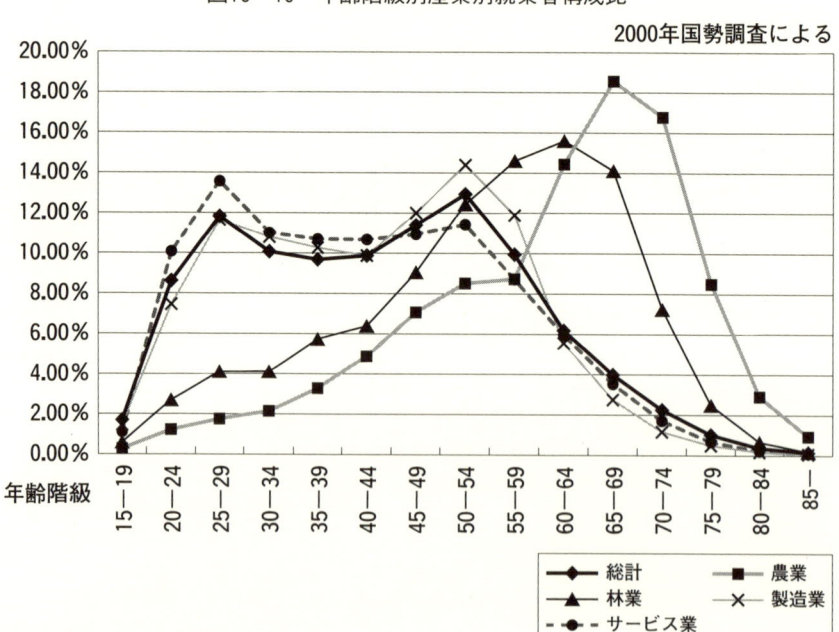

(1987) のいう成熟期を経て脱工業化過程が進行する。1950年には、第3次産業、第1次産業就業者構成比は、それぞれ約30％と50％であったものが2000年には65％と5％となっている。1995年以降の5年間を除いて全産業での就業者数は増加基調にあったが、第1次産業、とりわけ林業の変動と減少が著しい（**図10−9**）。1950年に45.6万人であったものが、2000年にはわずか6.7万人へ（構成比では、1.18％から0.11％へ）と激減している。また、製造業のうちで木材・木製品について見ても一貫して減少傾向を示しており、バブル期の1985〜1990年間でさえも減少率の鈍化を示したにすぎない。

このような急激な減少が、就業者の年齢構成を高齢化させたことは想像に難くない。実際、**図10−10**が示すように、就業者の年齢構成のモードは農業の65〜69歳についで高く、60〜64歳となっている。就業者の高齢化は、賃金水準にも影響を及ぼしている[10]。

より具体的に、林業および製材業にかかわる賃金水準を検討しておこう。**表10−2**は、2001年の職種別賃金を示したものである[11]。**表10−2**では、「基本調査」で示される全70の職種のうち、給与の高い5種と低い10種と対比させる形で林業労働にかかわる特定職種6種を表示している。これから、林業労働者の平均年齢がほぼ50歳と高いこと、また平均給与水準がほぼ1.2〜1.3万円であり、他の職種に比べても低い位置にあることが分かる。さらに、製材工や木材加工である家具工の賃金もそれぞれ下位5位と9位に位置し、相対的に低位であることがうかがえる。賃金水準の産業間比較については、様々な賃金決定モデルに関する研究が行われている。それらの実証は本旨ではないので、ここでは、林業や製材業の相対的に低位な賃金が低い付加価値生産と対応している点のみを指摘しておこう。

---

[10] 2001年の厚生労働省の賃金構造基本調査に依拠して、給与水準（決まって支給される給与：男子）Y を平均年齢 X_1 と勤続年数 X_2 で単純回帰すれば、

$$Y = 14589.7 - 132.33 X_1 + 496.76 X_2, \quad s = 1867.8, \quad R^2 = 0.45$$
$$\quad\quad\quad\quad (7.83) \quad (-2.91) \quad\quad (7.33)$$

を得る（ただし（ ）内は t 値）。つまり、年齢構成の高い職種が高賃金であるとは限らないのである。

[11] 表10−2は、厚生労働省の「賃金構造基本調査」ならびに「林業職種別賃金調査」により作成している。ただし、前者に基づいて、1ヵ月の決まって支給される給与を労働時間で除して1日の平均賃金を求め比較したものである。

表10－2　わが国の職種別賃金水準

	職種（対象＝全70種）	平均年齢 （歳）	平均現金給与 （円／日）
上位5	電車運転士 保険外交員 電車車掌 旅客掛 診療放射線技師	39.1 44.1 37.0 39.7 37.2	21,745 20,684 20,548 19,669 18,988
下位10	自動車整備工 家具工 給仕従事者 警備員 タクシー運転者 製材工 家庭用品外交販売員 ミシン縫製工 ビル清掃員 調理士見習	33.0 43.1 35.3 46.1 52.9 44.1 35.6 46.1 48.4 30.2	12,605 12,480 12,000 11,884 11,402 11,371 11,355 11,039 10,698 9,609
林業	伐木造材作業者 チェンソー伐木作業者（自己所有） チェンソー伐木作業者（会社所有） 機械伐木造材作業者 機械集運材作業者 伐出雑役	56.3 56.9 52.3 46.9 51.9 54.1	12,590 13,290 12,340 12,950 12,750 10,390

　表10－3によれば、一人当たり付加価値生産額（労働生産性）は、全産業および製造業では増加、うち木材・木製品業での微増傾向が見られるものの、林業など第1次産業での落ち込みが厳しい。表内下段は、各部門における労働生産性の全産業に対する比率を示しているが、とりわけ農業部門の労働生産性が低いこと、2000年ベースで林業や木材・木製品業の一人当たり付加価値生産額はおよそ500万円で同水準であること、さらに、1990年代後半の林業における相対比の落ち込みが激しいことが分かる。参考までに、1970年代以降の産業別の実質GDPの変動過程を確認しておこう。
　一般的には、実質最終消費の安定的な変動に支えられて、素材供給としての農業や林業部門での生産の安定化が図られると考えられる。しかし、実際には**図10－11**にあるように、これらの部門での変動は極めて大きい[12]。林業も同様

表10-3　わが国の一人当り名目総生産の推移（単位＝円）

	1990	1995	2000
全産業	6,722,570	7,285,787	7,592,839
農業	2,138,236	2,097,477	1,919,251
	31.8%	28.8%	25.3%
林業	6,150,698	8,107,289	5,170,283
	91.5%	111.3%	68.1%
水産業	5,138,156	4,756,965	4,638,933
	76.4%	65.3%	61.1%
製造業	8,011,888	8,458,731	9,071,783
	119.2%	116.1%	119.5%
製材木製品	4,692,570	5,013,993	5,042,035
	69.8%	68.8%	66.4%

図10-11　実質 GDP 成長率の変動

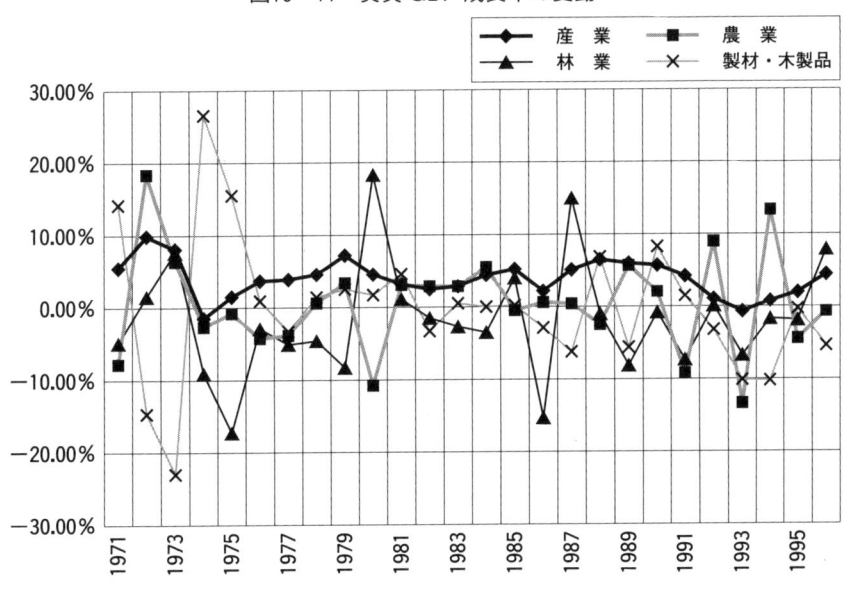

(12) 同期間の成長率変動に関する標準偏差は、金融・保険業で11.2と最も大きく、ついで製材・木製品業の9.8、鉱業の9.1である。農業・林業も大きく、それぞれ7.1と7.9である。

であろうが、日本列島改造論から第1次石油危機へと続く1970年前半、1980年代後半のバブル期における製材・木製品業の成長率の乱高下は明記すべきであろう。森林を自然資源とし、その経済的活用とあわせて自然環境保全の方途をめざす必要があるにもかかわらず、むしろこのように不安定でかつ産業展開の将来不安を拡大するようかのように低付加価値化傾向を強めている状況にある。

10.3 森林コモンプール財のモデル分析

　前節での森林をめぐる実証的眺望にたって、どのような政策的提言が可能になるであろうか。ここでは、実態を反映しながらも、できるだけ簡便な動学モデルを構成することでその論旨を示そう。
　用材（体積ベース：y）を中心とする木材市場を考え、その需要曲線を
(10−1)　　$y = \alpha - \beta p$,
で表す。ここで、α、β は定数である。川下にあたる製材業では、国際市場のもとで競争的状態にあり、価格 p は国際価格（$= p^*$）であるとしよう。価格競争力をもたない国内の製材業者の利潤 π は、
(10−2)　　$\pi = py - wn - qx$,
で与えられる。ここで、w は製材業賃金であり、n は製材業部門での就業者数である。また、q, x は、それぞれ素材（丸太）価格および素材投入量を表している。製材業の生産関数を
(10−3)　　$y = f(n, x)$,　$f_i > 0$,　$f_{ii} < 0$,　$f_{ij} > 0$,　$i, j = n, x$,
で表す。製材業者の利潤最大化によって、均衡雇用水準 n^* ならびに均衡素材投入量 x^* は、それぞれ
(10−4)　　$n^* = n(w, q, p^*)$, $n^*_w < 0$, $n^*_{p^*} > 0$,　　$x^* = x(w, q, p^*)$, $x^*_q < 0$, $x^*_{p^*} > 0$,
となる[13]。これに対応する国内製材生産量は、$y^* = f(w, q, p^*)$ となる。これに関連して、製材生産への影響は、$dy/dw < 0$、$dy/dq < 0$ および $dy/dp^* > 0$ となる。所与の国際価格 p^* のもとで、輸入量 y_m は
(10−5)　　$y_m = \alpha - \beta p^* - f(w, q, p^*)$,

に等しい。

　当該モデルが示すように、国際価格との競争下に置かれた国内の川下市場にあっては、住宅需要の増加など国内需要の改善があっても外材（実際には、素材輸入も含めて）への需要を増やすだけで、国産材への需要拡大がもたらされるのは、賃金や労働生産性などのコスト要因の改善が見られる場合だけである。

　製材部門の素材投入が山元立木への需要であると考えれば、（10－5）で決定される x^* はそのまま立木需要となる。問題は、林業での生産活動である。製材部門が、他の生産と同様、短期の利潤追求が可能であるのは、費用＝投入財→生産の過程が極短期だからである。林業は、20年から100年といった長期の育林期間を経てようやく価値をもつような生産財を対象に営まれており、現在の投入と生産計画が必ずしも期待通りの収益を生み出すとは限らない。一方、現時点の伐採量は（10－4）の需要曲線に制約を受けており、伐採コスト $C(x)$ を考慮して伐採量が決まる。短期的には、林業維持のために、伐採費用のみを考慮した最適化が図られる[14]。したがって、林業の利潤 Π は、$\Pi = qx - C(x)$, $C' > 0$, $C'' < 0$, となり、利潤最大化条件は短期供給曲線 $q = C'(x)$ に従う。これと（10－4）を連立すれば、山元立木の市場価格 q は $q^* = q(w, p^*)$, $q_p > 0$ のレベルに決定される。

　ところで、現在の林業の疲弊状況に関しては、前節でも触れたように、その原因を1950年から1960年代に行われた植生を無視し、針葉樹などの単一相に傾斜した過大な植林とその後の蓄積量急増に帰着させる議論がある。戦後復興と高度経済成長期の想像を超えた需要増大のもとでの対外市場開放と先の過剰蓄積が相まって、過剰供給構造をつくり出したというのである。この教訓は、用材需要や木材価格の将来予想が如何に困難かを示している。

　上記の議論を敷衍して、以下では問題を単純化するために外材価格に関する

---

(13) 比較静学によって、

$$\begin{bmatrix} f_{nn} & f_{nx} \\ f_{xn} & f_{xx} \end{bmatrix} \begin{bmatrix} dn \\ dx \end{bmatrix} = \begin{bmatrix} 1/p^* \\ o \end{bmatrix} dw + \begin{bmatrix} 0 \\ 1/p^* \end{bmatrix} dq - \begin{bmatrix} f_n/p^* \\ f_x/p^* \end{bmatrix} dp^*$$

を得る。ここで、最大化の十分条件である $f_{nn}f_{xx} - 2f_{nx} > 0$ を仮定する。

(14) 日本林業調査会（2002）によれば、素材生産コストは、杉（集材機使用）のケースで10,083円／㎥である（1997年調査）。同年の素材価格は21,100円／㎥であるから、一応採算ベースには乗っている。

静学的期待を仮定し、かつ製材業賃金を定数としてモデル式から捨象しよう。このとき、林業における植林 z とその費用 S を考慮した最適植林計画を

$$(10-6) \quad \int_0^\infty \left[q^* x(q^*, p^*) - C(x(q^*, p^*)) - S(z, X) \right] e^{-rt} dt$$

$$\text{Subject to } \dot{X} = R(X) - x(q^*, p^*) + z,$$

で定式化しよう。ここで、S：造林・育林費用[15]は、植林量と現在の蓄積量 X の関数であると考える。森林蓄積の全変化量は、天然林などの自己成長関数 $R(X)$ と植林量の合計から今期の伐採量 x を差引いたものに等しい。最適計画は、言うまでもなく、売り上げから伐採費用と造林費用を差し引いた純利益の割引現在価値を最大に導くための植林計画である。

単純化のために、費用関数 S について、

$$(10-7) \quad S = az^\theta X^\theta, \ 1 < \theta,$$

を仮定しよう[16]。ここで、パラメーター a は、造林・育林に関する現在の技術水準を示す[17]。(10-6) に関するハミルトニアンは、

$$(10-8) \quad H = \left[q^* x(q^*, p^*) - C(x(q^*, p^*)) - az^\theta X^\theta \right] + \lambda \left[R(X) - x(q^*, p^*) + z \right]$$

である。最適化のための静学的必要条件は、

$$(10-9) \quad \frac{\partial H}{\partial z} = -a\theta z^{\theta-1} X^\theta + \lambda = 0,$$

であり、動学的必要条件は

$$(10-10) \quad \dot{\lambda} = -\frac{\partial H}{\partial x} + r\lambda = -\left[-a\theta z^\theta X^{\theta-1} + \lambda R'(X) \right] + r\lambda = \left[r - R'(X) \right] \lambda + a\theta z^\theta X^{\theta-1},$$

となる。(10-9) より、森林蓄積量の潜在価格 λ は伐採のもたらす限界便益に等しいことが分かる。(10-9) を時間で微分し、それを (10-10) に代入すれば、

$$(10-11) \quad \begin{cases} \dot{z} = \dfrac{z}{(\theta-1)X} \left[(r - R'(X))X + z - \theta \dot{X} \right] \\ \dot{X} = R(X) - x(q^*, p^*) + z, \end{cases}$$

を得る。このモデルの均衡を (z^*, X^*) としよう。(10-11) において、$\dot{z} = \dot{X} = 0$ と置いて整理すれば、均衡では

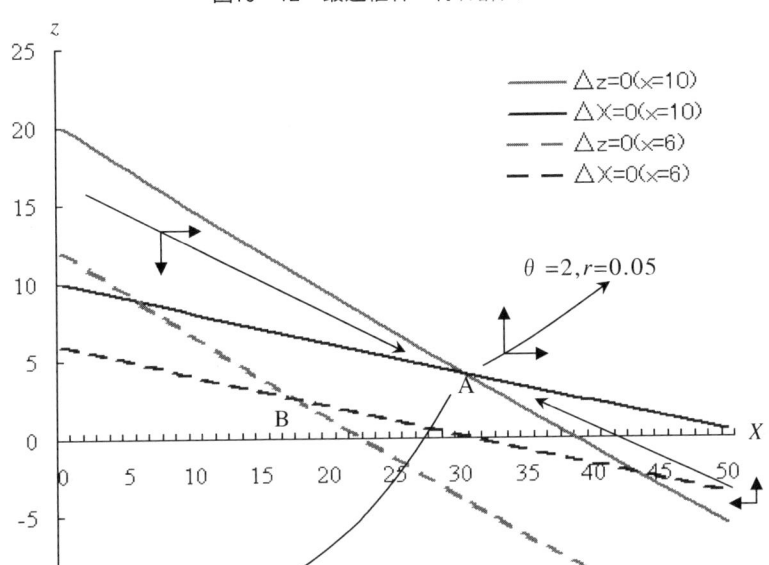

第10章　森林コモンプール財の保全と経営　241

図10−12　最適植林・育林計画

```
             △z=0(x=10)
             △X=0(x=10)
         ― ― △z=0(x=6)
         ― ― △X=0(x=6)

             θ=2, r=0.05
```

$$(10-12) \begin{cases} [r-R'(X^*)]X^* - R(X^*) + x = 0 \\ z^* = x - R(X^*), \end{cases}$$

が満たされることが分かる。視覚的な理解のために、モデルの振る舞いを位相図によって確認しておこう（ここでは、作図のために森林の成長関数を

(15) 飯田（2000）は、日本の採取林業について論じている。その中で、概算ではあるが、杉の育林費用（伐期50年）は、地位（1等から3等）の違いから5,480円〜9,140円／㎥の範囲にある。うち、7割は労働費、請負費などの人件費であるとされている。山元立木価格は、1999年で8,191円／㎥であるから、すでに育林林業が成り立たないケースがあることを示している。こうした課題解決のためには、育林技術の開発による低コスト化しかないと主張している。

(16) 費用関数（10−7）については、以下のことを仮定している。まず、$\theta > 1$ は、費用逓増的であることを意味する。また、z（植林）と X（育林・保全）にかかる費用については、その費用弾力性はそれぞれ θ に等しく、（密度が一定とすれば）植林や育林面積の1％の増加がもたらす費用の増加は θ ％に等しいことを仮定している。

(17) a の低下は、費用削減を意味する。これには、下刈りに関する省力化技術や複層林化などが含まれると考えられる。

$R(X) = 0.2X - 0.0002X^2$ で特定化している)。

　前節で見たように、歴史的には、戦後復興による木材需要の逼迫予想のもとで、国内材の需要は高水準となっており、そのために植林と森林蓄積の増大が企図された。このことは、実際に生じた外材需要の拡大⇒国産材への需要減少、国産材生産費用の上昇に対応する最適経路に比して、植林・育林が、比較的安価なコストで過大に計画・実行されたことを意味している。つまり、低位な x あるいは高い θ に対応する均衡点(例えば、図10-12の点B)に向かう経路が企図される必要があったにもかかわらず、実際にはより小さな θ とより大きい x の期待のもとで点Aへ向かうような X の拡大過程が生じたのである。

　以上のように、経済的便益のみを考慮した場合に限って言えば、急激な外材の実質価格の下落、生産性上昇の停滞によって国内材生産が減少し、対応して立木需要の停滞が生じたこと、林業政策上のミスリーディングが結果的に過大な森林蓄積をもたらしたことが理解できる。

10.4　環境問題と森林政策の課題

　これまでの各節では、社会のめざすべき林業のあり方を、もっぱら産業政策の視点から検討した。すなわち、川上と川下に対応する林業と製材業の将来利潤を最大化する最適資源管理政策が検討された。それによれば、少なくとも、的確な素材需要の長期的な需要予測とあわせて、素材生産や製材にかかる費用削減、労働生産性の向上など、産業政策としての側面からの政策的なバックアップが必要であることは容易に理解できる。

　ところで、現時点では、林業所得水準の低迷や森林施業および林業経営の停滞に対応する施策としては「効率的かつ安定的な林業経営」が唱えられており、林業経営体や林業事業体の育成、効率化が求められている[18]。しかし一方で、森林のもつ自然的価値や公益的価値を見直し、林業活性化と森林保全の関係を改めて問い直そうとする考えが一般化しつつある。つまり、自然環境保全や公益機能の維持のためにも、悪化する森林環境と疲弊しつつある林業を守らねば

ならないというのである。

　旧森林法では、①山地災害防止機能、②水源かん養機能、③生活環境保全機能、④保健文化機能、ならびに⑤木材等生産機能、の五機能別に森林を区分していたが、森林法改正後は、高蓄積複層林造成や高齢級森林への誘導を図る水土保全林、自然環境の保全・創出をめざす共生林、ならびに効率的・安定的な木材資源の活用のための循環利用林といった選択的育林による森林整備が企図されている。このことは、森林をめぐる整備が、林業と製材業活性化などの産業政策と自然環境保全を図る環境政策の両立をめざす方向で明確化されたことを意味している。

　本節では、このような自然環境保全と林業再生の二つの視座から最適な森林コモンプールの管理政策を検討しよう。

　林業における問題の一つは、素材生産における直接費用よりもむしろ山間部における森林の育林、植林の費用である。立木販売価格はおよそ7000円／㎥程度であり、伐採、運搬、採材経費を基準に算定されるために、山地整理、下草刈、枝打ち、間伐などの植林、育林費用が補てんされない状況がある。このことは、前節のモデルを援用すれば、目的汎関数内の林業の純利潤が負となっていることを意味する。純利潤が負値を取り続ける場合には、植林、育林費用は負担されず、(10-6) の意味での社会的な最適計画は実現されない。他方、このような状況下で森林のもつ公益機能の維持も不可能となり、環境保全も行われないことになる。

　それでは、環境保全と林業を持続可能ならしめる政策はどのように設計されるべきであろうか。ここでは、前節のモデルを修正、拡張することで問題設定

(18)　今日、木材価格の低迷、労賃等の経費の上昇により、林業の採算性は大幅に低下を続け、20ha以上を保有する林家の年間林業所得は36万円程度であり、小規模の森林所有者を中心に、林業への意欲や関心が減退している。このため、「森林資源の循環利用」の推進に関するオールフロントな施策＝森林区分に応じた森林整備（水土保全林、森林と人との共生林、資源の循環利用林）、長期育成循環施業の導入、間伐の着実な実施、ならびに効率的・安定的に林業経営を行える担い手の育成と森林施業・経営の集約化、就業者の確保・育成等の推進、ニーズに応じた品質・性能の明確な木材製品の安定的な供給、流通の効率化や情報化の促進、地域材の積極的な利用の推進、さらに地域資源を活かしつつ、多様な就業機会の創出・確保、生活環境の整備、都市との交流活動の促進などを総合的に実施することが基本施策として挙げられている（平成12年『林業白書』参照）。

を明確にしよう。まず、環境や森林の環境などの公益的機能価値を考慮した最適植林計画を

$$(10-13) \quad \int_0^\infty \left[q^* x(q^*, p^*) - C(x(q^*, p^*)) - S(z, X) + U(X) \right] e^{-rt} dt$$

$$\text{subject to } \dot{X} = R(X) - x(q^*, p^*) + z,$$

で定義する。ここで、$U(X)$ は森林ストックのもたらす環境価値などの公益的機能を示す効用関数である。簡単化のために、限界効用逓減的な

$$(10-14) \quad U = bX^c, \ c < 1,$$

を仮定しよう。(10-14) において係数 $b > 0$ は、森林ストックのもつ環境価値の評価額を表すパラメーターである。(10-13) に関するハミルトニアンは、

$$(10-15) \quad H = \left[q^* x(q^*, p^*) - C(x(q^*, p^*)) - az^\theta X^\theta + bX^c \right] + \lambda \left[R(X) - x(q^*, p^*) + z \right]$$

となる。したがって、最適化のための必要条件は、

$$(10-16) \quad \frac{\partial H}{\partial z} = -a\theta z^{\theta-1} X^\theta + \lambda = 0,$$

$$(10-17) \quad \dot{\lambda} = -\frac{\partial H}{\partial X} + r\lambda = \left[r - R'(X) \right] \lambda + a\theta z^\theta X^{\theta-1} - bcX^{c-1},$$

となる。(10-16) を時間で微分し、それを (17) に代入すれば、

$$(10-18) \quad \begin{cases} \dot{z} = \dfrac{z}{(\theta-1)X} \left[(r - R'(X))X + z - \dfrac{bcX^{c-\theta}}{a\theta z^{\theta-1}} - \theta \dot{X} \right] \\ \dot{X} = R(X) - x(q^*, p^*) + z, \end{cases}$$

を得る。このモデルの均衡を (z^{**}, X^{**}) としよう。均衡は、(10-18) の第1式 [ ] の第3項が示すように、森林ストックの環境価値を考慮しないケース ($b=0$) とは幾分異なったものになる。この点を、(10-11) と同様の数値計算によって確かめておこう。

図10-13は、造林・育林費用パラメータ a で測った森林価値パラメーター b の相対比変化、ならびに費用弾力性 θ の変化の均衡 (z^{**}, X^{**}) への影響を示したものである (ただし、$r=0.05, \ \alpha=0.98$)。まず、森林の環境価値の相対的高まり (より大きな b/a) は、均衡の植林量をより増大させる反面、国際価格のもとで素材需要が一定であるために森林の成長能力を低めるように森林ストック量を減少へと導く。また、生産性が向上して費用弾力性がより小さくなれ

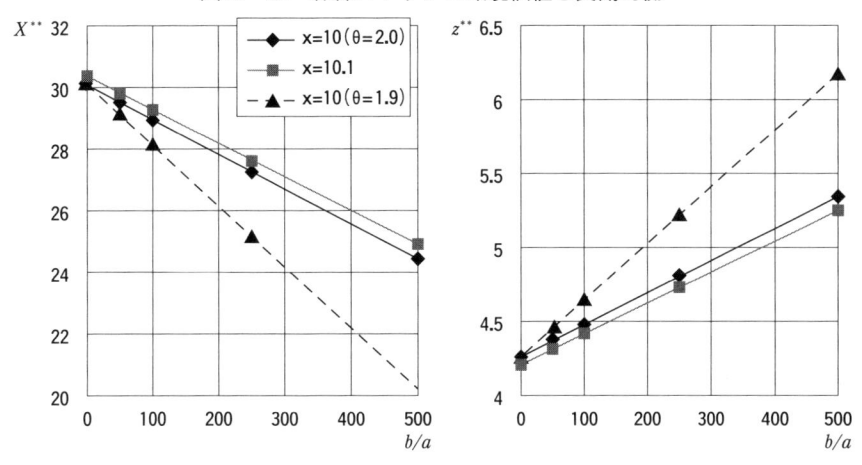

図10−13　森林ストックの環境価値と長期均衡

(左図) X^{**} 縦軸、横軸 b/a、凡例：$x=10(\theta=2.0)$、$x=10.1$、$x=10(\theta=1.9)$

(右図) z^{**} 縦軸、横軸 b/a

ば、均衡の最適植林量はより増大するものの、先と同じ理由で均衡の森林ストック量はより小さなものになる。用材の国際価格が所与で国内の素材需要が硬直的であるという想定のもとでは、国際価格の上昇による国内素材生産の増大（図の $x=10.1$ のケース）のみが最適植林量の減少と森林ストックの増大を帰結するにすぎない。

　ところで、ここでの問題は、現実に森林の環境価値が認識されたとしても、それのみでは主体行動に変化が生じるわけではないという点である。最大化されるべき社会的余剰は、(10−13) にあるように、林業の利潤と社会が受け取る森林価値の総和であっても林業の経営は (10−6) に沿って計画されるために、いわゆるナッシュ均衡とパレート均衡とは一致しない。この場合、受益者である社会の構成員から、森林保全の役割を果たす林業に対して移転所得（補助金）の形で配分される必要が生じる。現実的な形態として、ここでは森林保全へのストック補助金を検討しよう。

　ストック補助金の場合、(10−13) および (10−14) において、$U=mX$ と置いた場合の林業の経営最適化行動にほかならない[19]。このとき、最適経路を実現するためには、補助率 m は

(10−19)　$m = \dfrac{b\alpha}{X^{**1-c}}$,

に等しいように設定される必要がある。言うまでもなく(10-19)は、最適補助率が毎期森林ストックの限界便益($\partial U/\partial X$)に等しくなければならないことを意味する。最大の課題は、どのようにして森林ストックの環境などの公益機能価値を評価するかという点であろう。

先述したように、林業に関しては、立木を伐採し運搬・搬出するといった直接的な費用(C)は一応賄われているものの、植林や育林のための諸費用(S)が負担できないといったケースが生じている。このような間接的、環境保全的な費用 S は、どの程度補助されるべきであろうか。この点に関して、環境価値の評価の大きさが重要であることは言をまたない。

図10-14は、先の数値計算を援用して、長期均衡における間接費用 S に対する補助金額 mX の割合と代理的に b/a で示されている環境評価の相対的大きさの関係を示している。

環境価値の評価が高まれば、支出すべき補助金の割合が大きくならなければならないのは当然であるが、環境価値の評価レベルに応じて、必ずしも間接費用の完全補てんが望ましいとは限らない。図10-14が示唆する重要な点は以下の三つである。

❶十分大きな環境評価のパラメータに対して、植林・育林費用の完全補填が必要な場合がある。

❷製材需要の拡大による素材生産の拡大は、最適補助の割合を低下させる有効な手段である。

❸同一の環境評価のもとでは、森林のもたらす産業と環境両面の総価値に関する社会的割引率 r がより大きいほどより高い補助割合が正当化される。

しかし、立木販売による収入がかろうじて直接費用を補てんできるにすぎない現状を鑑みれば、1を下回る最適補助割合は、持続的な育成林業を保障するものではないことは明らかである。逆説的に言えば、最適補助が持続可能な林業を保障するための社会の森林ストックの環境評価は十分高いことが要請される[20]。

最後に、次のようなシナリオを考えてみよう。当該モデルでは、川上にある林業の最適経営は、川下の製材産業の需要を所与として計画せざるを得ず、し

図10-14　森林の価値評価と最適補助

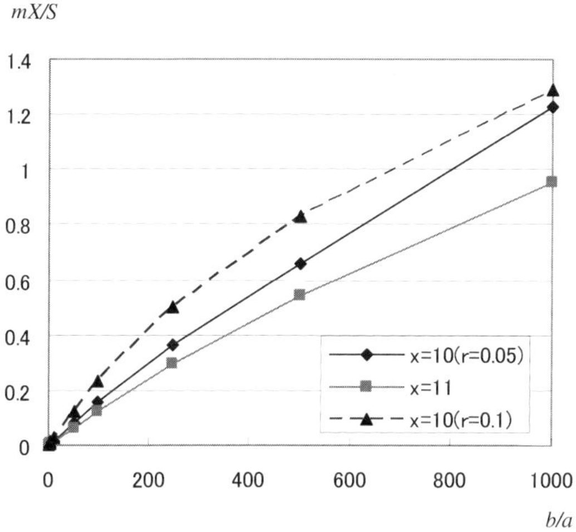

mX/S

凡例：
- ◆ $x=10(r=0.05)$
- ■ $x=11$
- ▲ $x=10(r=0.1)$

横軸：b/a

たがって、林業における素材生産を重要な経営戦略上の変数として主体的に選択することはできなかった。仮に川下の需要条件に左右されない形で林業経営において最適な素材生産量が決定できるのであれば、その場合の生産量はどのような水準になるであろうか。ここでは、新規植林量が $z=\bar{z}$（所与）とした場合の最適な素材生産量を求めよう。（10-6）において、素材生産量 x を制

---

[19] ストック補助金については、島本（1994）などの分析がある。そこでの分析同様、当該モデルでは木材伐採量への政策インパクトは存在しない。その理由は、本章で明らかにしたように、用材需要を中心に国際的競争市場の中で国際価格によって国産材への需要がアドホックに決められるからである。しかしながら、ここでは飽くまでも保護主義的な関税政策等の施策は考慮の対象外としている。

[20] 育林・造林の費用は、飯田（2000）によれば、杉の場合約274万円／ha である。同論文では、経営対象となる、つまり採取林業に供されうる森林面積は最大で約750万 ha と試算されている。この経営可能面積を対象に考えれば、持続可能性を保障する造林費用の補助額の理論値は20兆5,500億円となる。一方、森林ストックの環境価値は、森林の多面的機能をどの程度認めるかにもよるが、日本学術会議の年間70兆3,000億円という数値もある（平成13年度『林業白書』参照）。この事例に関する限り、70兆3,000億円×（採取可能森林面積750万ha／森林面積2,500万ha）＝21兆900億円となり、育成林業に対する補助政策が持続可能性を保障するためには、ほぼ対象採取可能森林に対しての育林・造林への全額補てんが必要なことが分かる。それに対して、4割といわれる現行の補助率は低いと言わざるを得ない。

図10-15 森林環境評価と価格・費用関係

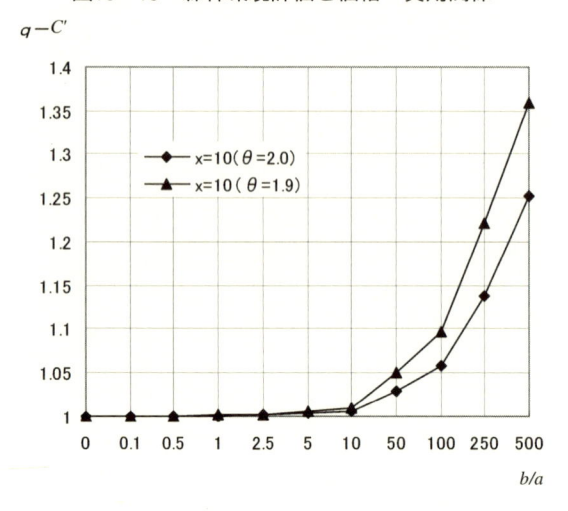

図10-16 価格・費用と最適造林計画

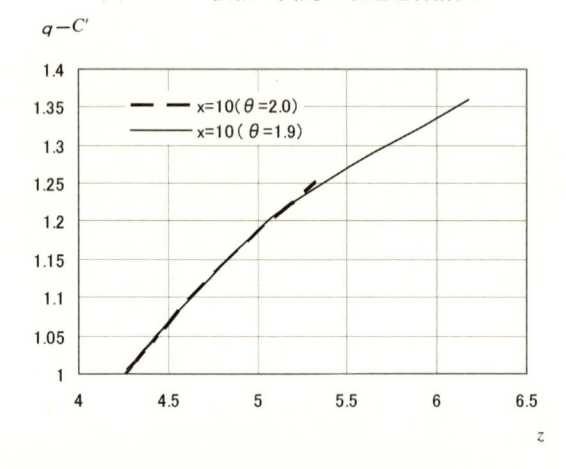

御変数と見なせば、最適解の経路は、

$$(10-20) \quad \begin{cases} \dot{x} = -\dfrac{1}{C''(x)}\left[(r-R'(x))(q-C'(x)) + a\theta \bar{z}^{-\theta}X^{\theta-1}\right], \\ \dot{X} = R(X) - x + \bar{z}, \end{cases}$$

で与えられる。この場合の所与の $\bar{z}$ に対するシステムの均衡解を (x^W, X^W) と

しよう。われわれの興味は、川下に既定された川上（林業）での最適植林計画のあり方と、そうした最適植林計画が実現されたとした場合に相応して、あるべき価格や費用がどのような関係にあるかという点である。

ところで、**図10-15**は、先述した数値計算を援用して、例えば $x^W = 10$ となったとき、環境評価がゼロの場合（$b/a = 0$）に実現されるべき製材業の限界純収入（すなわち、価格マイナス限界費用）を1で基準化した場合の、環境評価の高さに応じた限界収入の相対比を表したものである[21]。**図10-15**が示すように、森林に対する環境評価が高まれば高まるほど、林業に要求される限界収入は累積的に大きくなければならない。このことは、所与の素材価格のもとで一定の均衡生産量を確保するためには、より高い森林の環境評価に対して林業における限界費用はより小さくなければならないことを意味している。

他方、**図10-16**は、**図10-15**と同一の条件のもとで、環境評価の大きさに対応してあるべき限界純収入条件と最適植林・育林量との関係を表したものである。

両図をあわせ考えれば、林業のもつ二つの費用条件を考えることができる。ある水準の最適素材生産量を実現するためには、まず素材生産費用については、環境評価の高まりに対応して限界費用 C' を低めること、また植林・育林費用 θ に関しても、それを低める施策が必要であって、その場合により大きな最適植林・育林量が対応することが分かる。

10.5　おわりに

現在の環境問題を一層複雑化させ解決をより困難にしている原因の一つは、環境問題の解決へ向けた施策の多くが、マクロ的、長期的にはともかく、とりわけ企業や産業などの活動に対してネガティブな影響を及ぼす可能性があると考えられていることが多いからである。このようないわば開発・成長と環境の

---

[21] ここで、素材価格 q を1に基準化すれば、$q - C'$ はラーナーの独占度を示す指標となりうる。

トレードオフの存在が、世界の各地域での環境保全政策の遂行を阻害し遅延させていることもまた事実である。

地域産業開発と森林の持続的保全をめぐる相克についても、同様の歴史的経緯を経てきた。熱帯雨林の極端な開発が本来森林のもつ環境価値を喪失させ、多面的な環境問題を引き起こしてきた事実がある。わが国の森林環境をめぐる問題は、一見するとそのような森林喪失という側面をもたないように思われる。しかし、歴史的に複相的で豊かな森林が単相的で貧しい森林へと質的変化を遂げ、資源としても国際競争力を失うことでその価値を失うという、いわば二重の価値喪失を経験しているのである。自由貿易体制を堅持しながら森林の環境価値を保全し、同時に国内の森林資源を活用する方途を模索する困難な道を歩むことがまさに求められているのである。

本章では、そうした視座に立って、わが国の森林ならびに関連産業の現状を分析した後にあるべき森林政策の一端を眺望した。本章でのモデル分析が示す政策課題は、次のようにまとめることができる。

産業政策としては、素材需要の長期的な需要予測のもとで、素材生産や製材にかかる費用削減、労働生産性の向上などを企図する政策的なバックアップが必要である。また、環境政策に関しては、森林ストックの環境評価が十分高い場合に植林・育林費用の完全補てんのために補助政策が必要である。さらに、製材需要の拡大による素材生産の拡大が最適補助の割合を低下させる有効な手段であることが分かる。

国内の素材生産の増大がもたらす便益は大きいと考えられるが、当該モデルが前提としたように、現在の輸入自由化のもとでは、海外材との競争条件に依存して国内の素材生産量はむしろ従属変数となっている。2002年スタートの世界貿易機関（WTO）の新ラウンドによって、こうした自由化へ向けた開放要求は世界全体に拡大していくことが予想される。

現在、地球温暖化緩和や水資源確保、さらには希少性生物資源保護のための森林のもつ公益的価値の重要性が見直されている。いまや、上述のわが国の森林問題に対応した持続的利用をめざす施策を遂行しながらも、地球規模での森林資源の共同的管理・運営へ向けた施策が求められている。

おわりに

　本書を構成し出版しようとする動機は、現実の環境問題の解決にあたって、何よりもまず地域で暮らす身近な人々が環境問題の認識を共有することが重要であると考えたからである。その上で、地域において環境問題解決の方途を共に模索しようとする共同の意思決定（これらを総合して「集団的行為[collective action]」と呼ぶことができよう）が可能性であるのかを検討し、さらにその効果はどのようなものかを考察しようと考えたからである。

　本来、地域の人々にとっては共同の財産であったであろう自然環境（非排除的）は、私有や国有といった所有関係とは無関係に、ある個人が利用することで他の利用者へ何らかの影響を及ぼす。このように、誰もが利用可能であるけれども（非排除性）、その利用が相互に影響しあう（競合性）財を「コモンプール財」と呼ぶ。川上の人々の森林資源の利用が、例えば川下の人々の暮らしに影響を与え、最悪の場合、河川の氾濫を頻繁にもたらすことも考えられる。また、肥沃な牧草地が過度に利用されたり、工業地や宅地などへ安易に転用されたりすることで、地域の自然環境が疲弊させられる事態が現実に生起している。経済発展に伴って排出される二酸化炭素や二酸化硫黄などは、地球規模での環境問題を引き起こしている。自然環境破壊や公害、あるいは生活アメニティ水準の悪化の多くは、地域レベルか地球規模かにかかわらず、本来共同の財であったコモンプール財を適切に管理・運営する仕組みを欠いている結果生じているのではないか——このような疑問に対して検討し、解決の糸口を考えることが本書の課題であった。

「軍拡競争に興じた国々は、軍事力が拡大するにつれて国家の安全が減少するというジレンマに陥った。専門的見地から考えれば、このジレンマを技術的に解決する方法は存在しない。もし、権力が科学や技術の分野でこの解決を図ろうとすれば、事態を一層悪くするだけである」

これは、コモンプールに関して有名な『共有地の悲劇』を書いた Garret Hardin が、核戦争の将来について論陣を張った J.B.Wiesner と H.F.York の論文を引用した箇所である。技術のみで解決しない問題の中には、Hardin が取り扱った人口問題の他に環境問題など多くの社会問題が含まれる。犯罪多発地帯では、完全な防犯システムの構築を目指すことよりも、地域をあげて犯罪の温床を断つことの方が重要であろう。この意味から、コモンプール財に関する理論的、実証的考察を包括的に加えた Elinor Ostrom の Governing the Commons が「集団的行為の制度的発展」という副題をもっていた意図は明白である。地域の環境問題解決のためには、とりわけコモンプール財の適切な管理・運営に関する集団的行為のあり方を考える必要がある。

本書で展開したコモンプール財の適切な管理・運営をめざすことが環境問題解決の第一歩であるという考え方は、最近の環境経済学の展開においてもより基本的な地位を与えられるようになっている。例えば、Ashgate 社から出版されている The international Library of Environmental Economics and Policy のシリーズでは、B.A.Larson によって Property Rights and Environmental Problems のタイトルのもとでコモンプール財に関する全49本の論文が編集されている。また、North-Holland 社から出版されている K.G.Maler と J.R.Vincent の編集による Handbook of Environmental Economics I でも、D.A.Starrett や J.M.Baland および J.P.Platteau らによる関連論文が掲載されている。さらに、同書の P.Dasgupta の人口、貧困および環境に関する論文でもコモンズの最適規模に関する言及が行われている。このように、コモンプール財を分析の基礎とするアプローチは、今後、一層基本的で重要なものになると思われる。

本書を上梓する最大の意図は、このようなコモンプール財の適切な管理・運営システムの構築へ向けた論点を理論的に整理（第1、2章）し、その現実適用例を検討し、解決の方途を探ることにあった。特に、地域における環境問題の解決にあたる場合には、環境保全と同時に地域開発という側面を併せて考え

なければならない（第3章）。日本国内には、森林保全や河川の管理問題をはじめとして様々な地域固有の環境問題があるが、多くの場合、地域の経済的発展と環境保全の両立に苦慮している実態がある。この問題解決の方向として、地域における自然環境の適切な保全と開発に関わる集団的行為として、エコツーリズムの概念を整理しその論点を展開した（第6、7、8章）。また、森林問題や希少性動物保護問題についても考察した（第9、10章）。さらに、地球規模でのコモンプール財の管理・運営問題に関しても検討した（第4、5章）。

それぞれ詳しく記述しないが、本書の多くの部分は、第1章、第2章および第8章を除き、1995年以来研究、執筆を続け、参考文献一覧に記した自著作として発表してきたものをベースに加筆修正したものである。「はじめに」で言及したように、本書の大要は、今泉博国、井田貴志先生とのコモンプール財であるが、その内容が公共財になればと密かに念じている。

本書では、コモンプール財の適切な管理・運営問題に関連して理論的な枠組みを与え幾つかの実証研究を行ったが、残された課題も多い。現在進行形で対峙している研究課題の一つは、経済発展と環境保全に関する政策立案-遂行過程の関連性である。環境問題の多くは、その問題を共通の課題として社会が認知するところから始まり、その後、環境問題解決の制度が形成され実行されるという過程を経ると考えられる。その典型例としてわが国の公害問題などがあるが、地域住民の意図に反して行政や企業が行動する場合があり、それが問題解決を遅らせ問題を深刻化させるといった事態を引き起こす事例が多く見受けられる。このような地域内での主体行動の乖離が生じる原因は何かを、本書では明白にとらえることはできなかった。

地域をとらえる一つのアプローチとして「流域圏」を考えたが、流域圏が一つのコモンプール財であり共同で管理・運営される必要があるにも関わらず、現実には、必ずしも人々の共通の認識に至っていない原因も明らかにはなっていない。また、コモンプールの外部性は人々が共同の財を過剰利用することによって起きるが、これは一定の家族制度の中では人口増加問題として理解できる。人口問題とコモンプール財の適正な管理・運営問題を対応して検討する必要があると思われる。しかし、どのような課題に対しても、将来の環境問題解決へ向けた基本的視座が地域の人々のコモンプール財の共同的管理・運営へ向

けた協働作業にあるべきことは言うまでもない。
　最後に、本書の出版について快く引き受けてくださった上に、読者の立場に立って少しでも読み易さを提供しようとする努力を惜しまず、草稿をくまなく読んで全体の構成や細かな修正点をご指摘いただいた新評論の武市一幸社長に対し、心より敬意と感謝の意を表したいと思う。

　　2004年4月25日
　　　　　　　　　　　　　　春光眩い若葉台にて　　薮田雅弘

参考文献一覧

赤井英夫（1989）、「立木統計について」『林業経済』、3、1～11ページ。
赤井英夫（2000）、「立木統計について」『林業経済』、9、1～17ページ。
秋道智弥（1995）、『なわばりの文化史』小学館。
Anderson, L. G. (1995), "Privatizing Open Access Fisheries: Individual Transferable Quotas," in D. W. Bromley ed. *The Handbook of Environmental Economics*, Blackwell, pp. 453-474.
荒谷明日兒（1996）、「世界の木材貿易構造の変化とわが国の木材輸入」『農林業問題研究』123号、75～85ページ。
Baden, J. A. (1977), "A Primer for the Management of Common Pool Resources," in G. Harden and J. A. Baden eds. *Managing the Commons*, W. H. Freeman, San Francisco.
Baland, J. M. and J. P. Platteau (1997), "Coordination Problems in Local-level Resource Management," *Journal of Development Economics*, 53, pp. 197-210.
Barbier, E. D. and M. Rauscher (1994), "Trade, Tropical Deforestation and Policy Interventions," *Environmental and Resource Economics*, 4, pp75-90.
Barbier E. B. and J. C. Burgess (1997), "The Economics of Tropical Forest Land Use Options," *Land Economics*, 73, pp. 174-195.
Barbier, E. B. (2001), "The Economics of Tropical Deforestation and Land Use : An Introduction to the Special Issue," *Land Economics*, 77(2), 155-171.
Barret, S. (1994), "Strategic Environmental Policy and International Trade," *Journal of Public Economics*, 54, pp. 325-338.
Barro, R, J and X. Sala-i-Martin (1995), *Economic Growth*, McGrow-Hill.
Baumol, W. J. and W. G. Bowen (1993), *Performing Arts-The Economic Dilemma : Astudy of Problems Common to Theater, Opera, Music and Dance*, Modern Revivals in Economics, Ashgate.
Bazel, Y. (1989), *Economic Analysis of Property Rights*, Basil Blackwell.
Becker, N. and K. W. Easter (1998), "Conflict and Cooperation in Utilizing a Common Property Resource," *Natural Resource Modeling*, 11, pp. 173-196.
Beladi, H, Chao, Chi-Chur and R. Frasca, (1999), "Foreign Investment and Environmental Regulations in LDCs," *Resource and Energy Economics*, 21, pp. 191-199.
Benson, B. L. (1994), "Are Public Goods Really Common Pool?," *Economic Inquiry*, Vol. 32, pp. 249-271.
Bergstrom, T., L. Blume and H. Varian (1986), "On the Private Provision of Public Goods," *Journal of Public Economics*, Vol. 29.

Bish, R. L. (1977), "Environmental Resource Management: Public or Private?" in G. Harden and J. A. Baden eds. *Managing the Commons*, W. H. Freeman, San Francisco.

Boyce, J. K. (2002), *The Political Economy of the Environment*, Edward Elgar.

Brock, W. A. and D. Starrett (1999), "Nonconvexities in Ecological Management Problems," *Discussion Paper*, University of Wisconsin, Madiosn, pp. 1-28.

Bromley, D. W. (1976), "Economics and Public Decisions: Roles of the State and Issues in Economic Evaluation," *Journal of Economic Issues*, 10, No. 4. pp. 811-838.

Bromley, D. W. (1978), "Property Rules, Liability Rules, and Environmental Economics," *Journal of Economic Issues*, 12, No. 1. pp. 43-60.

Bromley, D. W. (1985), "Resources and Economic Development: An Institutionalist Perspective," *Journal of Economic Issues*, 19, No. 3. pp. 779-796.

Bromley, D. W. (1989), *Environment and Economy: Property Rights and Public Policy*, Basil Blackwell, Cambridge.

Bromley, D. W. (1992), "The Commons, Common Property, and Environmental Policy," *Environmental and Resource Economics*, 2, pp. 1-17.

Bromley, D. W. (1994), "Choices without Prices without Apologies," *Journal of Environmental Economics and Management*, 26, No. 2. pp. 129-148.

Bromley, D. W. (1995), "Property Rights and Natural Resource Damage Assessments," *Ecological Economics*, 14, pp. 129-135.

Bromley, D. W. (1998), "Searching for Sustainability: The Poverty of Spontaneous Order," *Ecological Economics*, 24, pp. 231-240.

Bruce, A. L. and Bromley, D. W. (1990), "Property Rights, Externalities, and Resource Degradation: locating the Tragedy," *Journal of Development Economics*, 72, pp. 317-324.

Buchanan, J. M. (1965), "An Economic Theory of Clubs," *Economica*, 32. 125, pp. 1-14.

Buck, S. J. (1998), *The Global Commons: An Introduction*, Island Press. Washington D. C.

Bulte, E. H., "Open access harvesting of wildlife: the poaching pit and conservation of endangered s species," *Agricultural Economics*, 28, pp. 27-37.

Cameron, T. A. and J. Quiggin (1994), "Estimation Using Contingent Valuation Data from a "Dichotomous Choice with Follow-Up" Questionnaire," *Journal of Environmental Economics and Management*, 27(3), pp. 218-34.

Chapman, D. (2000), *Environmental Economics: Theory, Application, and Policy*, Addison Wesley Longman.

Ciriacy-Wantrup, S. V. and R. C. Bishop (1975), "'Common Property' as a Concept in Natural Resource Policy," *Natural Resource Journal*, 15, pp. 713-727.

Clark, C. W. (1990), *Mathematical Bioeconomics*, 2nd edition, Wiley, New York.

Conrad, J. M. (1999), Resource Economics, Cambridge University Press (岡敏弘、中田実訳『資源経済学』岩波書店、2002)
Coase, R. H. (1974), "The lighthouse in economics," *Journal of Law and Economics*, 14, pp. 201-227.
Cooper, R. N. (1994), *Environmental and Resource Policies for the World Economy*, The Brookings Institution.
Cullis, J. and P. Jones (1998), *Public Finance and Public Choice*, 2nd. ed. Oxford University Press.
Daly, H. E. (1996), *Beyond Growth: The Economics of Sustainable Development*, Beacon Press, Boston.
Dasgupta, P. and G. M. Heal (1979), *Economic Theory and Exhaustible Resources*, Cambridge University Press, Cambridge.
Dasgupta, P. and Mäler, K-G. (1995), "Poverty, Institutions and the Environmental Resource-Base," in *Handbook of Development Economics*, (J. Behrman and T. N. Srinivasan ed.), North Holland.
Deblonde, M. (2001), *Economics as a Political Muse: Philosophical Reflections of the Relevance of Economics for Ecological Policy*, Kluwer Academic Publishers, Dorderecht/ Boston/ London.
Dockner, E. (1985), "Local Stability Analysis in Optimal Control Problems with Two State Variables," *Optimal Control and Economic Analysis*, 2, pp. 89-103.
Evans, A. W. (1970), "Private Goods, Externality, Public Goods," Scottish Journal of Political Economy, 17, No. 1, pp. 79-89.
Feeny, D, F. Berkes, B. J. McCay and J. M. Acheson, (1990), "The Tragedy of the Commons: Twenty-Two Years Later," *Human Ecology*, 18. pp. 1-19 (reprinted in Baden, J. A. and D. S. Noonan (1998), *Managing the Commons*, Second Edition, Indiana University Press).
Freeman III, A. M. (1993), *The Measurement of Environmental and Resource Values: Theory and Methods*, Resources for the Future, Washington, D. C.
Field, B. C. (1989), "The Evolution of Property Rights," *Kyklos*, 42, pp. 319-345.
Fisher, A. C. (1995), *Environmental and Resource Economics*, Edward Elgar.
Garrad, G and K. G. Wills (1999), *Economic Valuation of the Environment: Methods and Case Studies*, Edward Elgar.
Gibbons, R. (1992), *Game Theory for Applied Economists*, Princeton University Press.
Gordon, H. S. (1954), "The economic theory of a common property resource: the fishery," *Journal of Political Economy*, 62, pp. 124-142.
Gravelle, H. and R. Rees (1992), *Microeconomics*, 2nd edition, London and New York, Longman.
Hallowell, A. I. (1943), "The Nature and Function of Property as a Social Institutions,"

Journal of Legar and Political Sociology, 1, pp. 115-38.

Haneman, W. M. (1984), "Welfare Evaluation in Contingent Valuation Experiments with Discrete Responses," *American Journal of Agricultural Economics*, 66, 332-341.

Hanley, N., J. F. Shogren and B. White (1997), *Environmental Economics in Theory and Practice*, Macmillan Press.

Hanley, N., Shogren, J. F. and B. White, (2001), *Introduction to Environmental Economics*, Oxford University Press.

Harashima, Y. and T. Morita (1998), "A Comparative Study on Environmental Policy Development Process in the Three East Asian Countries; Japan, Korea and China," *Environmental Economics and Policy Studies*, 1. 1, pp. 39-68.

Hardin, G. (1968), The Tragedy of the Commons, *Science*, Vol. 162, pp. 1243-48.

Hartwick, J. M. and N. Van Long and H. Tian (, "Deforestation and Development in a Small Open Economy," *Journal of Environmental Economics and Management*, 41, pp. 235-251.

Haveman, R. H. (1973), "Common Property, Congestion and Environmental Pollution," *Quarterly Journal of Economics*, Vol. 87, pp. 278-287

林紘一郎（1998）、『ネットワーキング情報社会の経済学』NTT出版。

Head, J. G. (1962), "Public Goods and Public Policy," *Public Finance*, 17, No. 3, pp. 197-219.

Heaps, T. and J. F. Helliwell (1985), "The Taxation of Natural Resources," in A. J. Auerbach and M. Feldstein ed. *Handbook of Public Economics*, vol. I. Elsevier Science Publishers BV. pp. 421-472.

Heilbrun, J. and C. M. Gray (2001), *The Economics of Art and Culture*, Cambridge University Press.

Hettich, F. (2000), *Economic Growth and Environmental Policy, A Theoretical Approach*, Edward Elgar.

平井健之（1999）、「地域環境政策の理論分析」（現代政策研究会（中央大学）報告論文）。

Hoel, M. (1991), "Global Environmental Problems: The Effects of Unilateral Actions Taken by One Country," *Journal of Environmental Economics and Management*, 20, pp. 55-70.

Huang, C. H. and D. Cai. (1994), "Constant-Returns Endogenous Growth with Pollution Control," *Environmental and Resource Economics*, 4, pp. 383-400.

Hussen, A. M. (2000), *Principles of Environmental Economics: Economics, Ecology and Public Policy*, Routledge.

飯田　繁（2000）、「人工林資源に依存する日本の採取林業」『林業経済』7、22〜29ページ。

今泉博国・薮田雅弘・井田貴志（1995）、「コモンプールと環境政策の課題」『計画行政』第18巻4号、58～67ページ。

今泉博国・薮田雅弘・井田貴志（1995）、「CPRsと資源・環境問題」『現代経済学研究』第5号、106～124ページ。

Imaizumi, H., M. Yabuta and T. Ida（1996）, "The Environmental Management and Common Pool Resources," in *5th World Congress of the RSAI Proceedings*, V, CS3-8A-2, 1-8.

泉　英二（1996）、「林政の展開と林業経営－1960年代以降」『農林業問題研究』123号、57～64頁。

泉　桂子（2002）、『東京都・神奈川県における水源林について』（第1回多摩川流域圏研究会報告）。

泉　桂子（2004）、『近代水源林の誕生とその軌跡－森林（もり）と都市の環境史』東大出版会。

日本林業調査会（2002）『森と木のデータブック2002』

Kageson, P.（1998）, *Growth Versus the Environment: Is there a Trade-off?*, Kluwer Academic Publishers.

Kamien, M. I. and N. L. Schwartz（1991）, *Dynamic Optimization*, Second Edition, North-Holland.

環境省（庁）編『環境白書（各年版）』大蔵省印刷局。

Katz, M. L. and C. Shapiro（1985）, "Network Externalities, Competition, and Compatibility," *American Economic Review*, 79. No. 3, pp. 424-440.

Katz, M. L. and C. Shapiro（1992）, "Product Introduction with Network Externalities," *Journal of Industrial Economics*, XL, pp. 55-83.

Kneese, A. V. and W. D. Schultze,（1985）"Etics and Environmental Economics," in *Handbook of natural Resource and Energy Economics*, Vol. 1, . pp

Kolstad, C. D.（2000）, *Environmental Economics*, Oxford University Press（細江守紀他訳『環境経済学』有斐閣、2001年）

国土交通省（2001）、『新多摩川誌』CD-ROM版

熊本一規（1995）、「持続的開発をささえる総有」（中村尚司、鶴見良行編著（1995）『コモンズの海』学陽書房）184～207ページ。

栗山浩一・北畠能房・大島康行（2000）、『世界遺産の経済学　屋久島の環境価値とその評価』勁草書房。

栗山浩一（2000）、『図解　環境評価と環境会計』日本評論社。

Kautkraemer, J. A.（1985）, "Optimal Growth, Resource Amenities and the Preservation of Natural Environments," *Review of Economic Studies*, LII, pp. 153-170.

Madhav, G. and P. Iyer（1989）, "On the Diversification of Common-Property Resource Use by Indian Society," in F. Berkes ed., *Common Property Resources*, Belhaven Press, pp. 237-255.

Maggs, P. and J. Hoddinott (1999), "The Impact of Changes in Common Property Resource Management on Intrahoushold Allocation," *Journal of Public Economics*, 72, pp. 317-324.

Markandya, A., P. Harou, L. G. Bellù and V. Cistulli (2002), *Environmental Economics for Sustainable Growth: A Handbook for Practitioners*, Edward Elgar, Cheltenham.

Markes, S. A. (2000), "Combining Wildlife Conservation with Community Development: A Case Study and Cautionary Assessment form Zambia," in *the Environment and Development in Africa*, edited by M. K. Tesi, Lexington Books, pp. 187-201.

Martin, P. (1999), "Public Policies, Regional Inequalities and Growth," *Journal of Public Economics*, 73, pp. 85-105.

Mason, C. F., T. Sander and R. Cornes (1988), "Expectations, the Commons, and Optimal Group Size," *Journal of Environmental Economics and Management*, 15, pp. 99-110.

Meade, J. E. (1952), "External Economics and Diseconomies in a Competitive Situation," *Economic Journal*, 62, 245, pp. 54-76.

Mendelson, R. (1994), "Property Rights and Tropical Deforestation," *Oxford Economic Papers*, 46, pp. 750-756.

Mitchell, R. and R. Carson (1989), *Using Surveys to Value Public Goods*, Resources for the Future, Washington, D. C.

宮城辰男編著 (1997)、『沖縄・自立への設計－南方圏の時代に向けて』同文舘。

Mohtadi, H. (1996), "Environment, Growth and Optimal Policy Design," *Journal of Public Economics*, 63, pp. 119-140.

Murty, M. N. (1994), "Management of Common Property Resources: Limits to Voluntary Collective Action," *Environmental and Resource Economics*, 4, pp. 581-894.

Musgrave, R. A. (1969), "Provision for Social Goods," in J. Margolis and M. Guitton eds. *Public Economics*, New York, St. Martin's Press.

森　俊介 (1992)、『地球環境と資源問題』岩波書店。

諸富　徹 (1999)、「国際的な排出権取引制度と国内環境税」『環境経済政策学会年報』第4号。

長岡卓男・平尾由紀子 (1998)、『産業組織の経済学:基礎と応用』日本評論社。

中村尚司・鶴見良行編著 (1995)、『コモンズの海』学陽書房。

農林水産省 (2002、2003)、『林業白書』平成12、13年度版。

奥野正寛・鈴村興太郎 (1988)、『ミクロ経済学II』岩波書店。

Olson, M. (1971), *The Logic of Collective Action*, Harvard University Press, Cambridge.

Ostrom, E. R. (1990), *Governing the Commons: The Evolution of Institutions for Collective Action*, Cambridge University Press.

Ostrom, E. and R. Gardner (1993), "Coping with Asymmetries in the Commons: Self-

Governing Irrigation Systems Can Work," *Journal of Economic Perspectives*, 7. No. 4, pp. 93-112.

Ostrom, E. R. Gardner and J. Walker (1994), *Rules, Games and Common-Pool Resources*, University of Michigan Press.

大多摩観光連盟 (2002)、『西多摩地域入込観光客数調査報告書　平成14年 3 月』。

Parks, P. J. and M. Bonifaz (1994), "Nonsustainable Use of Renewable Resources: mangrove Deforestation and Mariculture in Ecuador," *Marine Resource Economics*, 9, pp. 1-18.

Pearce, D., Barbier, W. and A. Markandya (1990), *Sustainable Development, Economics and Environment in the Third World*, Edward Elgar, Aldershot.

Pearce, D. and J. J. Warford (1993), *World without End: Economics , Environment, and Sustainable Development*, Oxford University Press, Oxford.

Peston, M. (1972), *Public Goods and the Public Sector*, Macmillan, London.

Peterson F. M. and A. C. Fisher (1977), "The Exploitation of Extractive Resources: A Survey," *The Economic Journal*, 87, pp. 681-721.

Petrakis, E and A. Xepapadeas (1996), "Environmental Consciousness and Moral Hazard in International Agreements to Protect the Environment," *Journal of Public Economics*, 60, pp. 95-110.

Ploeg, F. van der, and J. E. Lighthart (1994), "Sustainable Growth and Renewable Resources in the Global Economy," in *Trade, Innovation, Environment*, C. Carraro (ed.), Kluwer Academic publishers, pp. 259-280.

Porter, G and J. W. Brown (1991), *Global Environmental Politics* (2nd. ed)、(細田衛士監訳『入門地球環境政治』有斐閣、1998年)

Rauscher, M. (1994), "Foreign Trade and Renewable Resources," in *Trade, Innovation, Environment*, C. Carraro (ed.), Kluwer Academic publishers, pp. 109-121.

Romer, P. M. (1986), "Increasing Returns and Long-Run Growth," *Journal of Political Economy*, 94, No. 5, pp. 1002-1037.

Rowthorn, R. E. and J. R. Wells (1987), *De-Industrialization and Foreign Trade*, Cambridge University Press.

Rondeau, D. (2001), "Along the Way back from the Brink," *Journal of Environmental Economics and Management*, 42, pp. 156-182.

Ruddle, K. (1989), "Solving the Common-Property Dilemma: Village Fisheries Rights in Japanese Coastal Waters," in F. Berkes eds., *Common Property Resources*, Belhaven Press, pp. 168-184.

Runge, C. F. (1981), "Common Property Externalities: Isolation, Assurance, and Resource Depletion in a Traditional Grazing Context," *Journal of Agricultural Economics*, 63, pp. 595-606.

Samuelson, P. A. (1954), "The Pure Theory of Public Expenditure," *Review of Econom-

ics and Statistics, 36, No. 4, pp. 387-389.

Samuelson, P. A. (1969), "Pure Theory of Public Expenditure and Taxation," in J. Morgolis and H. Guitton eds., *Public Economics*, New York, pp. 98-123.

Schaefer, M. B. (1957), "Some Considerations of Population Dynamics and Economics in Relation to the Management of Marine Fisheries," *Journal of the Fisheries Research Board of Canada*, 14, pp. 669-681.

Schlager, E., and E. Ostrom (1992), "Property Rights Regimes and Natural Resources: A Conceptual Analysis," *Land Economics* Vol. 68, pp. 249-262.

Schlager, E., W. Blomquist and S. Y. Tang (1994), "Mobile Flows, Storage and Self-organized Institution for Governing Common-Pool Resources," *Land Economics* Vol. 70, pp. 294-317.

Seabright, P. (1993), "Managing Local Commons: Theoretical Issues in Incentive Design," *Journal of Economic Perspectives*, 7, pp. 113-134.

島本美保子 (1994)、「環境マクロ経済学的視点からの日本林業」『林業経済』 1、9～15ページ。

Sethi, R. and E. Somanathan (1996), "The Evolution of Social Norm in Common Property Resource Use," *American Economic Review*, 86, pp. 766-788.

Shepsle, K. A. (1989), "Studying Institutions: Some Lessons from the Rational Choice Approach," *Journal of Theoretical Politics*, 1, pp. 131-149.

Shogren, J. F. et. al (1999), "Why economics matterrs for endangered species protection," *Conservation Biology*, 13(6): pp. 1257-61.

Skiba, A. K. (1978), "Optimal Growth with a Convex-Concave Production Function," *Econometrica*, Vol. 46, No. 3, pp. 527-539.

Smulders, S. (1998), "Technological Change, Economic Growth and Sustainability," in *Theory and Imprementation of Economic Models for Sustainable Development*, Jeroen C. J. M. van den Berg and M. W. Hofkes eds. Kluwer Academic Publishers, pp. 37-65.

Straaten, Jan van der. (1997), "Sustainable Tourism and Policy," Paper presented at the *ATRAS International Conference, Tourism, Leisure and Community Development*, pp. 4-6.

杉原弘恭 (1994)、「日本のコモンズ「入会」」(宇沢弘文・茂木愛一郎編『社会的共通資本－コモンズと都市』東京大学出版会。101～126ページ。

Swaney, J. A. (1990), "Common Property, Reciprocity, and Community," *Journal of Economic Issues*, 24, pp. 451-62.

田中廣滋編著 (2002)、『環境ネットワークの再構築』中央大学出版部。

田中　学 (1995)、「「水」と森林」(宇沢弘文・國則守生編『制度資本の経済学』東京大学出版会)、155～184ページ。

寺出道雄 (1993)、「入会と『公有地の悲劇』」『三田学会雑誌』、第86巻、第1号、26

~41ページ。
Tietenberg, T. (2003), *Environmental and Natural Resource Economics*, sixth edition, Addison Wesley.
時政　勗（1993）、『枯渇性資源の経済分析』牧野書店。
鳥飼行博（2002）、『社会開発と環境保全』東海大学出版会。
東京都自然環境保全審議会（2002）『多摩の森林再生を推進するために』
東京都農林漁業振興対策審議会（2003）『21世紀の東京の森林整備のあり方と林業振興の方向』
Turner, R. K., Pearce, D. and I. J. Bateman (1994), *Environmental Economics: An Elementary Introduction*, Pearson Education Limited,（大沼あゆみ訳『環境経済学入門』東洋経済新報社、2001年）
上田良文（1999）、「コモンズ問題とグループアクション－進化ゲーム理論からのアプローチ－」、『会計検査研究』No. 20、51～64ページ。
植田和弘・落合仁司・北畠桂房・寺西俊一編著（1991）、『環境経済学』有斐閣。
宇沢弘文（1972）、「社会共通資本の理論分析（１）」『経済学論集』Vol. 38、No. 1、2～16ページ。
宇沢弘文（1995）、「コモンズの理論－静学的および動学的外部性」（宇沢弘文・國則守生編『制度資本の経済学』東京大学出版会）、185～229ページ。
宇沢弘文（1999）、「所得比例の炭素税導入を」日本経済新聞6月9日。
宇沢弘文・田中廣滋編著（2000）、『地球環境政策』中央大学出版部。
Van Kooten, G. C. and E. H. Bulte (2000), *The Economics of Nature: Managing Biological Assets*, Blackwell Publishers.
Wade, R. (1987), "The Management of Common Property Resources: Collective Action as an Alternative to Privatization or State Regulation," *Cambridge Journal of Economics*, 11. pp. 95-106.
Wanhill, S. R. C. (1980), "Charging for Congestion at Tourist Attractions", *International Journal of Tourism Management*, Sep., pp. 168-174.
Wantrup, S. V. Ciriacy, and R. C. Bishop (1975), "'Common Property', as a Concept in Natural Resource Policy," *Natural Resources Journal*, 15, pp. 713-727.
Weitzman, M. L. (1974), "Free Access vs. Private Ownership as Alternative Systems for Managing Common Property," *Journal of Economic Theory*, 8, 225-234.
Wellish, D. (1994), "Interregional Spillovers in the Presence of Perfect and Imperfect Household Mobility," *Journal of Public Economics*, 55, pp. 167-184.
Wilen, J. E. . (2000), "Renewable Resource Economics and Policy: What Differences Have We Made?," *Journal of Environmental Economics and Management*, 39, pp. 306-327.
Williamson, O. E. (2000), "The New Institutional Economics: Taking Stock, Looking Ahead," *Journal of Economic Literature*, XXXVIII, pp. 595-613.

Winch, D. M. (1971), *Analytical Welfare Economics*, Penguin, Harmondsworth.
Wirl, F. (1999-a), "Complex, Dynamic Environmental Policies," *Resource and Energy Economics*, 21, pp. 19-41.
Wirl, F. (1999-b), "De- and Reforestation: Stability, Instability and Limit Cycles," *Environmental and Resource Economics*, 14, pp. 463-479.
矢部光保 (1999)、「CVM 評価額の政策的解釈と支払い形態」、鷲田豊明・栗山浩一・竹内憲司編『環境評価ワークショップ－評価手法の現状』、築地書館。
薮田雅弘 (1997)、『資本主義経済の発展と変動』九州大学出版会。
薮田雅弘 (1999)、「地域ネットワークと CPRs」他（NIRA 研究報告書No. 19990120、『地域と環境をリンクさせる管理・運営システムの構築をめざして』所収、第2章の他、第5、8、9章)。
薮田雅弘 (1999)、「地球環境政策の課題をめぐって」『地球環境レポート』、No. 1、17〜24ページ。
薮田雅弘 (2000)、「地域環境政策の課題をめぐって」『地球環境レポート』、No. 2、84〜93ページ。
薮田雅弘 (2001)、「グリーン・ツーリズムと地域環境政策」（田中廣滋編著『環境ネットワークの再構築』第2章所収）中央大学出版部、19〜40ページ。
薮田雅弘 (2002)、「自然環境と希少性動物保護問題－野生動物の持続可能な利用をめぐって－」『地球環境レポート』、No. 6、39〜49ページ。
薮田雅弘 (2003)『森林コモンプールの環境保全と経営』中央大学経済研究所 DP、43号。
Yabuta, M. (2000), *Ecotourism and the Optimal Environmental Policy for CPRs*, CRUGE Discussion Paper Series, No. 10.
Yabuta, M. (2002), "Optimal Environmental Policy and the Dynamic Property in LDCs," *Journal of Discrete Dynamics in Nature and Society*, vol. 7, pp. 71-78.
吉田謙太郎・武田祐介・合田素行 (1996)、「水源林の便益評価における情報効果の分析」、『農業総合研究』第50巻（3）、1〜36ページ。
吉田謙太郎 (1997)、「CVM による水道水源林の経済評価－横浜市と東京都の事例分析－」、『水利科学』第41巻（4）、23〜54ページ。
Yoshida, K. (2000), "Discrete Choice Analysis of Farm-Inn Tourism in Japan," in *Travel and Tourism Research Association 31st Annual Conference Proceedings*. (http://member.aol.com/ mikiyoy/rs/gta1. htm)
依光良三 (1999)、『森と環境の世紀－住民参加型システムを考える』日本経済評論社。
Young, O. R. (1989), *International Cooperation: Building regimes for Natural Resource and the Environment*, Cornell University Press, New York.
Young, O. R. (2002), *The Institutional Dimensions of Environmental Change: Fit, Interplay, and Scale*, The MIT Press, London.
Ward, F. and D. Beal (2000), *Valuing Nature with Travel Costs Models: A Manual*,

Edward Elgar.

鷲田豊明（1999)、『環境評価入門』、勁草書房。

Green Tourism Network HP（http://www.greentourism.gr.jp/）

環境省行政資料 HP（http://www.env.go.jp/nature/index.html）

東京都行政資料 HP（http://www.metro.tokyo.jp/INET/CHOSA/2002/11/60CBK200.htm）

OECD 統計資料（http://www.oecd.org/EN/statistics/）

野生生物保全論研究会 HP（http://www.jwcs.org/jwcs-katudo/zouhogo/zouhogo.html）

TRAFFIC EAST ASIA-JAPAN HP（http://www.twics.com/~trafficj/index.html）

山梨県行政資料 HP（http://www.pref.yamanashi.jp/doboku/gesui/chapter_2/fukyuu_jokyo/ver_H13.htm 他）

WWF HP（http://www.panda.or）

事項索引

【A～Z】
AIC→赤池の情報量基準
AKタイプの生産関数　105
CI→コンサーベーション・インターナショナル
CPRs→コモンプール財
CVM→仮想評価法　169, 186
DAC（OECD下の開発援助計画）　99
Docknerの方法　115
GEF→地球環境ファシリティ
GNNP（Green NNP）　122
Holling-Bulteモデル　217～220
HollingのtypeⅢ　217
IPCC→気候変動に関する国際間パネル
IUCN→国際自然保護連合
Gordon-Schaeferモデル　214～217
NGOs→非政府組織
NPO　51, 195
ODA→政府開発援助
OECD→経済協力開発機構
Olsonの集団行動の理論　8
OOF（他の公的フロー）　99
TRAFFIC　202, 203
UNCED→環境と開発に関する国連会議
UNEP→国連環境計画
WWF→世界自然保護基金

【あ行】
アウトプット制限　18
赤池の情報量基準（AIC）　192
赤土汚染　147
アグロツーリズム　125
アジェンダ21　76
アナウンスメント効果　60
アフリカ象　200
安全性　5
鞍点　56
域外需要　151
域内需要　151
異時点間弾力性　111
一方的な外部性　73
移転可能性　5
移動性　18
入会　17
入会権　17
入込み客数　147
インプット制限　18
運用上の選択　17
英国水先案内協会　31
エコシステムアプローチの原則　209
エコツーリズム　124, 182
エコツーリズム市場　152
オープンアクセス（財）　5
温室効果ガス（GHGs）　76, 98

【か行】
海外援助比率　112
海外貯蓄　99
外需依存度　132
回復不能　11
外部の推進者　59
確信ゲーム　14
渦状点　10
過剰利用の問題　7
河川法　69
仮想評価法　169

索 引 267

過疎過密　173
灌漑システム　19
環境改善支出　88
環境関連のODA　102
環境基本計画　49, 71
環境税　130, 136
環境阻害要因　147
環境的持続可能性　99
環境と開発　103
環境と開発に関する国連会議　76
環境補助金　89
観光入り込み客数　176
観光収入　147
間接効用関数　183
完全開発主義型　53
完全自然派型　53
気候変動に関する国際間パネル　76
技術的外部効果　6
技術的互換性　61
基地公害　147
規模に関する収穫逓増　58
境界ルール　59, 146
競合性　7, 29, 37, 48
共生林　243
競争均衡　121
共通財　30
共同性　36
共同的森林管理　24
京都議定書　76
京都メカニズム　77
共有　5
共有地の悲劇　8
漁業権　17
局所的安定性　114
拠出率　88
巨大プロジェクト型開発　124
規律破り　13
クールノー・ナッシュ企業　204
クールノー・ナッシュ均衡　80
クラブ財　30
クリーン開発メカニズム（CDM）　77
グリーンツーリズム　125
グリーンツーリズム法　125, 146
繰り返しゲーム　14

クーン・タッカー条件　155
クーン・タッカー乗数　155
経済協力開発機構（OECD）　98
経常値ハミルトニアン　138
ケインズ・ラムゼールール　109, 120
結節点　10
限界代替率　53
限界ペナルティ　211
公益的価値　242
公共財　29, 39
功利主義タイプの目的関数　136
効率的かつ安定的な林業経営　242
効率的利用問題＝利用問題　9
枯渇可能外部性　7
国際エコツーリズム年　145
国土のグランドデザイン　49, 68
国連環境計画（UNEP）　112
国連ミレニアム宣言　100
国家所有　5
コブ・ダグラス型効用関数　149
コブダグラス・タイプ生産関数　131
コモンズ　74, 125
コモンプール財　30, 39
コモンプール財のジレンマゲーム　12
コモンプールの（負の）外部性　51
コモンプールの外部性　205
固有値　116
混交林化　228
「混雑」現象　37
コンサーベーション・インターナショナル（CI）　201

【さ行】
財産権　5
最初の捕獲（戦略）　19
再生可能（非枯渇性）資源　7
再生不能（枯渇性）資源　7
再生不能資源のレント　121
最大資源投入量　139
最大持続可能捕獲　206
最大発見確率　211
最適植林計画　240
サイドペイメント　83
最尤推定法　185

サミュエルソン条件　33
サミュエルソンの「灯台」　28
山野河海　48
資源の循環利用林　179
自然資本　9
持続可能な地球環境　91
持続可能な発展　199
持続的利用　199
実体要素　17
私的所有　5
支配戦略　13
自発的環境改善努力　90
支払い意志額　30
社会化された私的財　36
社会厚生関数　108
社会財　29
社会的共通資本　9
社会的限界費用　54, 148
社会的厚生　46
社会的ジレンマ　13
社会的割引率　54
社会プランナー　45
シャドウプライス　54
収益移転政策　74
収穫一定　58
収穫逓減　52
収穫逓増　58
習慣形成　61
集合財　29
集合的な選択　17
囚人のジレンマゲーム　11
シュタッケルベルクゲーム　81, 225
循環利用林　243
準公共財　7
純粋コモンプール財　39
純粋公共財　39
純粋私的財　35
準線形効用関数　136
消費の社会化　44
消費の社会的管理　44
上流・下流モデル　72
食料・農業農村基本計画　125
所得比例的炭素税　85
所得比例的配分（課税）ルール　79

新全国総合開発計画　61
信頼性　18
森林景観　173
森林原則宣言　76
森林資源の循環利用　172
森林生態系保全　173
森林蓄積量　240
森林と人との共生林　179
森林の公益的機能　193
森林法（旧）　71, 243
水源涵養機能　171
遂行可能性　5
遂行要素　17
水土保全林　179, 243
水利権　17
数量調整モデル　135
ストックの時間関連的供給問題＝供給問題　9
ストック補助金　245
スピルオーバー　57
生活水準の向上と環境保全のトレードオフ問題　135
成功確率密度関数　210
製材品価格　229
制度資本　9, 17
制度の頑強性基準　20
政府開発援助（ODA）　99
生物多様性　199
生物多様性国家戦略　221
世界自然保護基金（WWF）　201
世界貿易機関（WTO）の新ラウンド　250
セカンドベスト　91
絶滅のおそれのある野生動植物の種の国際取引に関する条約（CITES＝ワシントン条約）　199, 213
先導者　81
選択的育林　243
相互外部性　73
象取引情報システム（ETIS）　203
象密猟監視（MIKE）　203
総有　17
造林・育林費用　240
組織上の選択　17
村落委員会　15

【た行】
第3次全国総合開発計画　68
第10回締約国会議（COP10）　201
第6回生物多様性条約締約国会議　221
対乾燥技術導入コスト　232
大気安定化国際基金　85
対数尤度関数　185
大多摩観光連盟　178
多自然居住地域の創造　68
ただ乗り　42
脱工業化　235
多摩川源流協議会　180
多摩川源流研究所　182
多摩川源流プロジェクト21　180
多摩川流域圏　169
多摩の森林再生事業　181
地域開発銀行　101
地域間格差　64
地域間格差率　63
地域環境財　48
地域ネットワーク　60
地域ネットワーク参加率　63
地域ネットワークの外部性　57～63
地域リーダー　129
地域連携軸　68
地球環境ファシリティ（GEF）　104
秩父多摩甲斐国立公園　172
中央値　185, 189
長期均衡成長率　112
長伐期化　228
貯蔵可能性　19
追随者　81
定住圏　68
定住圏構想　49
手続き要素　17
動学的最適計画　118
東京一極集中化　177
特性方程式　115
都市と農村間の所得格差　132
トロント会議　76

【な行】
ナッシュ解　23
ナッシュ均衡　13

二重の価値喪失　250
二段階二項選択法　185
二段階二項選択モデル　184
入島税　147
熱帯雨林の森林減少　225
ネットワークの外部性　60
農山漁村滞在型余暇活動のための基盤整備の促進に関する法律　125
農産物支持価格制度　132

【は行】
バイアス　185
排除可能性　6, 36
排他性　5
配分ルール　59, 146
ハートウィックルール　120
ハミルトニアン・ヤコービ方程式　158
パレート効率解　23
被援助国　98
非競合性　29
非競合性指標　36, 38
非枯渇可能外部性　7
非所有　5
非政府組織による援助　99
ヒックス補償需要関数　183
非排除可能性　36
非排除性　29, 48
非排除性指標　36, 38
非分離可能な効用関係　79
標準化　61
ファウストマン　232
フィラハ宣言　76
ブエノスアイレス行動計画　77
複層林　173
プロビットモデル　184
平均値　189
ペナルティ　210
法定外目的税　147
報復戦略　61
捕獲率　218
保健機能　173
補償余剰　183
ホテリングのルール　121
ホテル税　147

ボン合意　77
ポントリャーギンの最大値原理　54

【ま行】
マークアップ　229
マラケシュ合意　77
見せかけのただ乗り　43
明示度　15
木材貿易完全自由化　227
モニタリング　20, 210
モニタリングと制裁　59
モニタリングルール　146

【や行】
ヤコービ行列　55
山元立木価格　229

尤度関数　185
弱虫ゲーム　13

【ら行】
ラグランジェアン　155
流域圏　51
流域圏の最適管理・運営問題　54
林力増強計画　227
累進的制裁規定　20
ルーラルツーリズム　125
ロジスティックタイプ　107
ロジットモデル　184

【わ行】
ワイブルモデル　189

人名索引

【A】
赤井英夫　233
秋道智弥　9
Anderson, L. G.　17

【B】
Baland, J. M.　58, 59
Barbier, E. B.　55, 137, 225
Barro, R. J.　57
Bateman, I. J.　5
Baumol, W. J.　31
Becker, N　73
Bishop, R. C.　7
Brock, W. A.　158
Bromley, D. W.　5, 9
Brown, J. W.　207
Bowen, W. G.　31
Buchanan, J. M.　30
Bulte, E. H.　217, 221, 233
Burgess, J. C.　225

【C】
Cai, D.　104
Cameron, T. A.　185
Carson, R.　187, 189
Chapman, D.　125
Clark, C. W.　9
Coase, R. H.　31
Cullis, J.　29, 31

【D】
Dasgupta, P.　7
Deblonde, M.　5

Dockner, E.　104, 115〜117

【E】
Easter, K. W.　73

【G】
Gardner, R.　6, 59
Garrod, G.　6, 7, 187
Gordon, H. S.　214
Gravelle, H.　9
Gray, C. M.　31

【H】
Hanley, N.　11, 233
Hardin, G.　8, 9
林紘一郎　61
Head, J. G.　7
Heal, G. M.　7
Heilbrun, J.　31
平尾由紀子　61
Hettich, F.　111
Hoel, M.　57, 205
Holling, C. S.　217
Huang, C. H.　104
Hussen, A. M.　126, 127

【I】
井田貴志　23, 37, 49, 57, 59, 127
飯田　繁　233, 241, 247
今泉博国　23, 37, 49, 57, 59, 127
伊佐良次　147
泉　桂子　171

【J】
Jones, P.　29, 31

【K】
Kageson, P.　99, 103
Katz, M. L.　61
Kolstad, C. D.　7, 37
熊本一規　16, 17
栗山浩一　185, 189

【L】
Lighthart, J. E.　105

【M】
Meade, J. E.　30
Milliken, T.　203
Mitchell, R.　187, 189
Murty, M. N.　24

【N】
長岡卓男　61
中村尚司　9

【O】
Olson, M.　8, 15
Ostrom, E.　6〜9, 13, 15, 16, 18〜20, 22, 24, 59, 146

【P】
Pearce, D.　5
Peston, M.　7
Platteau, J. P.　58, 59
Ploeg, F. van der　105
Porter, G.　207

【Q】
Quiggin, J.　185

【R】
Rauscher, M.　55, 104, 105, 137, 145
Rees, R.　9
Romer, P. M.　57

Rondeau, D.　158, 159
Rowthorn, R. E.　233
Runge, C. F.　14, 15

【S】
Sala-I-Martin, X.　57
Samuelson, P. A.　29
Schaefer, M. B.　214
Schlanger, E.　9, 18
Seabright, P.　18, 61
Shapiro, C.　61
Shepsle K. A.　20, 21
島本美保子　247
Skiba, A. K.　158, 159
Starrett, D.　158
Straaten, Jan van der　145
杉原弘恭　17, 23

【T】
田中　学　16, 17
Tietenberg, T.　7
Turner, R. K.　5, 217
鶴見良行　9

【U】
上田良文　37
宇沢弘文　9, 17, 79, 85, 137

【V】
Van Kooten, G. C.　221, 233

【W】
Wade, R.　8, 15, 21, 22, 24
Walker, J.　6, 59
Wantrup, S. V. Ciriacy　7
Wills, K. G.　6, 7, 187
Wirl, F.　104, 105, 111, 145

【Y】
吉田謙太郎　193
Young, O. R.　17

著者紹介

薮田雅弘（やぶた・まさひろ）
1954年、岩手県生まれ。1981年、九州大学大学院経済学研究科博士課程単位取得。福岡大学に勤務、1987～1988年ロンドン大学（LSE）客員研究員を経て、1999年より中央大学経済学部教授（博士［経済学］、公共政策、環境経済学などを担当）。

主要著書　『現代経済政策の基礎』（中央経済社、1993年）。
"Economic Growth Models with Trade Unions: Nairu and Union Behavior," *Journal of Macroeconomics*, 15 (1993)。
「コモンプールと環境政策の課題」『計画行政』18［4］、1995年。
『資本主義経済の発展と変動』（九州大学出版会、1997年）。
『現在マクロ経済学』（共編著、勁草書房、2001年）。
"Optimal Environmental Policy and Dynamic Property in LDCs," *Discrete Dynamics in Nature and Society*, 7. (2002)　他。

コモンプールの公共政策
――環境保全と地域開発――

（検印廃止）

2004年5月20日　初版第1版発行

　　　著　者　　薮　田　雅　弘
　　　発行者　　武　市　一　幸

　　　発行所　株式会社　新　評　論

〒169-0051 東京都新宿区西早稲田3-16-28
http://www.shinhyoron.co.jp

TEL 03（3202）7391
FAX 03（3202）5832
振替 00160-1-113487

印刷　フォレスト
製本　清水製本プラス紙工
装幀　山田英春＋根本貴美枝

落丁・乱丁はお取り替えします。
定価はカバーに表示してあります。

Ⓒ薮田雅弘　2004

Printed in Japan
ISBN4-7948-0630-2 C0033

環境

地球温暖化，オゾン層破壊をはじめ，私たちは〈繁栄〉の名の下に，この惑星を破壊し尽くしてきました。こうした環境危機に立ち向かい，自らの価値を問い直し，実践するための書物を刊行し続けています。

J.S.ノルゴー＆B.L.クリステンセン／飯田哲也訳
エネルギーと私たちの社会
ISBN4-7948-0559-4
A5　224頁　2100円〔02〕

【デンマークに学ぶ成熟社会】持続可能な社会に向けてエネルギーと自分自身の暮らしを見つめ直し，価値観を問い直すための〈未来書〉。坂本龍一氏推薦！「すばらしい本だ」

飯田哲也
北欧のエネルギーデモクラシー
ISBN4-7948-0477-6
四六　280頁　2520円〔00〕

【未来は予測するものではない，選び取るものである】価格に対して合理的に振る舞う単なる消費者から，自ら学習し，多元的な価値を読み取る発展的「市民」を目指して！

水色の自転車の会編
自転車は街を救う
ISBN4-7948-0541-1
四六　214頁　2100円〔01〕

【久留米市学生ボランティアによる共有自転車の試み】排気ガス抑制，リサイクル，放置自転車問題の解決，都市の再生…街を蘇らせる実践の記録。ヨーロッパの事例も紹介。

福田成美
デンマークの環境に優しい街づくり
ISBN4-7948-0463-6
四六　250頁　2520円〔99〕

自治体，建築家，施工業者，地域住民が一体となって街づくりを行っているデンマーク。世界が注目する環境先進国の「新しい住民参加型の地域開発」から日本は何を学ぶのか。

K-H.ロベール／高見幸子訳
ナチュラル・チャレンジ
ISBN4-7948-0425-3
四六　320頁　2940円〔98〕

【明日の市場の勝者となるために】スウェーデンの環境保護団体「ナチュラル・ステップ」が，環境対策と市場経済の積極的な両立を図り，産業界に持続可能な模範例を提示。

B.ルンドベリィ＆K.アブラム＝ニルソン／川上邦夫訳
視点をかえて
ISBN4-7948-0419-9
A5　224頁　2310円〔98〕

【自然・人間・社会】視点をかえることによって，今日の産業社会の基盤を支えている「生産と消費のイデオロギー」が，本質的に自然システムに敵対するものであることが分かる。

W.ザックス／川村久美子・村井章子訳
地球文明の未来学
ISBN4-7948-0588-8
A5　324頁　3360円〔03〕

【脱開発へのシナリオと私たちの実践】効率から充足へ。開発神話に基づくハイテク環境保全を鋭く批判！先進国の消費活動自体を問い直す社会的想像力へ向けた文明変革の論理。

諏訪雄三
アメリカは環境に優しいのか
ISBN4-7948-0303-6
A5　392頁　3360円〔96〕

【環境意思決定とアメリカ型民主主義の功罪】環境ＮＧＯ大国米国をモデルに，新しい倫理観と環境意思決定システムの方向性を探り出す。付録・アメリカ環境年表，ＮＧＯの横顔。

諏訪雄三
〈増補版〉日本は環境に優しいのか
ISBN4-7948-0401-6
A5　480頁　3990円〔98〕

【環境ビジョンなき国家の悲劇】地球温暖化，環境影響評価法の制定など1992年の地球サミット以降の取組を検証する。また，97年12月の京都会議（COP3）以降の取組も増補。

諏訪雄三
公共事業を考える
ISBN4-7948-0510-1
A5　344頁　3360円〔01〕

【市民がつくるこの国の「かたち」と「未来」】どうして造るのか！公共事業の政治的な利用を排し，「行政＋住民」で公（パブリック）を形成して意思決定しうる市民層の確立を説く。

中里喜昭
百姓の川　球磨・川辺
ISBN4-7948-0501-2
四六　304頁　2625円〔00〕

【ダムって，何だ】熊本県人吉・球磨地方で森と川を育みながら生きている現代の「百姓」（福祉事業者，川漁師，市民，中山間地農業者たち）にとっての反ダム運動。渾身のルポ。

表示価格はすべて税込み定価・5％